最新版 人體
全解剖圖鑑

監修　**有賀誠司** 東海大學健康學院教授
　　　伊藤洋右 醫學博士

作者　**水嶋章陽** 學校法人國際學園理事長

李明穎　譯

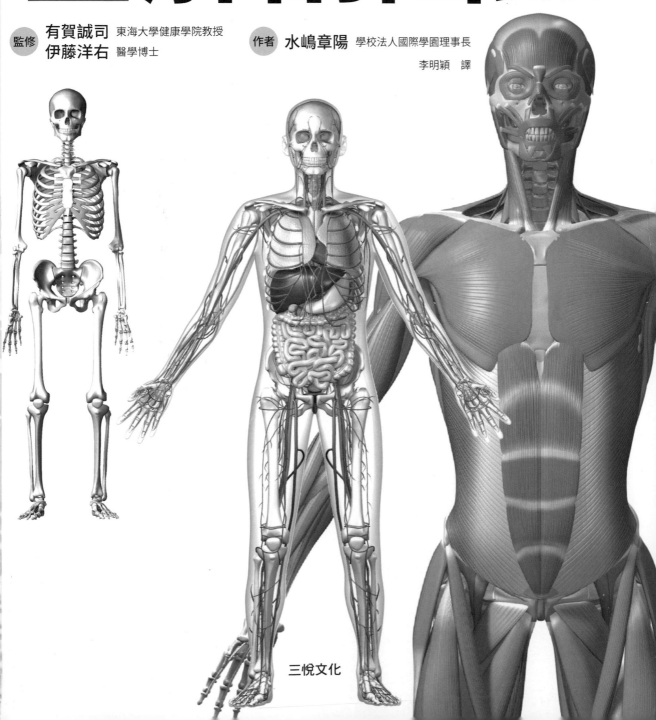

三悅文化

序 言

　　我目前在福岡縣北九州市的「學校法人國際學園（九州醫療運動專門學校・九州CTB專門學校）」這所用來培養柔道整骨師、針灸師、運動防護員、按摩治療師、物理治療師、理髮師及美容師等人才的學校，從事指導後進的工作。

　　現在，日本人的男性與女性平均壽命都創下了新高，在這種時代下，我們要去思考，為了幸福地活在「人生100年時代」，什麼是必要的。「長壽」已經不是人生的目標，為了愉快且充實地度過漫長的晚年生活，「保持健康與能夠活到老動到老的身體」這一點成為了人們的願望與目標。

　　透過這一點，人們在醫療方面，開始提高對於預防醫學重要性的認識，並會去關注東洋醫學中的「未病（註：位於健康與生病之間的狀態）」與「養生」的概念，從生病前的階段就開始採取因應措施，以預防疾病。

　　在中國的經書（註：黃帝內經）中，記載了「上醫治未病，中醫治欲病，下醫治已病」這句話，據說能夠治療未病（尚未生病的狀態）的醫生才是好醫生。

　　我從以前就有在培養「能夠協助從0歲到100歲的人維持健康」的訓練師，並創立與推行能對社會有所貢獻的「0到100計畫」。此計畫的一大目的在於，成為高齡化社會的領頭羊，讓孩子們透過運動來理解運動家精神。

　　另外，在學園內，如同澀澤榮一以前曾提倡的「士魂商才」，也就是以「帶著武士精神來發揮經商才能」作為理念那樣，我把「士魂醫才」作為教育理念，並把培養出「擁有出色才智與專業醫療技術，而且還具備仁德與慈愛，能為人們的健康做出貢獻的人才」當成使命。

　　解剖生理學作為所有的醫療基礎，成為以病理學與藥理學為首的所有醫事人員的基礎知識。

　　我希望這類書籍的出版，不僅能幫助醫事人員，也能協助一般讀者透過學習人體的基本構造與機制來了解自己的身體，並對預防疾病與維持健康產生作用。

　　期望本書能盡量地對大家的知識與探究精神有所幫助，並協助大家維持身體健康。

學校法人國際學園

理事長　水嶋　章陽

〈最新版〉**人體全解剖圖鑑** contents

第**3**章	運動器官Ⅰ 骨骼

第**4**章	運動器官Ⅱ　肌肉

第5章　循環系統、淋巴系統

第6章　消化器官、呼吸器官

第 1 章

解剖學總論

人體的劃分與名稱

在醫學領域中，要呈現人體時，基本上會採用人體解剖學姿勢，也就是在直立狀態下，讓手掌朝向前方，並將手指伸展開來的姿勢。此外，還會讓觀察對象躺下，臉部朝上的姿勢叫做仰臥位，臉部朝下的姿勢則叫做橫臥位。

■ 何謂人體解剖學姿勢

● 把腰伸直，筆直地站立。　　● 臉部朝向正前方。
● 在身體左右兩側，將上肢（手臂和手）筆直地放下。　● 讓手掌朝向前方。
● 把下肢的膝蓋伸直，讓左右兩腳的腳尖朝向前方。

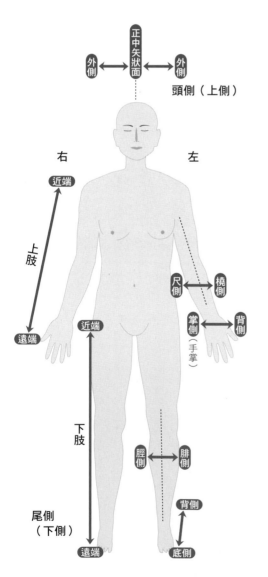

● 用來表示位置的用語

● **上下**　頭部方向為上側，腳部方向為下側。上側也叫做頭側，下側也叫做尾側。
● **左右**　觀察對象本身所看到的左右兩側。當醫師與患者面對面時，醫師所看的右側指的其實是患者的左半身。
● **前後**　臉部朝向的方向為前側，背部的方向為後側。前側也叫做腹側，後側也叫做背側。
● **內側與外側**　距離身體正中矢狀面較近的那側為內側，距離較遠的另一側則是外側。
● **近端與遠端**　在上肢與下肢當中，距離軀幹較近的那側為近端，距離較遠的另一側為遠端。在血管中，距離心臟較近的那側為近端。在消化道中，距離起點較近的那側為近端。在末梢神經中，距離腦部較近的那側為近端。
● **尺側與橈側**　只要採取人體解剖學姿勢，尺骨就會位於內側，橈骨則會位於外側。尺骨側叫做尺側，橈骨側叫做橈側。
● **脛側與腓側**　只要採取人體解剖學姿勢，脛骨就會位於內側，腓骨則會位於外側。脛骨側叫做脛側，腓骨側叫做腓側。
● **掌側與背側**　手掌側叫做掌側，手背側叫做背側。
● **底側與背側**　腳底側叫做底側，腳背側叫做背側。

◆ 用來表示方向的用語

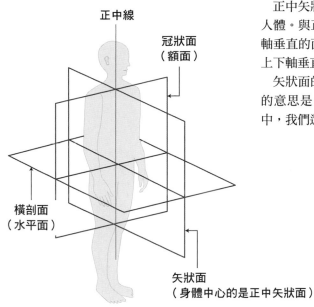

正中線

冠狀面（額面）

橫剖面（水平面）

矢狀面（身體中心的是正中矢狀面）

　　正中矢狀面與左右軸垂直，能夠左右對稱地劃分人體。與正中矢狀面平行的面叫做矢狀面。與前後軸垂直的面叫做冠狀面，也叫做額面或前額面。與上下軸垂直的面叫做橫剖面或水平面。

　　矢狀面的意思是，沿著矢狀縫分布的面。冠狀面的意思是，沿著冠狀縫分布的面。而且，在那當中，我們還會將身體的中心線稱作正中線。

正中矢狀面

通過身體的中心，將身體分成左右兩半的面。

矢狀面

與正中矢狀面平行的面。

冠狀面

將身體分成前後兩側的面。

橫剖面

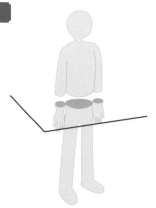

與地面平行的面。

■ 人體各部位的名稱

❶ 頭部　　在內部，由腦部所在的顱骨部分所構成。在外部，由眼睛、鼻子、口部、耳朵等臉部器官所構成。
❷ 頸部　　用來連接頭部與軀幹的部位。
❸ 軀幹　　頸部以下，除了手腳以外的部分。由胸部、背部、腹部、骨盆所構成。
❹ 胸部　　被夾在頸部與腹部之間，比脊椎前方的部分。包含了前胸部、側胸部、腋窩、乳房。
❺ 腹部　　位於軀幹的胸部下方。從鼠蹊部到胯下的部分叫做下腹部。
❻ 背部　　從頸部下方附近到軀幹的最細部分。
❼ 腰部　　腰椎附近的背部。
❽ 上肢　　從肩膀到手的部分。由上臂、前臂、手掌所構成。
❾ 下肢　　從髖關節經過膝關節，直到足部關節的部分，以及腳趾的部分。

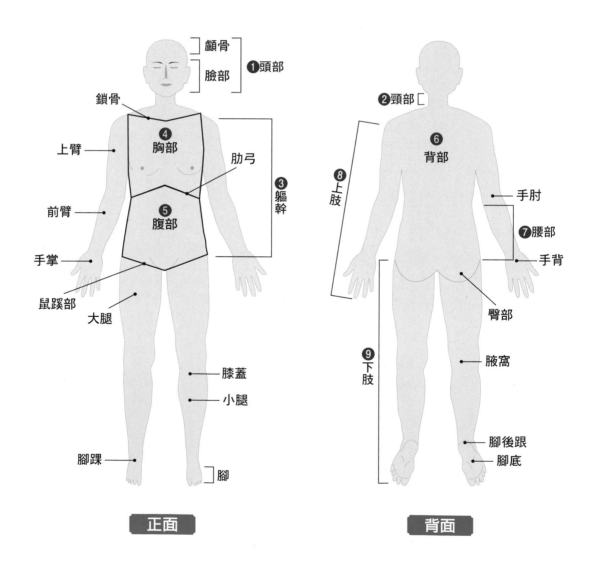

■ 腹部、骨盆的體表劃分

在臨床現場，用來劃分腹部、骨盆位置的方法。

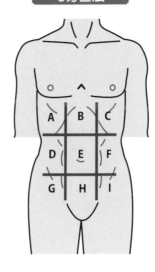

Ⓐ右季肋部
Ⓑ心窩部
Ⓒ左季肋部
Ⓓ右側腹部
Ⓔ臍部
Ⓕ左側腹部
Ⓖ右迴盲部
（右髂窩部）
Ⓗ下腹部
Ⓘ左迴盲部
（左髂窩部）

Ⓐ右上腹部
Ⓑ左上腹部
Ⓒ右下腹部
Ⓓ左下腹部

■ 躺下時的姿勢

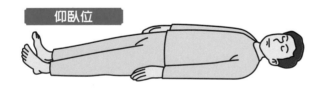

背部朝下的仰姿。

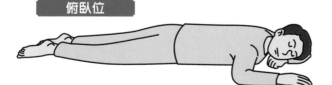

臉部朝向下方或側面的爬行姿勢。

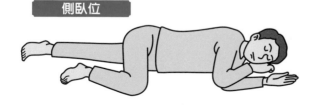

朝向側面的姿勢。右側在下方的姿勢叫做右側臥位，左側在下方的姿勢叫做左側臥位。

人體的組成

包含生命在內的所有物體，都是由名為「原子」的微小粒子所組成。

雖然原子可以分成氧原子與碳原子等許多種類，但大部分的生物都是由氧、碳、氫、氮所組成。在人體中，這4種元素也占了約98%。原子只要聚集在一起，就會形成「分子」，而且還會與蛋白質、醣類、脂質等結合，形成「細胞」或細胞中的「胞器」。細胞是生物在維持獨立的生命活動時的最小單位。

人體可分化成約37兆個細胞，這些細胞約有270種，具備各種形狀與功能。以同樣方式分化的細胞會聚集在一起，組成「組織」，而且還會形成用來維持各種複雜功能的器官或內臟。然後，若干器官會一邊互相產生關聯，一邊形成具備相同功能的「器官系統」，並形成一個生物個體（人體）。

■ 從形態上來劃分人體組成的「階層性」

人體是由「個體・器官系統・器官・組織・細胞・胞器・生物分子・分子・原子」這樣的階層構造所構成，這種劃分方式叫做「從形態上來劃分人體的組成」。由一個受精卵誕生而成的生命，會一邊反覆進行「代謝」作用，一個細胞完成任務後，就會被替換成新誕生的細胞，一邊維持身體的運作。

| 原子・分子 | 細胞 | 組織 | 器官 | 器官系統 | 人體 |

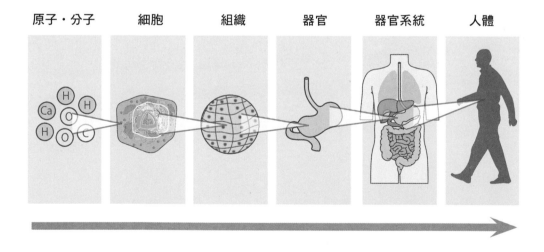

腦的階層性

　　腦部活動的基本單位是神經細胞。人體會透過細胞內的分子來調整神經細胞。而且，數量達到一千億個以上的神經細胞，會組成巨大的網路（神經迴路），並在腦部區域順著該迴路來處理資訊，使人體能夠進行日常的行動。

◆ 在人體中，約有6成的體重是水分

　　以成年男性來說，名為「體液」的水分佔了約60%的體重，若是新生兒的話，則是80%。若要大致區分體液的話，「細胞內液」占了約3分之2，剩下的3分之1則是包含了血液與組織液等的「細胞外液」。細胞外液還可以再分成管內液與管外液。管內液是在管道中流動的液體，包含了在血管中流動的血漿、在淋巴管中流動的淋巴液、在腦部內流動的腦脊髓液等。管外液位於細胞外，屬於不在管腔內流動的液體，也叫做組織液（間質液、組織間隙液）。

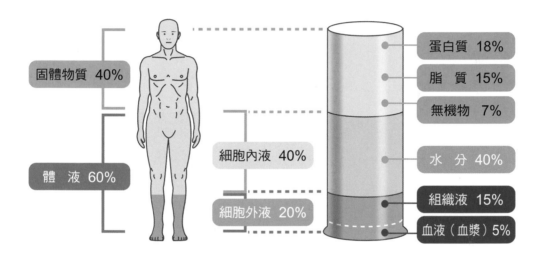

身體與水分（以成年男性來說）

固體物質 40%
體　液 60%
細胞內液 40%
細胞外液 20%
蛋白質 18%
脂　質 15%
無機物 7%
水　分 40%
組織液 15%
血液（血漿）5%

● 體液的作用

- 把氧氣和養分運送至體內，把廢物排出體外。
- 促進皮膚的血液循環，排出汗水，維持固定體溫。
- 為了讓新陳代謝能順利進行，所以要維持穩定的環境。

脫水症狀

　　依照人體流失水分的比例，脫水症狀的症狀會有所差異。只要人體失去約總體重2%的水分，就會察覺到喉嚨很渴。當人體失去更多水分，達到約5%的話，身上就會出現疲倦、頭痛、噁心感、體溫上升這些脫水症狀。若達到20%以上的話，就會變得完全排不出尿液，也可能會致死。

細胞的構造與功能

　　人類的身體是由大約37兆個細胞所構成的多細胞生物。人體的細胞是由名為「原生質」的半流動性膠體溶液所組成。細胞內存在著細胞核、高基氏體、粒線體等具備各種型態與功能的胞器，這些胞器會一邊發揮各自的作用，一邊維持生命。細胞的英文叫做cell，據說人類細胞的平均大小約為直徑20μm（微米），也就是0.02公厘。細胞具有各種類型、形狀、大小，其壽命也各不相同，有些細胞經過一天後就會被替換，有些細胞的壽命會達到幾個月或幾年，有的細胞則會像心臟與腦神經那樣，終生都不會進行細胞分裂。

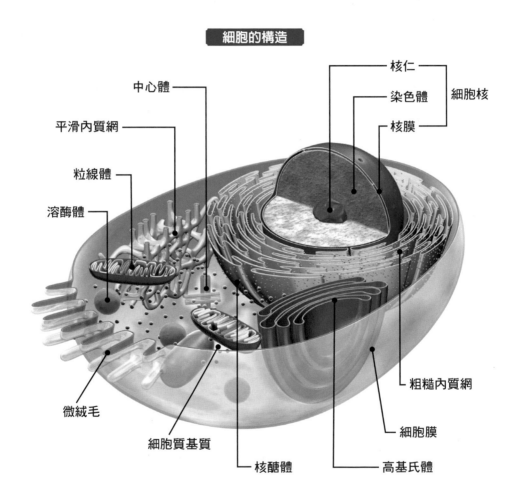

細胞的構造

核仁
染色體　　細胞核
核膜

中心體
平滑內質網
粒線體
溶酶體

微絨毛
細胞質基質
核醣體
高基氏體
細胞膜
粗糙內質網

人體的主要細胞

● 血球（紅血球、白血球、血小板）　● 上皮細胞　● 肌肉細胞　● 神經細胞　● 腺細胞

■ 細胞的構造與功能

一個細胞是由「細胞核」、「細胞質」，以及用來包覆這些的「細胞膜」所構成。據說細胞的種類約有250～300種，基本上，一個細胞內會有一個細胞核。

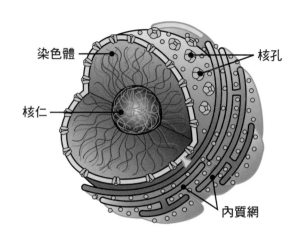

染色體
核仁
核孔
內質網

◆ 細胞核

細胞核與細胞質被雙層核膜區隔開來。核膜上有許多名為核孔的小孔，細胞核與細胞質之間的物質交換會透過這些孔來進行。

在細胞核內，有由儲存了遺傳資訊的DNA（去氧核糖核酸）與蛋白質所組成的核染質（在分裂期會形成染色體），以及能夠合成核醣體的蛋白質的rRNA（核醣體RNA）所在的核仁。

◆ 核仁

位在真核生物的細胞核中的結構體，不具備薄膜。能夠合成蛋白質的rRNA會在此處進行轉錄（參閱P.19），核醣體的組裝工作會在此處進行。

◆ 細胞質

細胞核以外的部分叫做細胞質。細胞質可以分成，具備特殊功能的各種胞器，以及名為細胞質基質的半透明液體。細胞質基質佔了細胞體積的70%左右。

◆ 細胞質基質

在細胞質當中，除了胞器以外的部分。包含了蛋白質、胺基酸、葡萄糖等。細胞內各種物質的移動、胞器的配置、細胞之間的訊號傳遞都會在此處進行。

◆ 細胞膜

用來將整個細胞包覆起來的膜，厚度非常薄，約為10nm（奈米／10億分之1公尺）。通常是由磷脂雙分子層所構成。在這兩層膜內，蛋白質和糖脂質等會密切結合。雖然氧氣與二氧化碳能夠通過細胞膜，但水溶性物質卻不易通過。藉此，細胞膜就能發揮作用，讓細胞內的環境保持一定狀態，阻止特定物質進入。

◆ 內質網

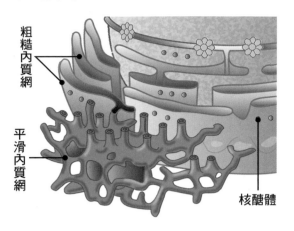

粗糙內質網

平滑內質網

核醣體

　　細胞質內常見的扁平袋狀細胞器。內質網分成了：表面黏附著名為「核醣體」的蛋白質顆粒的「粗糙內質網」，以及表面很光滑的「平滑內質網」這2種。粗糙內質網的功能為合成蛋白質，平滑內質網的功能則是各種細胞內的代謝，會和類固醇的合成、脂質、醣類等的代謝有所關聯。

◆ 核醣體

　　此場所會用來讀取mRNA（訊息核醣核酸）的遺傳資訊，並進行關於將資訊轉換成蛋白質的「轉譯」工作（參閱P.19的中心法則）。

◆ 高基氏體

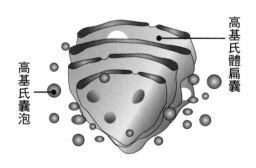

高基氏體扁囊

高基氏囊泡

　　數片或數十片的扁囊會重疊在一起，並在其周圍將，透過由粗糙內質網所合成出來的高基氏囊泡運送過來的蛋白質成分進行濃縮，並且製成顆粒狀後，再運送到細胞質。

◆ 中心體

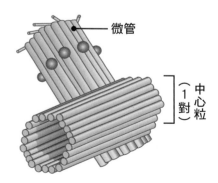

微管

中心粒（1對）

　　在細胞分裂期，會調整紡錘體的形成與細胞的形狀。雖然到目前為止，分子層級的研究幾乎沒有進展，但我們可以推測，中心體在細胞中心扮演了重要的角色。兩個由微管聚集而成的中心粒連接在一起，組成了中心體。

◆ 溶體

大小為幾μm（微米）的小型袋狀結構，被厚度6～8nm（奈米）的膜包覆住。也叫做溶小體，擁有水解酵素，能夠分解、處理細胞內不需要的物質。

◆ 粒線體

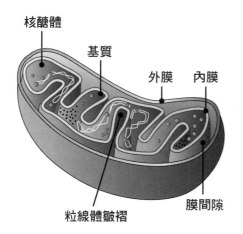

透過醣類與氧氣來製造細胞活動所需的能量，即ATP（三磷酸腺苷）。其周圍被兩層膜包覆，被內膜包覆的內側部分叫做基質，內膜與外膜之間的部分則叫做膜間隙。粒線體皺褶是粒線體內膜的折疊構造，會在粒線體內膜中形成很特別的皺褶狀構造，提升表面積，協助有氧呼吸。在各個細胞中，分別存在1～數千個粒線體。在肌細胞與肝細胞等需要使用到大量能量的細胞中，粒線體的數量更是特別多。另外，還擁有唯一存在於細胞核之外的DNA（粒線體DNA）。

■ 何謂蛋白質合成的「中心法則」？

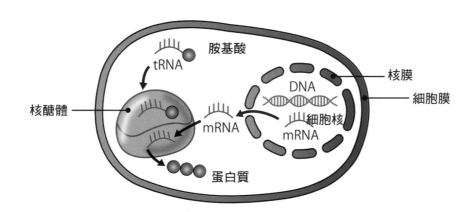

用來記錄生物遺傳資訊的DNA，能夠合成對於維持生命活動來說不可或缺的蛋白質，也被稱作「蛋白質的設計圖」。蛋白質合成的第一步為，mRNA（訊息核醣核酸）在細胞核中抄錄DNA的遺傳資訊（轉錄）。複製完資訊後，mRNA會離開細胞核，移動到作為蛋白質合成工廠的核醣體。在此處，tRNA（轉運核糖核酸）會依照mRNA所擁有的資訊來排列胺基酸，製造蛋白質（轉譯）。這種「DNA→轉錄→RNA→轉譯→蛋白質」的遺傳資訊傳達過程叫做「中心法則」，人們認為，在從細菌到人類的所有生物中，這種概念都是共通的基本原理。

基因的構造

在染色體上排成長列的DNA儲存著每個人都不同的遺傳資訊，成為了「生命的設計圖」。DNA是Deoxyribonucleic acid的縮寫，意思是「含有去氧核糖這種糖的酸性物質」，所以被稱為「去氧核糖核酸」。4個「核苷酸」會呈現出連接成鎖鏈狀的細繩形狀。據說，1個細胞中的DNA的長度會達到2公尺。DNA會一邊持續進行自體複製，一邊在23對46條染色體上傳遞遺傳資訊。

■ DNA的基本構造

DNA的雙股螺旋結構

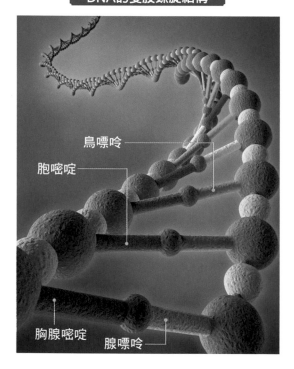

鳥嘌呤

胞嘧啶

胸腺嘧啶

腺嘌呤

用來組成DNA的鹼基的種類

名稱	化學式
腺嘌呤（A）	$C_5H_5N_5$
鳥嘌呤（G）	$C_5H_5N_5O$
胞嘧啶（C）	$C_4H_5N_3O$
胸腺嘧啶（T）	$C_5H_6N_2O_2$

細胞核內含有基因，基因會對人類的外表、腦部功能、壽命等產生影響。雙親會將各種遺傳資訊遺傳給孩子。

而會成為基因主體的物質就是DNA。DNA是由（A）腺嘌呤、（G）鳥嘌呤、（C）胞嘧啶、（T）胸腺嘧啶這4種鹼基所組成。依照這些鹼基的排列與組合（鹼基序列），每個人都各自擁有不同的遺傳資訊。

含有一個生物所有遺傳資訊的完整DNA鹼基序列稱「基因組（genome）」。基因組這個詞彙是由基因的「gene」與染色體的「chromosome」所組合而成的。人類的基因組叫做「人類基因組」，在2003年被分析出來的人類基因組的DNA鹼基序列約有30億鹼基對。

在基因組當中，會成為蛋白質設計圖的部分就是基因。基因的資訊會由鹼基序列來決定，在人體內，會依照該資訊來製造出能組成骨頭、肌肉、內臟等的細胞，並且能製造出不同種類的蛋白質。

雖然人類基因組中包含了約2萬個基因，但這僅占了全體DNA的約2%，仍有很多未解之謎。

■ 染色體的構造

　　染色體是「負責表現與傳達遺傳資訊的生物分子」，由於會被鹼性染料（蘇木精等）染色，所以被這樣命名。在染色體中，DNA會纏繞在名為「組織蛋白」的蛋白質上，並被折疊成細絲狀，在分裂期以外的時間，會以細絲狀的「染色質（染色質纖維）」的狀態存在於細胞核中。

　　這就是，纏繞在組織蛋白上的「核小體」聚集起來後，相連成念珠狀的「染色質（核染質）」被折疊而成的樣子（凝聚）。

　　只要到了細胞分裂期，染色質就會再次凝聚在一起，形成棒狀染色體。雖然形成棒狀的染色體的長度各有不同，但在相同種類的生物中，所有染色體都會維持相同的粗細度。

染色體的構造

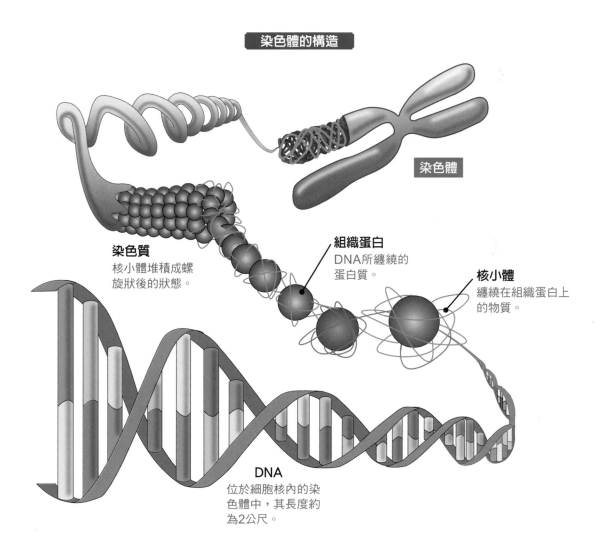

染色體

染色質
核小體堆積成螺旋狀後的狀態。

組織蛋白
DNA所纏繞的蛋白質。

核小體
纏繞在組織蛋白上的物質。

DNA
位於細胞核內的染色體中，其長度約為2公尺。

◆ 雙股螺旋結構

DNA會形成雙股螺旋結構，在此結構中，由磷酸、醣類、鹼基所結合而成的2條多核苷酸鏈是平行的。在內側的鹼基中，腺嘌呤（A）、胸腺嘧啶（T）、鳥嘌呤（G）、胞嘧啶（C）會透過與氧結合來形成鹼基對，並藉此來達到互補。

透過雙股結構，DNA在進行分裂時，會將其中一邊的DNA保存起來，並將另一邊當成複製時所需的轉錄用材料，正確地保存遺傳資訊。

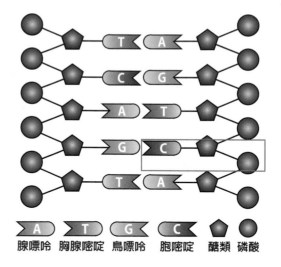

A	T	G	C		
腺嘌呤	胸腺嘧啶	鳥嘌呤	胞嘧啶	醣類	磷酸

■ 用來決定男女性別的染色體

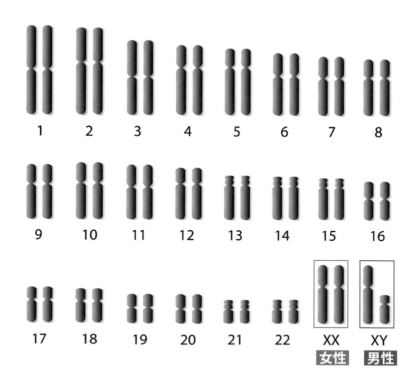

人類的染色體有46條，皆兩兩成對，其中44條（22對）是男女皆相同的「常染色體」，剩下的2條（1對）則是用來決定性別的「性染色體」。性染色體分成X染色體與Y染色體。女性擁有2條X染色體，所以是「XX」，男性則擁有各1條X染色體與Y染色體，所以是「XY」。也就是說，男女的性別是由此染色體的組合來決定的。

細胞分裂的原理 I

在身體中，每天都會有許多細胞死去，並誕生新細胞。1個細胞會透過分裂來製造2個以上的新細胞，這就叫做「細胞分裂」。人類每天都會一邊反覆地進行細胞分裂，一邊成長，維持生命。

以人體來說，細胞分裂的基礎為分裂時會出現染色體的「有絲分裂」。有絲分裂可以再分成「體細胞分裂」與「減數分裂」。體細胞分裂能夠製造出與分裂前完全相同的細胞。進行減數分裂時，染色體數量會變成一半。

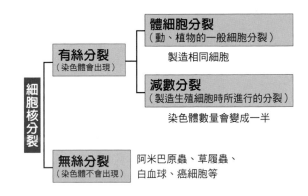

■ 真核生物的體細胞分裂

體細胞分裂的顯微鏡圖

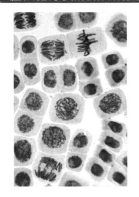

用來繁衍後代的細胞叫做生殖細胞，除此之外的所有細胞都叫做體細胞。通常，在真核細胞中，進行細胞分裂之前，細胞的組成成分會倍增為兩倍，準備工作一旦完成後，首先會發生「細胞核分裂」，接著會進行「細胞質分裂」。

在用來形成個體的體細胞分裂中，1個「母細胞」會形成2個擁有與母細胞相同染色體的「子細胞」。本次分裂到下次分裂之間的週期叫做「細胞週期」，進行一次分裂所花費的時間叫做「世代時間」。細胞會反覆地，一邊在細胞週期中成長與分裂，一邊增生。

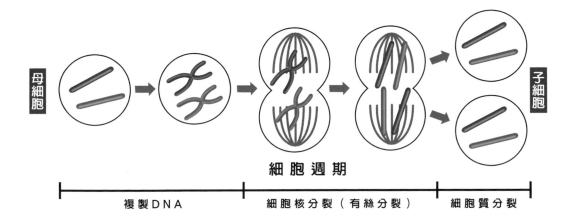

細 胞 週 期

複製DNA　　　細胞核分裂（有絲分裂）　　　細胞質分裂

■ 細胞週期與過程

1個細胞會透過細胞分裂來產生2個新細胞，此過程的週期叫做「細胞週期」。在細胞週期中，會反覆出現用來進行細胞分裂的「分裂期（M期）」與為了進行分裂的準備期間「間期」。

◆ 間期

間期大致上可以分成① G1期（DNA合成準備期）、② S期（DNA合成期）、③ G2期（分裂準備期）。

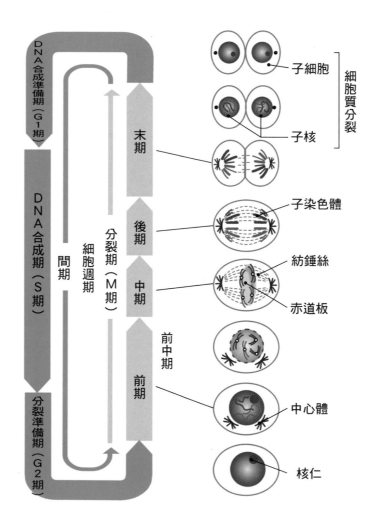

● **G1期** 能夠製造合成DNA時所需的酵素。由於胞器會活化，並激烈地消耗能量，所以細胞內的代謝會變得很活躍。

● **S期** 會合成、複製DNA，使細胞內的DNA變成2倍。

● **G2期** 能夠在微管（中空的管狀構造）內製造細胞分裂所需的蛋白質，體積會變成2倍。

◆ 分裂期（M期）　　分裂期可以分成前期、中期、後期、末期這4個階段。

● 前期

　　在細胞核中，原本看起來有如絲線的染色質（核染質）會變粗，引發「染色體凝聚現象」，製造出染色體。核仁會消失，由「微管」與各種蛋白質所組成的「紡錘體（絲）」則會開始形成。接著，核膜會散開，從紡錘體中分裂出來的中心體則會移動到細胞兩端，從該處開始延伸的細絲狀微管會連接染色體。

● 中期

　　染色體會移動到中央，在紡錘體的赤道板上排成列。此染色體是由擁有相同DNA的2條姊妹染色體（染色單體）縱向地相連而成，各個姊妹染色體都擁有在S期時所複製而來的相同遺傳資訊。

● 後期

　　姊妹染色體會縱向地分開，成為各自獨立的「子染色體」。然後，兩者會各自分裂成23條，宛如被從中心體延伸出來的微管拉住似地，朝著兩端移動。

● 末期

　　當2組子染色體聚集在兩端後，微管就會消失，染色體開始解旋形成一團細絲。接著，各自的周圍會形成新的「核膜」，並重新形成「核仁」與「高基氏體」。如此一來，2個細胞核就完成了，細胞核分裂也結束了。

◆ 細胞質分裂

　　只要進入細胞核分裂的末期，就會同時發生「細胞質分裂」現象。細胞會在赤道板上收縮，使中間變細，分裂成2個。像這樣，體細胞分裂屬於，能讓擁有相同染色體的細胞核變成2個細胞的「倍數分裂」。

真核生物與原核生物

　　真核生物指的是，動物、植物、菌類、原生生物等，在用來構成身體的細胞中擁有細胞核這種胞器的所有生物的總稱。而像是細菌、藍菌等，細胞內沒有包含DNA的細胞核的生物，則叫做「原核生物」。

細胞分裂的原理 Ⅱ

■ 減數分裂

　　相較於體細胞分裂，在精巢與卵巢等生殖細胞中發生的細胞分裂則叫做「減數分裂」。由於這會出現在精子或卵子的形狀過程中，所以也叫做「成熟分裂」。在減數分裂中，在進行分裂之前，直到兩兩成對的「同源染色體」的DNA被複製為止，過程都與體細胞分裂相同。在那之後，由於染色體的數量會因為第1分裂（異型分裂）與第2分裂（同型分裂）這2次細胞核分裂而減半，所以會產生4個擁有23條染色體的細胞。

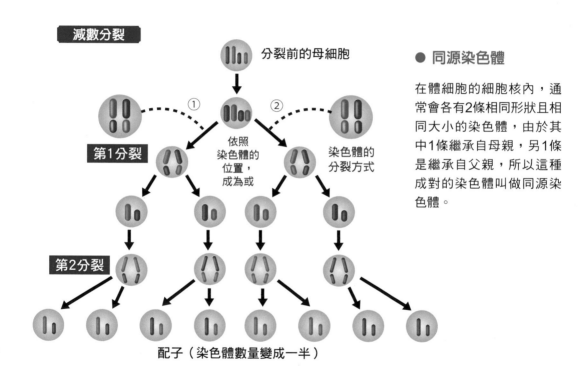

減數分裂

分裂前的母細胞

① 依照染色體的位置，成為或

② 染色體的分裂方式

第1分裂

第2分裂

配子（染色體數量變成一半）

● 同源染色體

在體細胞的細胞核內，通常會各有2條相同形狀且相同大小的染色體，由於其中1條繼承自母親，另1條是繼承自父親，所以這種成對的染色體叫做同源染色體。

◆ 第1分裂

　　在進行第一次分裂前，同源染色體彼此黏在一起，形成由4條染色體所組成的「二價染色體」後，就會進行染色體的「轉換」。轉換也被稱為「交叉」，意思是，當同源染色體的同一處被切斷時，為了進行修復，就會將染色體接在一起，因此DNA的排列方式就會變得與母細胞不同。藉由這種更換一部分排列方式的「重組」，就能讓基因產生各種組合，表示即使是相同雙親所生下的兄弟姊妹，也會各自具備著不同的容貌與性格，呈現出遺傳多樣性。

◆ 第2分裂

　　只要發生第二次分裂，2個擁有46條染色體的細胞，就會分裂成4個擁有23條染色體（每種染色體各擁有1條）的細胞。這種染色體數量只有平常一半的細胞在受精時，2個細胞會結合，成為擁有23對（46條）染色體的細胞，如此一來，孩子就會接收來自雙親的各半遺傳資訊。

細胞分裂與端粒

人類會一邊反覆地進行細胞分裂，一邊成長，並維持身體機能。不過，在反覆多次分裂的過程中，會出現無法隨著年齡進行分裂的細胞。1960年代，在加利福尼亞大學擔任解剖學教授的李奧納多・海佛列克（Leonard Hayflick）發現到，培養了正常的人類細胞後，只能進行50～60次細胞分裂。這種現象叫做「海佛列克極限」。掌握海佛列克極限的關鍵構造就是，擁有TTAGGG這種鹼基序列的「端粒」。

端粒與老化的關聯

端粒

染色體

細胞分裂

正常細胞

端粒活化（癌細胞）

端粒

縮短

停止分裂
細胞死亡（老化）

不變

無限分裂
細胞不死化（防止老化）

AATCGG

TTAGGG

◆ 「生命的回數票」端粒

在染色體中，DNA的末端構造有個名為「端粒」的部分。人們認為，端粒能夠防止複製時所造成的損傷，維持穩定性。不過，每當DNA進行複製時，端粒就會變短，只要短於某個長度，就會變得無法進行複製。就這樣，壽命到了盡頭的細胞會依照程序迎接細胞凋亡（細胞死亡）。

細胞的可分裂次數是有限的，據說人類細胞的可分裂次數約為50次。也就是說，端粒負責計算細胞分裂的次數，只要超過一定次數，就會停止增生。這就叫做「細胞老化」，也可以說是一種用來防止細胞癌化的防衛反應。端粒之所以被比喻成「生命的回數票」，就是這個原因。

◆ 端粒酶

人們已知，卵巢與精巢等生殖細胞即使反覆進行分裂，端粒也不會變短。因此，人的壽命與雙親的年齡無關，它會保持一定的長度。這就是名為「端粒酶」的酵素所造成的，作為一種能夠延長端粒的壽命，並防止老化的物質，端粒酶相當受到矚目，專家也正在對其進行各種研究。這種端粒酶的活化狀態就是癌細胞。藉此，癌細胞會無限制地反覆分裂，持續進行異常的增生。

組織的構造 I

　在組成人體的細胞中，光是有名稱的細胞，就有200種以上，其形狀與作用也各有不同。具備相同構造與類似作用的細胞群體稱為「組織」，組織分成「上皮組織」、「肌肉組織」、「結締組織（支撐組織）」、「神經組織」這4種。除了這4種以外，也有人會再加上包含血液與淋巴等的「液態組織」。

■ 上皮組織

　上皮組織是由負責包覆身體表面與器官內、外表面的「上皮細胞」所構成的組織。指的是，細胞彼此緊貼，在平面上擴大，形成細胞群體。依照所組成的上皮細胞的種類，排列方式與作用也會有所差異，除了保護身體表面以外，還有吸收養分、分泌消化液等物質、感覺作用等功能。在上皮的下側，存在著薄板狀的結構體「基底膜」。

◆ 腺

　因為上皮組織分化而變得具備分泌功能的上皮組織叫做「腺」。腺可以分成：擁有導管的唾液腺、淚腺、汗腺等「外分泌腺」，以及如同甲狀腺、腦下垂體那樣，沒有導管，會將物質分泌到血液中的「內分泌腺」。

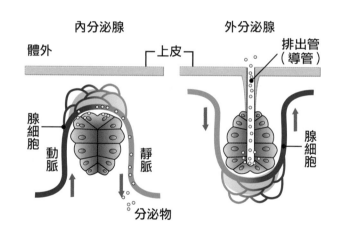

◆ 基本分類

　依照形態、功能，上皮組織可以分成各種類型。將這些上皮組織組合在一起後，就會被稱為「單層（形態）扁平（形狀）上皮＝由一層平坦的細胞排列而成的上皮」或「複層（形態）柱狀（形狀）上皮＝由圓形細胞堆疊好幾層所構成的上皮」等。

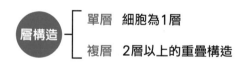

層構造	單層	細胞為1層
	複層	2層以上的重疊構造

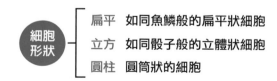

細胞形狀	扁平	如同魚鱗般的扁平狀細胞
	立方	如同骰子般的立體狀細胞
	圓柱	圓筒狀的細胞

◆ 依照型態來進行的分類與主要器官

單層扁平上皮

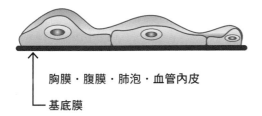

胸膜・腹膜・肺泡・血管內皮

└─ 基底膜

偽複層（纖毛）

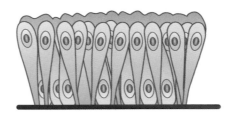

鼻腔・咽頭・支氣管

單層立方上皮

甲狀腺的濾泡上皮・腎小管

複層扁平上皮

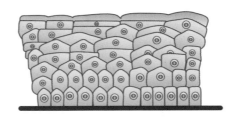

表皮（皮膚）・口腔・食道・肛門

單層柱狀上皮

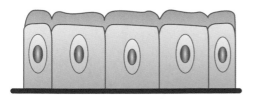

胃・小腸・大腸（消化系統）

移行上皮

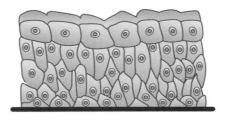

腎盞・腎盂・輸尿管・膀胱（尿道）

■ 肌肉組織

　　如同其名，肌肉組織是由會收縮的肌細胞所構成。肌細胞的特色為，擁有直徑約1公厘的肌原纖維。由蛋白質所組成的肌原纖維有彈性，能夠收縮。藉由讓肌原纖維朝著一定方向來排列，就能產生力量。由於呈現細長紡錘狀，所以也被稱為「肌纖維」。

◆ 分類

　　在肌肉組織的分類中，在細胞內看起來像橫紋的肌肉叫做「橫紋肌」，看起來不像橫紋的肌肉叫做「平滑肌」，能夠依照自己的意志來進行收縮的肌肉叫做「隨意肌」，無法依照自己的意志來活動的肌肉叫做「不隨意肌」。另外，依照肌肉所在位置，可分成骨骼肌、心肌、內臟肌。

肌肉的分類	橫紋肌	骨骼肌（兩端會連接骨頭）	隨意肌
		心肌（用來製造心壁）	不隨意肌
	平滑肌	內臟肌（用來製造內臟壁）	

◆ 依照肌肉所在位置來分類

骨骼肌【橫紋肌】　　　**心肌**【橫紋肌】　　　**內臟肌**【平滑肌】

　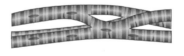　

沿著骨骼分布，用來支撐身體的肌肉。大部分為隨意肌，由於兩端與用來製造骨頭的骨骼相連，所以稱骨骼肌。皆為橫紋肌，一般被稱為肌肉的部位就是指骨骼肌。

用來製造心壁的肌肉。屬於橫紋肌，與骨骼肌有許多共通點，而不同之處在於，心肌由單核細胞所構成，含有很多粒線體。

用來製造消化道、泌尿器官、生殖器、血管等的肌肉。平滑肌沒有肌節。屬於由自律神經來控制的不隨意肌。

會導致肌力衰退的症狀

　　「肌肉減少症」是一種會隨著年齡增加而導致骨骼肌萎縮、肌力下降等現象，使身體機能衰退的症狀。除了同樣會導致身體機能衰退，還會另外出現「社交能力下降」等情況的衰弱症，以及運動器官本身的疾病所造成的「運動障礙症候群」等。由於這類症狀只要惡化，就會造成臥床不起的狀態，使健康壽命縮短，所以要特別留意。

組織的構造 Ⅱ

■ 結締組織（支撐組織）

　　結締組織的作用為，在組織與器官之中或其周圍，支撐身體、維持形狀及填補空隙。根據其作用，也被稱為支撐組織。結締組織的特色在於，不僅是由細胞所構成，而是由細胞與細胞所生成的物質（細胞間基質）共同構成。許多細胞間基質是由纖維母細胞所製成，這些被儲存在細胞周圍的物質所組成的群體則被稱為細胞外基質（Extracellular Matrix）。

◆ 結締組織的組成要素

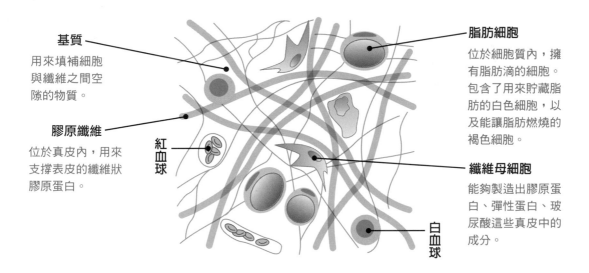

基質
用來填補細胞與纖維之間空隙的物質。

膠原纖維
位於真皮內，用來支撐表皮的纖維狀膠原蛋白。

紅血球

脂肪細胞
位於細胞質內，擁有脂肪滴的細胞。包含了用來貯藏脂肪的白色細胞，以及能讓脂肪燃燒的褐色細胞。

纖維母細胞
能夠製造出膠原蛋白、彈性蛋白、玻尿酸這些真皮中的成分。

白血球

◆ 分類

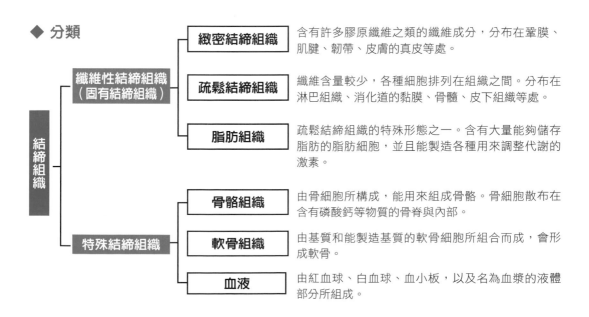

結締組織	纖維性結締組織（固有結締組織）	緻密結締組織	含有許多膠原纖維之類的纖維成分，分布在鞏膜、肌腱、韌帶、皮膚的真皮等處。
		疏鬆結締組織	纖維含量較少，各種細胞排列在組織之間。分布在淋巴組織、消化道的黏膜、骨髓、皮下組織等處。
		脂肪組織	疏鬆結締組織的特殊形態之一。含有大量能夠儲存脂肪的脂肪細胞，並且能製造各種用來調整代謝的激素。
	特殊結締組織	骨骼組織	由骨細胞所構成，能用來組成骨骼。骨細胞散布在含有磷酸鈣等物質的骨脊與內部。
		軟骨組織	由基質和能製造基質的軟骨細胞所組合而成，會形成軟骨。
		血液	由紅血球、白血球、血小板，以及名為血漿的液體部分所組成。

■ 神經組織

　　神經組織會將外界或身體內部所產生的刺激傳達給腦部，然後再將來自腦部的指令傳達給適當的部位，調整身體的活動。神經組織由神經元（神經細胞）與神經膠質細胞所構成。神經元的作用為，傳達刺激，神經膠質細胞的作用則是協助神經元。神經指的是，如同網眼般遍布全身各處的網路，大致上可以分成，由腦與脊髓所組成的「中樞神經系統」，以及分布在腦與脊髓以外的全身各處的「末梢神經系統」這2種神經系統。

　　另外，神經細胞的特色與心肌細胞一樣，在形成、成長的初期階段進行增生後，就會成為終身不分裂的細胞。不過最近人們已得知，海馬之類的一部分神經細胞會進行「細胞新生」。

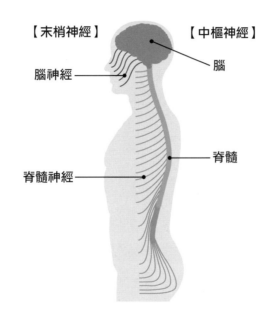

中樞、末梢神經（神經細胞）

【末梢神經】　　　　　　　【中樞神經】

末梢神經
連接中樞神經與全身各處，能夠傳達資訊。

腦神經

腦

脊髓

脊髓神經

中樞神經系統
腦與脊髓會成為中樞神經，對從全身各處的末梢神經傳達來的資訊進行判斷並下達指令。

◆ 用來組成神經網路的神經系統

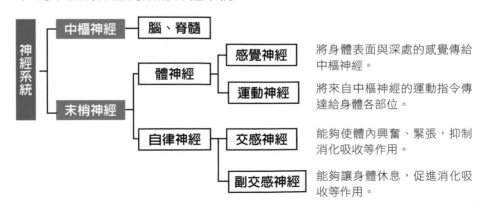

神經系統	中樞神經	腦、脊髓		
	末梢神經	體神經	感覺神經	將身體表面與深處的感覺傳給中樞神經。
			運動神經	將來自中樞神經的運動指令傳達給身體各部位。
		自律神經	交感神經	能夠使體內興奮、緊張，抑制消化吸收等作用。
			副交感神經	能夠讓身體休息，促進消化吸收等作用。

第 **2** 章

腦、神經

神經系統的構造與網路

負責控制所有人體機能的就是神經網路。此網路可以分成，由腦與脊髓所構成的中樞神經，以及分布於全身各處的末梢神經這2個部分。中樞神經會歸納、分析從全身各處收集到的資訊，發出用來調整運動與內臟機能的訊息，並將訊息傳送到末梢神經。

全身的神經網路

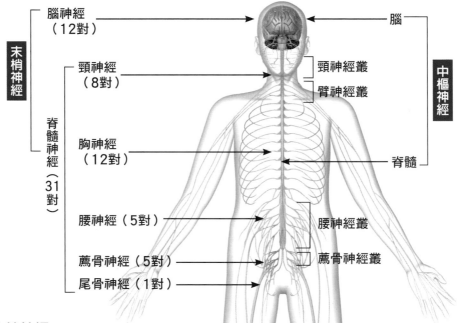

- 末梢神經（末梢神經）
  - 腦神經（12對）
  - 脊髓神經（31對）
    - 頸神經（8對）
    - 胸神經（12對）
    - 腰神經（5對）
    - 薦骨神經（5對）
    - 尾骨神經（1對）
- 中樞神經
  - 腦
  - 脊髓
- 神經叢
  - 頸神經叢
  - 臂神經叢
  - 腰神經叢
  - 薦骨神經叢

● 末梢神經

在神經系統當中，除了中樞神經系統以外的部分，在功能上大致可分成為：用來控制身體的知覺、運動的體神經系統，以及與內臟、血管等的自動控制有所關聯的自律神經系統。自律神經系統還可以再分成「交感神經」與「副交感神經」。另外，在末梢神經中，依照與中樞神經的哪個部位相連，與腦相連的部分叫做「腦神經」，與脊髓相連的部分叫做「脊髓神經」。而且，在脊髓神經的頸神經、胸神經、腰神經、薦骨神經中，神經纖維會出現分支、聚集成束的情況，並形成神經叢，分布於末梢部位。用來把資訊傳送到中樞神經系統的神經纖維叫做「傳入神經纖維」。

● 神經叢

在末梢神經的底部與末端，許多神經細胞等會出現分支，並形成網狀的部分。

● 中樞神經

中樞神經由腦部與脊髓所構成，是神經系統的中心部分。腦部則是由大腦、腦幹（中腦、腦橋、延腦）及小腦所構成。把資訊傳送到身體各部位的神經纖維叫做「輸出神經纖維」。

■ 組成神經組織的神經元（神經細胞）與神經膠質細胞 ─────

　神經組織的作用為，把外界或身體內部所產生的刺激傳達給腦部，然後再將來自腦部的指令傳達給適當的部位，調整身體的活動。神經組織由神經元（神經細胞）與神經膠質細胞所構成。神經元的作用為傳達刺激，神經膠質細胞的作用則是協助神經元。

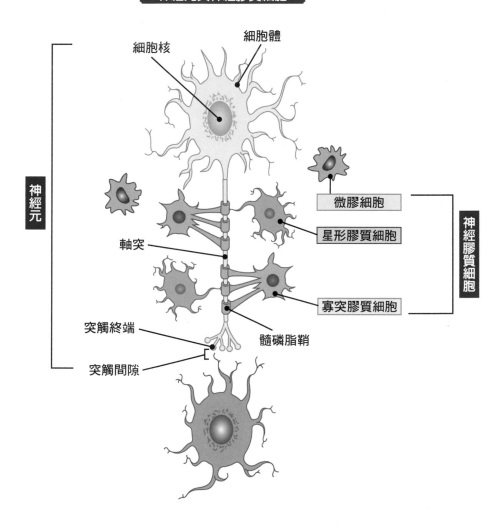

神經元與神經膠質細胞

◆ 神經膠質細胞

　神經組織以外的神經系統的組成成分的總稱。與神經細胞不同，沒有傳遞訊息的作用。不過，由於沒有神經膠質細胞的話，腦部就無法正常運作，所以人們最近認為神經膠質細胞與資訊處理有關。神經膠質細胞由微膠細胞（小神經膠質細胞）、星形膠質細胞（星狀神經膠細胞）、寡突膠質細胞（寡樹突神經膠細胞）、室管膜細胞、許旺氏細胞（髓磷脂鞘）等所構成。其特徵為，形狀較小，突起部分也較短。

■ 神經元（神經細胞）的構造與功能

◆ 資訊會透過電子訊號從軸突傳送到突觸終端

　　在用來構成人體的細胞當中，專門用來處理資訊的細胞就是也被稱為「神經元」的「神經細胞」。神經細胞會將身體內外的資訊，轉換成電子訊號進行傳輸。神經細胞是由「細胞體（核周質）」、從該處延伸出來的「樹突」、作為傳導路徑的「軸突」，以及作為輸出部位的「突觸」所組成。在突觸前後方細胞的細胞膜中，會出現名為「突觸間隙」的微小空間。通常一個細胞體會產生多條樹突與一條軸突，人們將兩者合稱為「神經纖維」。某些軸突的長度會超過1公尺，據說，如果將全部軸突連接起來，長度會達到約100萬公里。

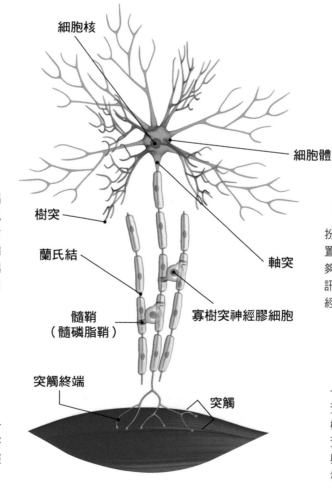

神經元（神經細胞）的構造

樹突

如同樹枝般分成許多枝節的短突起，是一種負責接收來自其他神經細胞的電子訊號的「接收器」。

髓鞘（髓磷脂鞘）

在聚集了神經細胞的腦部中，為了避免電子訊號混雜在一起，軸突會被名為「髓鞘（髓磷脂鞘）」的絕緣體包覆起來。軸突外露的部分叫做「蘭氏結」。

突觸終端

在樹突的末端部分中，會膨脹成袋狀的部分，能夠形成突觸的其中一側。突觸的作用為，將刺激傳導到其他的神經細胞與器官。

細胞核

樹突

蘭氏結

髓鞘
（髓磷脂鞘）

突觸終端

細胞體

軸突

寡樹突神經膠細胞

突觸

**軸突
（神經突起）**

扮演著「輸出裝置」的角色，能夠伸得很長，將訊息送往其他神經細胞。

突觸

一種用來傳遞資訊的聯繫結構，會在神經資訊的輸出側與輸入側之間發展。

■ 用來傳送電子訊號的突觸

當電子訊號從神經細胞傳到相鄰的神經細胞時，會形成突觸。據說，腦內有一千幾百億個神經細胞，各細胞各自擁有約1萬個突觸。在突觸與用來傳遞訊息的神經細胞之間，有大小約為幾萬分之一毫米的空隙（突觸間隙）。只要電子訊號傳送過來，神經遞質就會從突觸的「突觸囊泡」中被分泌到突觸間隙，與位於下個神經細胞的細胞膜中的受體結合，產生電子訊號，並以秒速60～120公尺的速度來傳遞訊息。這種突觸間隙的訊息傳遞叫做「突觸傳遞」。

● 神經遞質的傳導

突觸囊泡（貯藏）＜動作電位＞ ➡ 分泌到突觸間隙 ➡
與突觸後膜的受體結合 ➡ 傳遞訊號

突觸的組成

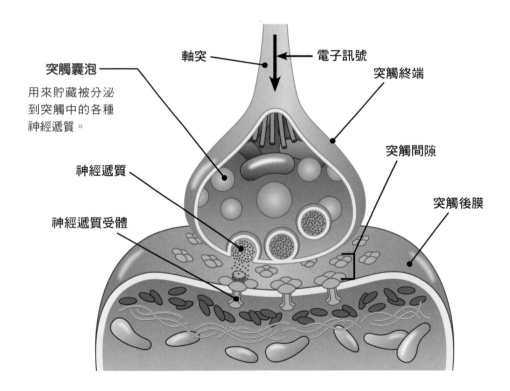

軸突　電子訊號
突觸終端

突觸囊泡
用來貯藏被分泌到突觸中的各種神經遞質。

突觸間隙

神經遞質

突觸後膜

神經遞質受體

從突觸中出現的神經遞質
多巴胺、正腎上腺素、血清素、穀胺酸、內啡等數十種物質。

腦神經的構造與功能

■ 會出入腦部的12對末梢神經

　　腦神經指的是，直接從腦部出發，延伸到各種部位的「末梢神經」。

　　腦神經會從延腦出入額葉，數量為左右12對。感覺器官所獲得的訊息大多會經由與腦幹相連的腦神經傳到腦部。另外，訊息還會透過腦神經分布在感覺器官與骨骼肌等處，讓指令被下達。

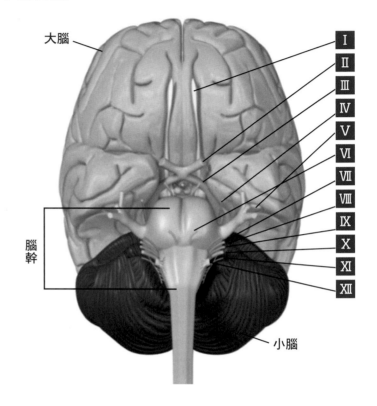

大腦

I
II
III
IV
V
VI
VII
VIII
IX
X
XI
XII

腦幹

小腦

◆ 12對腦神經與主要作用

　　12對腦神經除了各自的專有名詞以外，有時也會用加在最前方的羅馬數字（I～XII）來表達。

編號	名稱・分類	作用	編號	名稱・分類	作用
I	嗅神經（感覺神經）	嗅覺	VII	顏面神經（運動神經・感覺神經・副交感神經）	臉部表情肌的運動、舌頭的味覺、淚腺・唾液的分泌
II	視神經（感覺神經）	視覺	VIII	前庭耳蝸神經（感覺神經）	聽覺・平衡感
III	動眼神經（運動神經・副交感神經）	眼球運動	IX	舌咽神經（運動神經・感覺神經・副交感神經）	舌頭的感覺・味覺、唾液腺的分泌
IV	滑車神經（運動神經）	眼球運動（上斜肌）	X	迷走神經（運動神經・感覺神經・副交感神經）	頭部・頸部・胸部・腹部（骨盆除外）內臟的感覺・運動・分泌
V	三叉神經（運動神經・感覺神經）	臉部・鼻・口・牙齒的感覺、咀嚼運動	XI	副神經（副神經）	胸鎖乳突肌・斜方肌的運動
VI	外展神經（運動神經）	眼球運動（外直肌）	XII	舌下神經（運動神經）	舌肌的運動

脊髓神經的構造與功能

■ 脊髓神經的構造

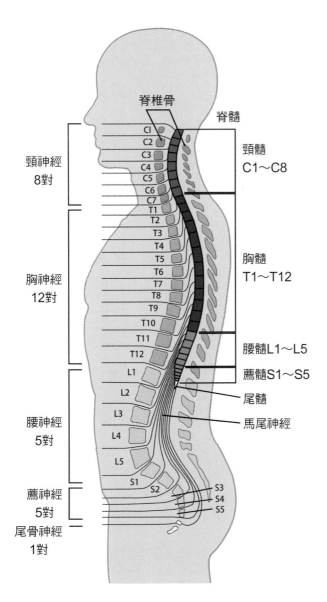

脊髓神經與脊髓分段

脊椎骨
脊髓

頸神經
8對

胸神經
12對

腰神經
5對

薦神經
5對

尾骨神經
1對

C1
C2
C3
C4
C5
C6
C7
T1
T2
T3
T4
T5
T6
T7
T8
T9
T10
T11
T12
L1
L2
L3
L4
L5
S1
S2
S3
S4
S5

頸髓
C1～C8

胸髓
T1～T12

腰髓L1～L5

薦髓S1～S5

尾髓

馬尾神經

在末梢神經中，從脊髓中分出來的神經。由於除了迷走神經以外，腦神經只分布在頭頸部，所以用來控制四肢、軀幹的神經幾乎全都是脊髓神經。從脊髓前側面延伸出來的部位叫做「腹根」，從後側面延伸出來的部位則叫做「背根」。以左右對稱的方式從脊髓中出現的腹根與背根，會通過在脊椎骨與脊椎骨之間所形成的椎間孔然後會合，形成一對脊髓神經。

脊髓神經可以分成31個髓節（分段），由上往下可以分成「頸髓（8對）」、「胸髓（12對）」、「腰髓（5對）」、「薦髓（5對）」、「尾髓（1對）」這5個部分。

由於從頸髓、腰髓到薦髓是連接四肢的部位，所以會有更多的神經細胞聚集起來，使脊髓變粗。因此，這些變粗的部位分別被稱為「頸膨大部」與「腰膨大部」，負責處理與上肢和下肢相關的複雜訊息。

這31對從脊髓中出現的脊髓神經，會各自在用來包圍脊髓周圍的脊椎骨與脊椎骨之間形成「神經根」，持續延伸。為了進行區分，人們將從頸髓之間出現的神經稱為「頸神經」，從胸椎之間出現的神經則是被叫做「胸神經」。

脊椎是由頸椎（7個）、胸椎（12個）、腰椎（5個）、薦椎（5個）、尾椎（3～6個）的髓節所組成。脊髓會從腦部出發，經過脊椎內部，延伸到第1～2腰椎的高度。從此處往下的部分會形成神經纖維束，並被稱作馬尾神經。

■ 脊髓的構造

　　脊髓是從延腦往下伸長到腰椎的細長圓柱狀器官，直徑約為1～1.5公分。其長度達40～50公分，在第1腰椎與第2腰椎之間，名為「脊髓圓錐」的隆起部位是脊髓的終點。脊髓與腦部一樣，是由白質與灰質所組成。由於脊髓非常柔軟，容易受損，所以其外側會形成由神經膠質細胞所組成的白質（髓質），白質的周圍則像腦部一樣，被由硬脊膜、蜘蛛膜、軟脊膜所構成的3層脊膜所包覆，並藉由位於蜘蛛膜內側的脊髓液來保護內部，對抗來自外部的衝擊。

　　在中央區域有個從第4腦室延伸出來的「中央管」，中央管是腦脊髓液的通道，其周圍的灰質（神經細胞的集合體）會將中央管圍成H字形。在H字形的灰質當中，前方的突出部分叫做「前角」，「運動神經根（腹根）」會從此處出現，「感覺神經根（背根）」則會從後方的突出部分「背角」出現。

脊髓構造

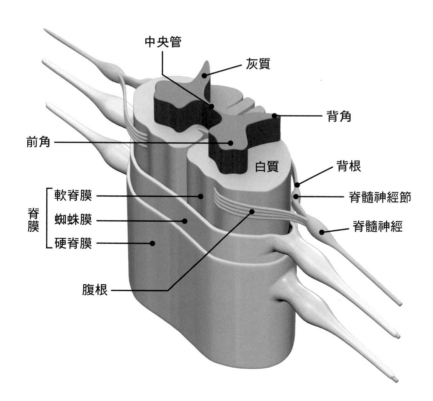

◆ 脊髓是用來連接腦部與全身的網路

　　從腦部通往末梢的運動神經根會將來自腦部與脊髓的訊息傳送給肌肉，使肌肉產生運動。從末梢通往腦部的感覺神經根會將來自身體各部位的感覺訊息傳送給腦部。像這樣地，脊髓扮演著「將腦部與全身連接成網路的關鍵角色」。身為中樞神經的脊髓與其他末梢神經不同，即使受損也不會重生或被修復。因此，萬一脊髓的一部分受損，損傷部位以下的部分就無法接收來自腦部的指令，喪失運動功能，同時也無法將感覺訊息傳送給腦部，人體也會失去感覺與知覺功能。

◆ 皮表感覺區（dermatome）

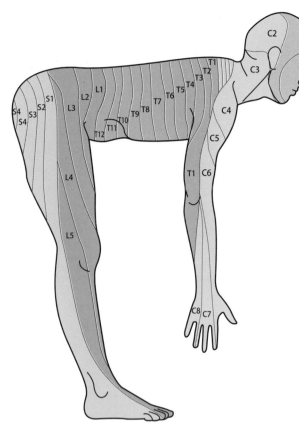

以圖解的方式來說明31對脊髓神經所控制的特定皮膚感覺範圍時，會使用到「皮表感覺區（皮節感覺分布區）」。在判斷哪個部位發生障礙時，會成為一種判斷基準。

● 脊髓損傷導致的運動障礙

- ● 頸髓等級的損傷
  四肢、軀幹的肌肉會出現麻痺症狀的四肢麻痺。
- ● 胸／腰髓等級的損傷
  部分軀幹與下肢的肌肉會出現麻痺症狀的截癱。
- ● 完全癱瘓
  受損脊髓以下的部位失去運動能力、感覺功能，並且在肛門周圍的感覺也會消失。
- ● 不完全癱瘓
  雖然會出現運動能力衰退、感覺遲鈍的症狀，但肛門周圍仍有感覺。

◆ 脊髓反射

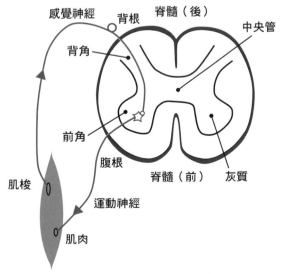

當人被東西絆倒、觸碰到很燙的東西時，身體在剎那間所進行的動作叫「脊髓反射」。這是因為，為了從突然出現的危險中保護身體，在訊息被送到大腦前，脊髓就會代替腦部發揮中樞功能，以迴避危險。脊髓反射的特徵為，與透過腦部來進行的反射相比，動作大多既單純又原始。

● 感覺器官（肌肉）➡ 背根（感覺神經）➡ 脊髓 ➡ 腹根（運動神經）➡ 運動器官（肌肉）

■ 脊髓神經的神經叢

在末梢神經的底部與末端部分，許多神經細胞等會出現分支，形成網狀部分。這些網狀部分叫做神經叢。在脊髓神經中，主要包含：用來控制頸部的「頸神經叢」、用來控制上肢的「臂神經叢」、用來控制腹部與下肢的「腰神經叢」、用來連接骨盆／臀部／生殖器／下肢的大腿／小腿肚子／腳部的「薦神經叢」。

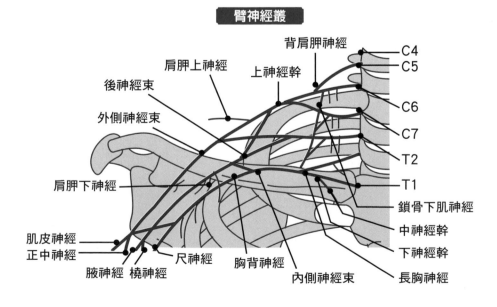

| 頸神經叢 |

腦神經（第XI・XII）

小枕神經

大耳神經

膈神經

舌骨

頸橫神經

鎖骨上神經

舌骨肌

由C1～C4的前支、C5的前支的一部分所構成。此神經叢連接了頭部、頸部、上肢、臉部。

| 臂神經叢 |

背肩胛神經

肩胛上神經

上神經幹

C4

C5

後神經束

C6

外側神經束

C7

T2

肩胛下神經

T1

鎖骨下肌神經

肌皮神經

中神經幹

正中神經

下神經幹

尺神經

胸背神經

腋神經　橈神經

長胸神經

內側神經束

由C5～C8與T1的前支所構成。由於臂神經叢和頸神經叢互相連接，所以也合稱為頸臂神經叢。

腰神經叢

第12胸神經的前支

T12

L1

髂腹下神經

L2

髂腹股溝神經

L3

股外側皮神經

L4

生殖股神經

股神經

L5

閉孔神經

腰薦神經幹

腰神經叢

薦神經叢

　　由T12與L1～L4的前支所構成的神經叢。分支可分成皮分支與肌分支。皮分支分布在外陰部、鼠蹊部、大腿的正面部分。肌分支能用來控制腹肌、大腿的內側面與正面。

薦神經叢

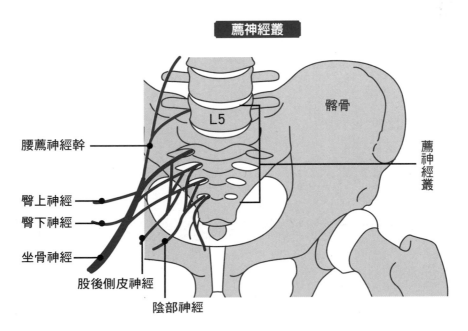

髂骨

L5

腰薦神經幹

薦神經叢

臀上神經

臀下神經

坐骨神經

股後側皮神經

陰部神經

　　由L4～L5與S1～S5的前支所構成。由於薦神經叢和腰神經叢互相連接，所以也合稱為腰薦神經叢。

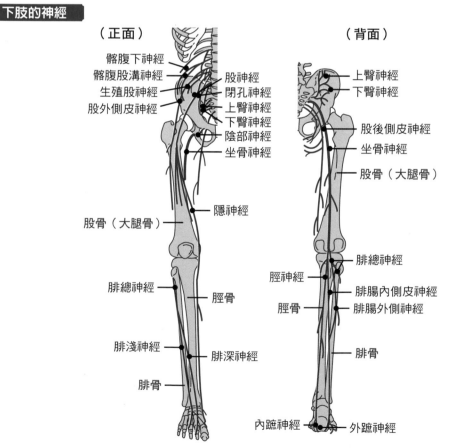

肩胛上神經
上神經幹
下神經幹
C4
C5
C6
C7
C8
T1
肌皮神經
中神經幹
下神經幹
鎖骨
橈神經
正中神經
肱骨
前臂外側皮神經
尺神經
尺神經
尺骨
正中神經
橈骨
前臂前側骨間神經
尺神經淺支

肌皮神經
腋神經
橈神經
橈神經淺支
尺神經
正中神經
橈神經深支
橈神經淺支

下肢的神經

（正面）
髂腹下神經
髂腹股溝神經
生殖股神經
股外側皮神經
股神經
閉孔神經
上臀神經
下臀神經
陰部神經
坐骨神經
隱神經
股骨（大腿骨）
腓總神經
脛骨
腓淺神經
腓深神經
腓骨

（背面）
上臀神經
下臀神經
股後側皮神經
坐骨神經
股骨（大腿骨）
腓總神經
脛神經
腓腸內側皮神經
脛骨
腓腸外側神經
腓骨
內踝神經
外踝神經

44

運動神經與感覺神經的構造

　　遍布全身的神經會透過神經元來互相連接，形成名為「神經系統」的神經網路。透過此神經網路，腦部變得能夠管理細胞與組織的功能以控制身體。

　　神經網路可以分成，由腦神經與脊髓神經構成的中樞神經系統，以及由體神經（感覺神經、運動神經）與自律神經所構成的末梢神經系統。身體所感受到的感覺訊息，會藉由通過脊髓神經背根的感覺神經來被傳送到中樞，來自中樞的指令，則會藉由通過脊髓神經腹根的運動神經來被傳送到末梢器官。

■ 感覺神經的傳導路徑（上行傳導路徑）

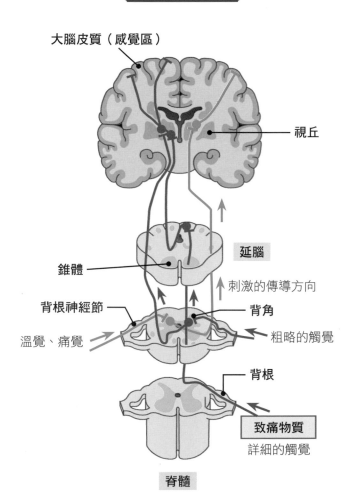

上行傳導路徑

大腦皮質（感覺區）

視丘

延腦

錐體

刺激的傳導方向

背根神經節

背角

溫覺、痛覺

粗略的觸覺

背根

致痛物質
詳細的觸覺

脊髓

　　感覺神經是負責將來自身體內外的訊息傳送到中樞的神經，由於會將透過皮膚、視覺、聽覺、觸覺、味覺等感覺器官所產生的刺激（體感）傳達給中樞，所以也被稱為「知覺神經」。由於感覺神經會通往腦神經與脊髓神經這類位於身體中心的中樞，所以也被稱作為「傳入神經（向心性神經）」。

　　用來傳遞感覺的訊息通道叫做神經傳導路徑，從各處的感覺接受器通往腦部的上行路徑叫做上行傳導路徑。此神經細胞會是雙極神經元或假單極神經元。

　　依照要傳遞的感覺訊息，此路徑可以分成為脊髓丘腦徑、背柱徑、脊髓小腦徑等路徑，而且會各自通過不同的路線。這些路徑幾乎都會通過視丘（丘腦），前往大腦皮質的體感覺區。

■ 運動神經的傳導路徑（下行傳導路徑）

運動神經是負責傳達關於身體肌肉運動的指令的神經。透過感覺神經所收集到的訊息會各自地在大腦皮質的運動區被進行分析、判斷，通過負責掌管運動的小腦、腦幹，被傳送到脊髓，然後從該處將指令傳達給必要的部位，讓末梢的各個部位進行有意識的運動。這種傳導路徑就是「下行傳導路徑」。

運動神經通過脊髓時，會從灰質的前角形成腹根然後離去。由於是從中樞通往末梢的神經，所以也被稱為「輸出神經（離心性神經）」。

到脊髓為止的迴路叫做「錐體束」，由於大部分的神經纖維會在延腦下方交叉，所以來自右腦的指令會控制左半身，來自左腦的指令則會控制右半身。

直到青年期為止，隨著軸突的成長，髓鞘會被製造出來，此現象叫做「軸突成熟」。運動神經會因為「軸突成熟」而變粗，訊息的傳遞速度也會變快。不過，隨著年齡增長，運動神經又會開始變細，反應也會變得遲鈍。

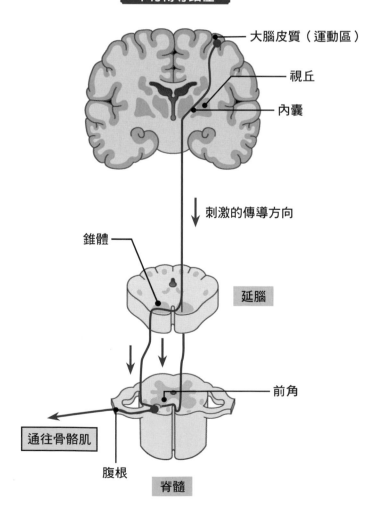

下行傳導路徑

大腦皮質（運動區）

視丘

內囊

刺激的傳導方向

錐體

延腦

前角

通往骨骼肌

腹根

脊髓

◆ 皮質小人（潘菲爾德圖）

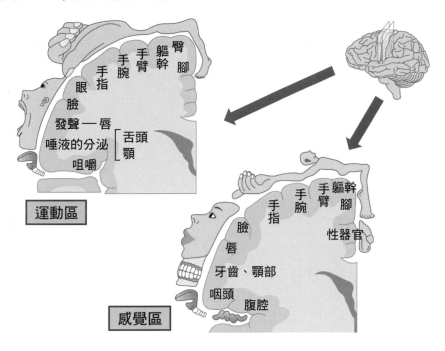

這張腦中地圖顯示出，人體各部位的功能會對應大腦中的何處。透過這張地圖，能夠知道的是，在人體內，很少活動的軀幹與臀部所對應的腦部區域很狹小，手部與口部等會進行複雜動作的部位所對應的腦部區域則很寬敞。也就是說，這兩個區域和身體部位有密切關聯，腦部會依照各個部位來決定功能。

◆ 貝-馬定律（貝爾‧馬讓迪定律）

此定律的內容為，脊髓的背根是由傳入神經（感覺神經）所構成，而腹根則是由（運動神經）所構成。

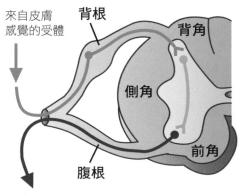

● 前角　負責傳遞來自大腦的指令的神經，會轉乘神經元，從腹根伸出神經纖維。
● 背角　負責將訊息從末梢傳到中樞神經的神經，會從背根進入，在背角轉乘神經元。

47

自律神經的構造與功能

　　自律神經位於腦神經與脊髓神經之中，能夠自動調整各種內臟與器官的功能。在運作方式與意志無關的不隨意肌當中，自律神經會控制呼吸、心跳、血壓、體溫、流汗、排泄等功能，即使我們睡著時，仍會持續發揮作用，努力地維持「身體平衡（恆定性）」。

　　自律神經包含了「交感神經」與「副交感神經」，這2種神經具備相反的作用（拮抗作用）。這2種神經會分布在大部分的內臟與器官中，白天交感神經比較活躍，到了晚上，則會變成副交感神經比較活躍，在必要時其中一邊的作用會變強，藉此來調整內臟與器官的功能。

體內所出現的具體症狀

	副交感神經占優勢 [休息]	交感神經占優勢 [活動]
血管	擴張	收縮
血壓	下降	上昇
心跳	變慢	加快
肌肉	放鬆	緊張
流汗	抑制	促進
體感	溫暖	寒冷
免疫力	上昇	下降

■ 交感神經的功能

　　當身體活潑地運動時，或是情緒很激動時，交感神經就會活躍地運作（變得占優勢），把令人興奮的刺激傳送到全身各器官。使血管收縮、血壓上昇，引發「瞳孔放大、促進心血管系統的運作、加速新陳代謝」等現象，但會抑制消化系統與泌尿系統的作用。當人在運動或是感到興奮時，心跳與血壓會上升，且會流汗。這些全都是交感神經的作用造成的。

　　當交感神經的作用變得活躍時，交感神經與腎上腺髓質就會以神經遞質與腎上腺髓質激素的形式來分泌出腎上腺素與正腎上腺素。這些物質會對 α 受體或 β 受體產生作用，並藉此來讓心跳、血壓、排汗等產生變化。

　　交感神經會從胸髓與腰髓的兩側出發，離開椎管後，會與延腦神經分開，進入縱向分布在脊柱兩側的「交感神經幹」。

　　交感神經的神經纖維大多會在此處轉乘神經細胞，前往負責控制的內臟或器官。另一部分則會在前方腹腔的神經節進行轉乘，前往目的地。

■ 自律神經對全身的作用

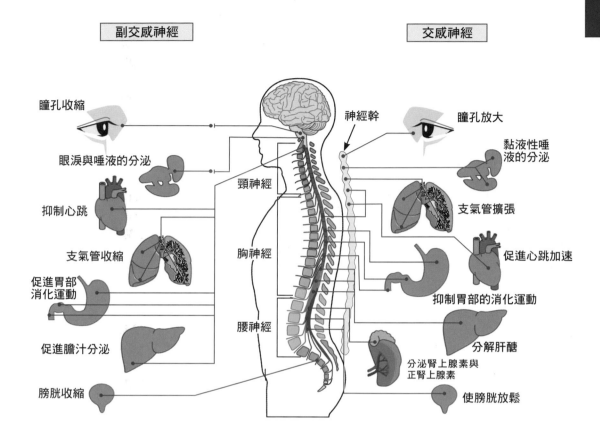

副交感神經　　　　　　　　　　　　　　　交感神經

瞳孔收縮
眼淚與唾液的分泌
頸神經
抑制心跳
支氣管收縮
胸神經
促進胃部消化運動
腰神經
促進膽汁分泌
膀胱收縮

神經幹
瞳孔放大
黏液性唾液的分泌
支氣管擴張
促進心跳加速
抑制胃部的消化運動
分解肝醣
分泌腎上腺素與正腎上腺素
使膀胱放鬆

■ 副交感神經的功能

　　副交感神經與交感神經相反，能夠緩解緊張，讓身體休息。當副交感神經處於優勢時，呼吸與心跳會變慢，血壓也會下降。從心理層面來看，也能讓人冷靜下來，是適合休息或睡眠的狀態。

　　活潑的交感神經被稱為「白天的神經」，相較之下，副交感神經也被稱為「夜晚的神經」。副交感神經會透過名為乙醯膽鹼的神經遞質來接收刺激，人們將能與乙醯膽鹼產生作用的受體稱為「乙醯膽鹼受體（毒蕈鹼受體與尼古丁受體）」。

　　雖然副交感神經經常與交感神經一起控制一個器官（雙重神經支配），但含有副交感神經的部位只限於，腦神經中的動眼神經、顏面神經、舌咽神經、迷走神經，以及薦髓神經當中由第2～第4薦骨神經所構成的骨盆內臟神經。

　　「腦神經」負責從頭部到腹部內臟，「骨盆內臟神經」則負責其下方的生殖器與肛門，藉此來維持體內的恆定性。

　　副交感神經沒有神經幹，除了頭部以外，副交感神經的神經節幾乎都位在器官附近，或是器官內，這也是其特徵之一。

腦的構造與功能

　　腦部宛如一座指揮塔，掌管人體的所有功能，像是傳遞／處理來自身體各器官的資訊、維持生命、語言、思考、記憶、運動等。

　　負責執行腦部功能的是，名為「神經元」的神經細胞。神經元能夠發出電子訊號，交換資訊。據說，在整個腦部中，神經元的數量多達1千數百億個。因此，腦部所消耗的能量也很多，約佔全身消耗能量的20%。

■ 腦部的整體構造

　　腦部大致上是由大腦、小腦、腦幹（在廣義上，腦幹包含間腦）這3個部位所構成。

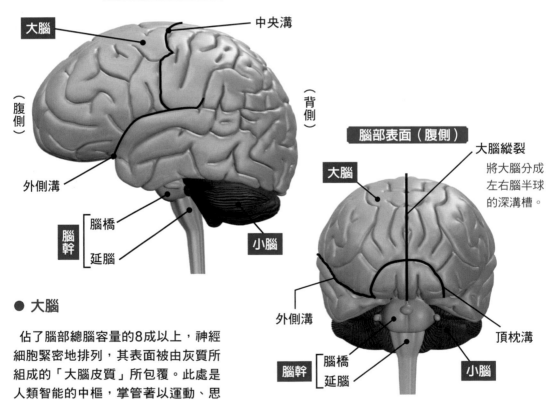

腦部表面（側面）

大腦　　中央溝　　（腹側）　　（背側）　　外側溝　　腦幹〔腦橋　延腦〕　　小腦

腦部表面（腹側）

大腦　　大腦縱裂　　將大腦分成左右腦半球的深溝槽。　　外側溝　　腦幹〔腦橋　延腦〕　　頂枕溝　　小腦

● 大腦

　　佔了腦部總腦容量的8成以上，神經細胞緊密地排列，其表面被由灰質所組成的「大腦皮質」所包覆。此處是人類智能的中樞，掌管著以運動、思考、語言等為首的各種功能。

● 小腦

　　與大腦一樣是由灰質（神經細胞）和白質（神經纖維）所構成。

　　以成人來說，其重量為120～140g，約佔腦部整體的10%。小腦負責掌控身體的運動功能與腦幹等腦部其他部分。

■ 位於腦部中心的腦幹

　　腦幹由延腦、腦橋、中腦、間腦所構成，位於最下方的延腦會與脊髓相連。腦幹連接著大腦和脊髓，會將從腦部傳遞過來的資訊傳送給身體各個器官。腦幹扮演著非常重要的角色，具備維持生命所需的功能，像是呼吸、心跳、體溫調整等。間腦由視丘與下視丘所構成。

◆ 用來保護腦部的腦膜

　　與脊髓一起組成中樞神經系統的腦部，位於名為顱腔的空腔內。負責保護腦部的是，由堅硬骨頭所構成的顱骨，以及由三層構造所構成的腦膜。此中樞神經系統的器官的重量約為1200～1500克，相當於一個成年人體重的2%。另外，在作為神經細胞集合體的腦部中，組織內約有85%是水分，經常被比喻成和豆腐一樣柔軟且脆弱。

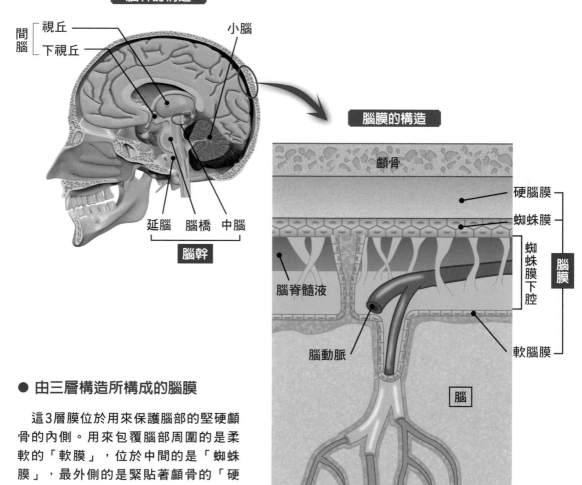

腦幹的構造

間腦 ─ 視丘
　　 └ 下視丘
小腦
延腦　腦橋　中腦
腦幹

腦膜的構造

顱骨
硬腦膜
蜘蛛膜
蜘蛛膜下腔
腦脊髓液
軟腦膜
腦動脈
腦膜
腦

● 由三層構造所構成的腦膜

　　這3層膜位於用來保護腦部的堅硬顱骨的內側。用來包覆腦部周圍的是柔軟的「軟膜」，位於中間的是「蜘蛛膜」，最外側的是緊貼著顱骨的「硬膜」。軟膜與蜘蛛膜之間有名為「蜘蛛膜下腔」的空隙，此處會透過腦脊髓液來吸收來自外部的衝擊。

大腦的構造與功能

　　大腦佔據了腦的大部分容量。大腦可以分成大腦皮質（灰質）與大腦髓質（白質）。人類大腦的特徵為大腦皮質很發達。在中央區域的舊、古皮質中，有大腦邊緣系統與大腦基底核。

■ 大腦的構造

大腦的剖面構造

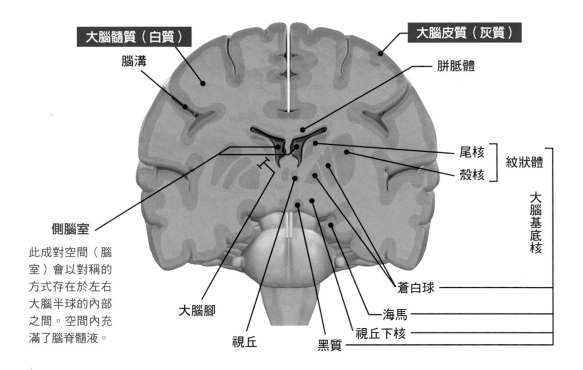

大腦髓質（白質）
腦溝
大腦皮質（灰質）
胼胝體
尾核
殼核 } 紋狀體
大腦基底核
側腦室
此成對空間（腦室）會以對稱的方式存在於左右大腦半球的內部之間。空間內充滿了腦脊髓液。
大腦腳
視丘
黑質
蒼白球
海馬
視丘下核

◆ 大腦皮質（灰質）

　　大腦皮質指的是，在中樞神經系統的組織中，神經元（神經細胞）的細胞體所聚集的區域。由於灰質的顏色比白質深，且看起來帶有灰色，所以被如此稱呼。而其顏色差異的原因在於，白質中存在著大量用來包覆有髓神經纖維的「髓磷脂鞘」。

◆ 大腦髓質（白質）

　　佔據了大腦內側的淺色區域。雖然大腦髓質是由白質與中心部分的灰質的基底核所構成，但是由於許多神經纖維聚集而成的白質占了大部分，所以也只被稱作白質。

■ 大腦被分成左右兩邊的大腦半球

大腦被縱貫中央區域的深溝（大腦縱裂）分成左右兩邊的右大腦半球（右腦）與左大腦半球（左腦）。雖然外觀相同，但右腦與左腦各自擁有不同的功能。不過，左右兩邊並不會分開運作。中央的神經纖維束「胼胝體」會連接兩邊，交換訊息，讓兩邊一起運作。

另外，在右腦與左腦中，從腦部通往全身各處的神經會在脊髓轉向，這種現象就是「交叉控制」。因此，右腦會與左半身相連，左腦則與右半身相連。

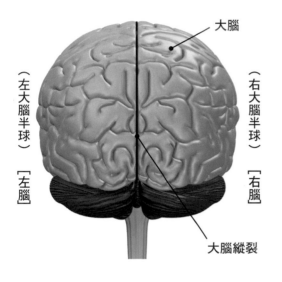

後側（背面）

大腦

（左大腦半球）

（右大腦半球）

[左腦]

[右腦]

大腦縱裂

◆ 右腦與左腦的特徵

右腦 負責掌管「直覺地理解事物、有創意的想法、理解方向／空間」這些功能，像是繪畫、演奏樂器、掌握空間中的相對位置等。

左腦 負責掌管「使用語言來理性地思考事物」的功能，像是聽、說、讀等語言能力、時間的觀念、計算等。

● 不過，在近年的研究中，我們無法簡單地斷定右腦與左腦的作用差異，只能等待今後的進一步研究。

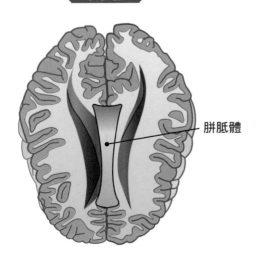

胼胝體

胼胝體

◆ 胼胝體

用來連接左右大腦半球的連合神經纖維的粗大神經束。位於大腦中央的深處，也就是大腦縱裂的底部、側腦室的背側壁。在左右的大腦皮質之間，此處會成為用來交換訊息的路徑。

只要把胼胝體切斷，右腦與左腦間的神經纖維聯繫就會被斷絕，變得無法均衡地運作。

● 連合神經纖維：用來連接左右大腦半球的相同皮質的神經纖維群。

依照功能來劃分大腦皮質的區域

■ 大腦的腦溝與4個主要腦葉

　　包覆大腦表面的大腦皮質的厚度為數公厘。在大腦皮質上，名為「腦溝」的溝渠會不規則地分布，並與腦迴（被腦溝隔開的隆起部分）一起形成所謂的「腦部皺褶」。拜此皺褶所賜，大腦能夠擴大表面積，留住許多細胞。尤其是如同中央溝與外側溝（薛氏腦裂）那樣，在所有人身上都能見到的一部分大型腦溝，會成為解剖腦部時的劃分標準。

　　另外，大腦被腦溝分成了「額葉」、「頂葉」、「顳葉」、「枕葉」這4個主要腦葉（若加上島葉、邊緣葉的話，就有6個腦葉）。大腦被大腦縱裂分成了左右兩個半球，「中央溝」是額葉和頂葉的分界，位於後方的「頂枕溝」是頂葉和枕葉的分界，「外側溝」則是額葉和顳葉的交界。

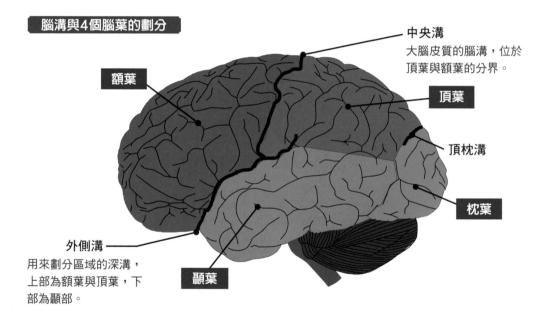

腦溝與4個腦葉的劃分

額葉

中央溝
大腦皮質的腦溝，位於頂葉與額葉的分界。

頂葉

頂枕溝

枕葉

外側溝
用來劃分區域的深溝，上部為額葉與頂葉，下部為顳部。

顳葉

◆ 額葉

　　除了佔據大腦皮質約30%的「額葉聯合區（前額葉皮質）」以外，還有與運動相關的「主要運動區」和「前運動區」、與說話能力相關的「布洛卡區（運動性語言區）」等區域。額葉除了進行主要用於思考或決策制定的創造性高度心理活動以外，也掌管全身的運動與說話能力。

◆ 頂葉

　　包含「頂葉聯合區」與「體感覺區」，掌控疼痛、溫度、壓力等體感與空間感。

◆ 顳葉

　　包含「顳葉聯合區」、「聽覺區」、「韋尼克區」，與記憶、語言、聽覺有關。

◆ 枕葉

　　包含「主要視覺區」、「視覺聯合區」，掌管視覺與色彩。

在4個腦葉中，各個區域具備各種特定功能，且被稱作「區」。這些分區會處理從身體各部位傳送過來的訊息，並針對訊息來傳送指令。

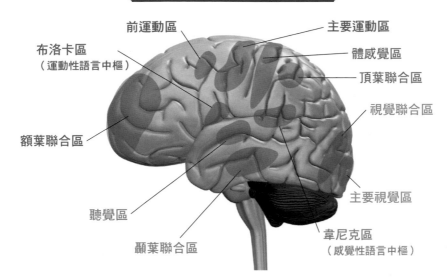

依照功能來劃分區域（左半球）

前運動區
主要運動區
布洛卡區
（運動性語言中樞）
體感覺區
頂葉聯合區
視覺聯合區
額葉聯合區
主要視覺區
聽覺區
顳葉聯合區
韋尼克區
（感覺性語言中樞）

● **額葉聯合區**

位於大腦皮質的最前方，擔任腦部最高中樞的角色，掌管思考與創造力。與「制定與執行關於某項行動的計畫、行為抑制、依照高層次的情緒（喜怒哀樂）來做出決策」等功能有關。

● **主要運動區**

制定與執行關於隨意運動的計畫。

● **頂葉聯合區**

在頂葉中，從體感覺區後方到枕葉的部分。主要負責理解空間位置（在哪裡、通往哪裡）與聽覺。

● **顳葉聯合區**

負責整合聽知覺、視知覺，與形態視覺等能力一起負責關於記憶的功能。

● **韋尼克區**（感覺性語言中樞）

掌管「理解他人言語」的能力。此處一旦損壞的話，即使聽到有人說話，也無法理解意思。

● **主要視覺區**

透過視網膜來接收、理解視覺資訊。

● **布洛卡區**（運動性語言中樞）

負責關於語言處理與說話能力的任務。

● **前運動區**

除了主要運動區之外的運動區。會直接投射到腦幹與脊髓，與實行運動行為有關。

● **體感覺區**

處理關於從感覺器官傳送過來的觸覺、溫度感覺、痛覺這些皮膚感覺，以及發生於肌肉、肌腱、關節等處的深層感覺等資訊。

● **聽覺區**

負責處理關於聲音的資訊。依照聲音的高低，產生反應的部位會有所差異。

● **視覺聯合區**

整體地掌控視覺資訊。

大腦邊緣系統的構造與功能

　　大腦邊緣系統屬於大腦新皮質深處的舊／古皮質，位於透過腦幹來連接大腦的部分，而且是指「將用來連接大腦左右半球的胼胝體包圍起來的部位」的總稱。與動物的本能行為、情緒、記憶有關。在古皮質與其皮質下部，有一個負責掌管嗅覺，且名為「嗅腦」的小部位。

■ 大腦邊緣系統的構造

　　由「扣帶回」、「海馬旁迴」、「海馬鉤回」、「齒狀回」、「扁桃體」、「腦穹窿」、「乳頭狀體」、「伏隔核」等各種器官所組成。在廣義上，嗅腦的大部分區域也被稱為大腦邊緣系統。其中，作用特別重要的是，與記憶相關的海馬，以及與情緒相關的扁桃體。

　　另外，大腦邊緣系統並沒有固定的明確定義，依照分類，其組成要素也各不相同。

■ 大腦邊緣系統的功能

　　以食慾、性慾、睡眠慾等本能行為為首，與「愉快／不愉快、喜怒哀樂、恐懼、不安、熱情」這類情緒，以及情緒所引發的反應與行為有關。此外，人們已知，大腦邊緣系統也會對記憶和內分泌系統、自律神經系統產生影響。

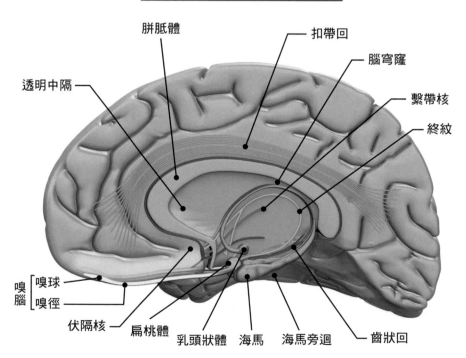

大腦邊緣系統的構造（左側面）

胼胝體　扣帶回　腦穹窿　繫帶核　終紋　透明中隔　嗅球　嗅徑　嗅腦　伏隔核　扁桃體　乳頭狀體　海馬　海馬旁迴　齒狀回

■ 大腦邊緣系統的主要部位

● 扣帶回

縱貫胼胝體邊緣的腦迴部分，可以分成情緒區、認知區、中央認知區、記憶區等區域。各區域具備各種不同作用，擔任連接大腦邊緣系統的各個部位的角色，並與情感的形成與處理、學習、記憶有關。人們已知，此區域也和呼吸的調整與情感記憶有關。

● 腦穹窿

位於胼胝體下方，起自海馬，止於乳頭狀體。呈現弓形的神經纖維。據說與空間學習、空間記憶有關。

● 乳頭狀體

從下視丘延伸出來的左右成對隆起，在記憶的形成方面，扮演著重要角色。在以大腦邊緣系統中央迴路而著稱的「巴貝茲迴路（Papez circuit）」中，資訊會從海馬、下視丘、中腦輸入，然後輸出到視丘、中腦，乳頭狀體則連接著腦穹窿與前視丘核。

● 伏隔核

位於扣帶回前面的部分，與額葉聯合區相連，此處聚集了與報酬、快感、成癮、恐懼等有關的神經細胞。專家認為，此部位是用來感受以「幸福物質」而著稱的「多巴胺」所產生的快樂的中樞，且能製造用於抑制這種感覺的「GABA（γ-胺基丁酸）」。

● 海馬鉤回

位於海馬旁迴前端後方的鉤狀部位，形狀曲折，是一個與嗅覺有關的區域。也被稱為海馬鉤、鉤回。

● 海馬旁迴

位於海馬周圍的灰質區域。與大腦皮質、海馬相連，視覺、聽覺、味覺等資訊會通過此處，傳遞給海馬。在記憶的符號化與搜尋方面，扮演重要角色，據說也和景象的理解有關。

嗅球
大腦皮質
嗅徑
嗅球
大腦邊緣系統（情緒）
嗅細胞
嗅神經束
海馬（記憶）
嗅覺纖毛
嗅黏膜
下視丘（自律神經系統）
嗅黏膜（嗅覺上皮）
氣味分子
外鼻孔
交感神經
副交感神經

■ 何謂嗅腦

在與嗅覺有關聯的終腦部分當中，位於額葉的底側，由「嗅球」、「嗅徑」等部位所組成。在兩棲、爬蟲類體內，嗅腦很發達，但在人類體內，卻退化得很小。

透過位於鼻腔上部，並且名為「嗅覺上皮」的黏膜，人類就能察覺到氣味。位於嗅覺上皮的嗅細胞會產生電子訊號，使其通過顱底，再進入嗅球，然後從該處經由嗅徑，被傳送到大腦邊緣系統的海馬／扁桃體。

由於在五感當中，只有嗅覺能直接傳遞到與情感及本能有關的大腦邊緣系統，所以據說可以透過氣味來喚醒人的記憶。

海馬與扁桃體的構造與功能

　　在大腦邊緣系統當中，海馬與扁桃體也是既重要又特別的構造。海馬掌管記憶，扁桃體掌管情緒，且與記憶也有關聯。由於兩者的功能與作用也算是在說明為何「人之所以為人」，所以在中樞神經當中，也是很多人研究的腦部區域。

■ 海馬的構造

　　海馬指的是名為「海馬體」的部位，此部位朝向顳葉，是大腦邊緣系統組成部位的一部分。海馬體呈現香蕉般的細長狀。海馬體的組成部分以位於海馬入口的齒狀回為首，包含了海馬下托（海馬下腳）、內嗅皮質等。為了方便起見，許多人都將其稱作「海馬」。

海馬與扁桃體（左側面圖）

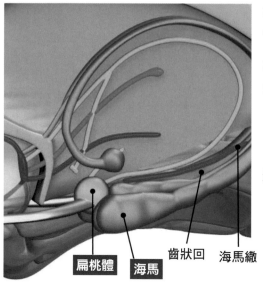

扁桃體　海馬　　齒狀回　海馬繖

海馬體（剖面圖）

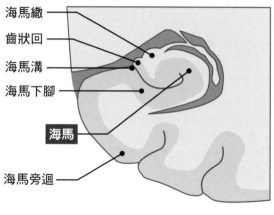

海馬繖
齒狀回
海馬溝
海馬下腳
海馬
海馬旁迴

● 海馬這個名稱的由來有兩種：①由於形狀類似海馬（Sea Horse），所以名字就這麼定了。②據說，由於形狀類似神話中所出現的海神波塞頓所騎的海馬（註：馬身魚尾的神話生物）的尾巴，所以用希臘文中的馬（Hippo）和海怪（Kampos）這兩個字，將其命名為「Hippocampus」。後來，Hippocampus被用來當成海馬屬的學名。

■ 海馬的功能

海馬是負責中期記憶的器官，能將訊息從「短期記憶」連接到「長期記憶」。日常生活中發生的事與學習到的知識會暫時被送到海馬中進行整理，然後再從此處被送到大腦皮質。由於海馬如果失去作用的話，就會無法記住新的事物，所以也被稱為「記憶的指揮塔」等。海馬的特性為，害怕壓力與缺氧狀態，既纖細又容易損壞。以阿茲海默症最初的病變部位而為人所知。

記憶的種類

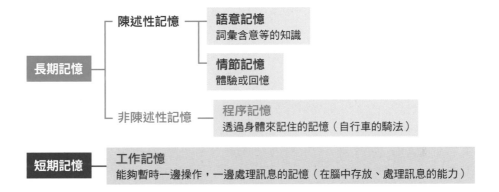

◆ 與海馬的記憶有關連的神經迴路

在記憶當中，來自許多感覺接受器的訊號會傳送到大腦皮質，然後被輸入到海馬中。人們已知，進入海馬（體）的訊息，會依照「腦穹窿→乳頭狀體→前視丘核群→扣帶回的後部」這個路徑前進，其中，被視為重要的記憶會從此處移往大腦皮質聯合區，成為長期記憶，若非重要記憶的話，則會再次回到海馬。與記憶相關的神經迴路叫做「巴貝茲（Papez）迴路」。

海馬與扁桃體的記憶·情緒迴路

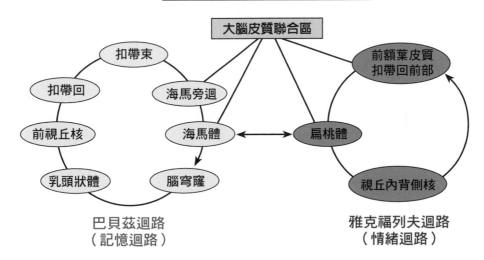

■ 扁桃體的構造與功能

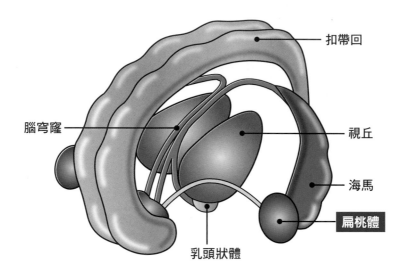

扣帶回

腦穹窿

視丘

海馬

扁桃體

乳頭狀體

◆ 掌管資訊的扁桃體

　　扁桃體是神經細胞的集合體，位於顳葉前部的內側深處，如同其名，呈現扁桃（杏仁的別名）狀，大小約1.5公分。扁桃體會處理透過五感而傳進腦中的資訊，是著名的情緒掌控部位，也和恐懼、不安等情感記憶有關。

　　扁桃體與這種恐懼及不安的情緒有關聯，從扁桃體出發，經過視丘內側核、前額葉皮質的扣帶回前部的情緒迴路叫做「雅克福列夫迴路（參閱P.59）」。

　　以味覺、嗅覺、聽覺、視覺為首，身體所感受到的各種刺激會直接或間接地進入扁桃體。扁桃體的主要任務就是，處理這些訊息，以及從海馬傳送過來的記憶訊息，判斷訊息是否會讓人愉快（喜歡或討厭），然後再次將訊息送回海馬。

　　像這樣，相鄰的扁桃體與海馬會時常交換訊息，人們認為扁桃體也和「記憶穩固」的調整有關。

　　舉例來說，如同「明明喜歡的事物不用努力記也記得住，但沒興趣的事物卻很難記住」那樣，扁桃體的情緒處理作用與長期記憶有密切關聯，刺激扁桃體能夠加強記憶。另外，據說扁桃體會統整從大腦皮質傳送過來的感覺訊息與來自海馬的記憶訊息，以情緒的方式來輸出訊息。扁桃體一旦受到損傷，就會變得難以理解驚訝與恐懼的表情。

扁桃體的位置

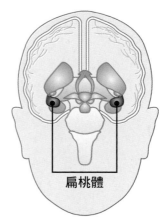

扁桃體

從正面看到的圖

大腦基底核的構造與功能

大腦基底核與大腦皮質、視丘、腦幹相連，是位於大腦半球基底部的神經核集合體。雖然是由「紋狀體」、「豆狀核（殼核／蒼白球）」、「視丘下核」、「黑質」等神經核所組成，但在研究者之間，其詳細定義卻各不相同。

大腦基底核的構造

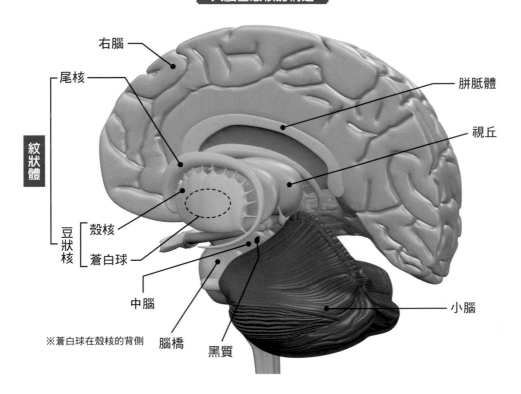

右腦

胼胝體

尾核

視丘

紋狀體

殼核

蒼白球

豆狀核

中腦

小腦

※蒼白球在殼核的背側

腦橋

黑質

■ 大腦基底核的主要部位

◆ 紋狀體

大腦基底核當中最大的神經核。雖然也有人將由「殼核」與「尾核」所組成的新紋體，和「蒼白球（原紋體）」合稱為紋狀體，但單純提到「紋狀體」時，指的只是新紋體。除了與運動功能有關以外，也和依賴、快樂等決策制定有關。

◆ 豆狀核

蒼白球與殼核的總稱。兩者是位於視丘外側的圓錐形灰質，中間隔著內囊（來自大腦新皮質或視丘的軸突纖維束）。能夠無意識地控制、調整骨骼肌的運動與緊張度。人們認為，原本合為一體的蒼白球與殼核是在進化的過程中被內囊區隔開來。

● 尾核

在側腦室周圍呈現「つ」字形的神經核，前方是鼓起的尾狀核頭，從核頭到核體、核尾，形狀會逐漸變細。據說與學習和記憶有關。

● 殼核

位於腦的中央部位，一邊與尾核一起形成紋狀體，一邊將蒼白球外側包圍起，形成豆狀核。

● 蒼白球

豆狀核內部比較明亮的灰質部分，也被稱為豆狀核蒼白部。分成外蒼白球與內蒼白球，皆與GABA作用、運動功能有關，而且也和決策制定之類的其他神經運作過程有關。

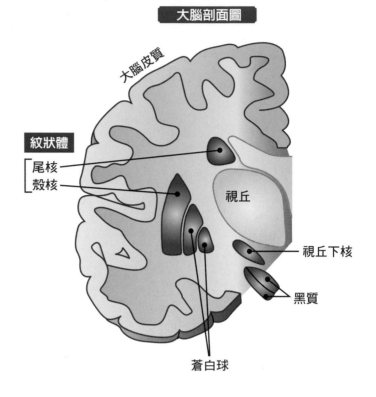

大腦剖面圖

大腦皮質

紋狀體
尾核
殼核

視丘

視丘下核

黑質

蒼白球

◆ 視丘下核

能在運動時進行細微調整的神經核之一。從外蒼白球接收抑制性的輸入訊息，然後將興奮性的輸出訊息傳給外蒼白球／內蒼白球、黑質網狀部。

◆ 黑質

佔據中腦一部分的神經核之一，由於富含黑色素的神經細胞聚集在此，看起來是黑色的，故因此得名。黑質大致上可以分成能將多巴胺送往紋狀體，抑制興奮作用的黑質緻密部，以及能將抑制性神經遞質傳給視丘的黑質網狀部。能夠調整橫紋肌的運動功能與緊張度。

在帕金森氏症中，黑質的變化會導致人體缺乏多巴胺，變得無法進行流暢的運動。

■ 大腦基底核的功能

負責「運動的控制」這個重要作用，除了認知功能、情感、激勵式學習等功能以外，也和根據記憶來進行預測或抱持期待之類的行為有關。大腦的神經細胞基本上會集中在大腦表面，大腦基底核雖然位於腦部深處，但卻成為由神經細胞所組成的神經核（灰質），這一點也是大腦基底核的重要特徵。

間腦的構造與功能

間腦位於大腦的中央區域，是由負責處理嗅覺以外的所有感覺訊息的「視丘」與身為自律神經系統中樞的「下視丘」所組成。視丘是指位於像是從左右兩側將第三腦室下部夾住般的部分，雖然可以分成背側視丘與腹側視丘，但一般提到「視丘」時，指的幾乎都是背側視丘。

間腦被中央的「第三腦室」分成左右兩半，連接大腦與中腦。由於位在被大腦的左右半球包住的位置，所以大部分區域從表面上都看不到。

間腦的構造（正中央剖面）

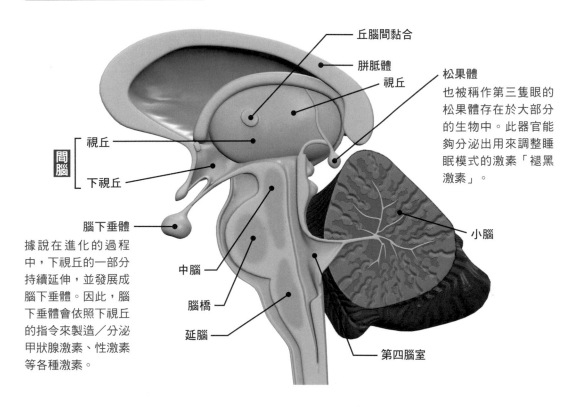

丘腦間黏合

胼胝體

視丘

松果體
也被稱作第三隻眼的松果體存在於大部分的生物中。此器官能夠分泌出用來調整睡眠模式的激素「褪黑激素」。

間腦 ─ 視丘 / 下視丘

腦下垂體
據說在進化的過程中，下視丘的一部分持續延伸，並發展成腦下垂體。因此，腦下垂體會依照下視丘的指令來製造／分泌甲狀腺激素、性激素等各種激素。

中腦

腦橋

延腦

小腦

第四腦室

■ 間腦的功能

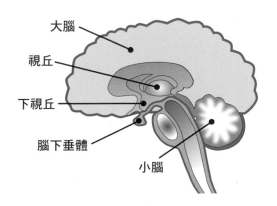

大腦
視丘
下視丘
腦下垂體
小腦

掌管自律神經的功能，是意識／心理活動的中樞器官。與位於下視丘下方的「腦下垂體（下垂體）」有密切關聯。一邊透過自律神經系統與內分泌系統來控制全身的代謝與發育，一邊藉由位於下視丘的自律神經核來控制交感神經與副交感神經。另外，間腦會同樣地透過下視丘來掌管位於上視丘的腦下垂體，控制食慾、性慾、睡眠等本能慾望。

◆ 視丘的功能

視丘是一個負責將從脊髓傳送過來的所有感覺訊息（除了嗅覺以外）傳達給大腦新皮質的中繼點，因此聚集了許多神經纖維。

另外，人們過去認為，視丘只會單方面地將這類訊息傳給大腦皮質，但近年人們已發現大腦皮質會對視丘進行反投射，並逐漸弄清楚新功能，像是在視丘內也會處理訊息，接收來自大腦皮質的訊息，然後再傳送到更高階的大腦皮質區。

視丘具備整合感覺與細微的運動的作用，視丘一旦受損，就會引發各種症狀，另一側的半身的感覺會變得遲鈍或麻痺，也可能會引發失智症、手腳顫抖之類的不隨意運動。

◆ 下視丘的功能

與視丘一起形成間腦的下視丘，是一個約5g重的小器官，位在第三腦室下方。負責的重要作用為，綜合地調整自律神經系統與內分泌系統的功能，維持「恆定性（homeostasis）」。下視丘掌管代謝功能、體溫調整、心臟血管功能、內分泌功能、性功能等，是維持生命不可或缺的自律神經中樞。

◆ 腦室的構造

腦室是一個充滿「腦脊髓液」的腦內空間。在人體中，共有4個腦室，分別是左右成對的側腦室，以及位於中央的第3腦室與第4腦室。這些腦室彼此相連，且會藉由連接蜘蛛膜下腔，讓腦脊髓液在腦室內循環。

人體1天會製造500毫升的腦脊髓液來保護腦部與脊髓，並排出廢物。

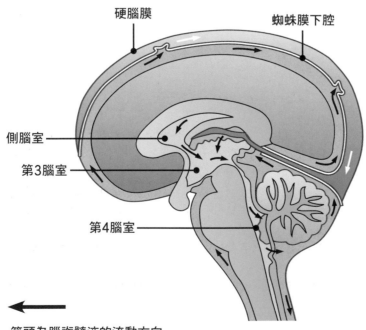

硬腦膜　　　　蜘蛛膜下腔

側腦室

第3腦室

第4腦室

← 箭頭為腦脊髓液的流動方向

小腦的構造與功能

小腦位在被大腦與腦幹夾住的後頭部，也就是大腦後部下方，看起來像是從腦幹後方伸出來。在小腦表面的皮質上，平行地分布著寬度約1.5公分的溝槽。被溝槽隔開的細微隆起部分（小腦葉）能擴大小腦的表面積。小腦的容量約占整個腦部的15%。小腦掌管「知覺與運動能力的整合」，能讓動作變得流暢。

小腦的外部構造

蚓部

中央小葉

小腦腳

單小葉

前葉

水平裂

後葉

小腦半球

蚓垂

小腦葉

■ 小腦的功能

小腦能控制平衡感、緊張感、隨意肌運動的調整等。其中，掌管平衡感的是，小腦中央區域一個名為「蚓部」的部位。此處一旦受損，就會使運動和平衡感產生異常，使人出現走路搖晃、無法進行細微動作這類症狀。

小腦中有一種機制，會比較／調整來自大腦皮質的訊息與來自末梢神經的訊息，使身體能夠開始順暢地運動。尤其是手腳與眼球的運動，人們已知，小腦不會將這類訊息傳送給大腦皮質，而是會透過腦幹與脊髓，直接對肌肉下達指令，並進行調整。而且，小腦不僅會處理這類訊息，還會檢查接收到指令的各個部位是否有確實運作，並藉由將訊息回饋給大腦皮質，來讓運動能夠持續地順利進行。

將手腳的一連串動作當成「一個程式」來記憶，也是小腦的功能。舉例來說，藉由小腦的運作，走路方式與拿筷子的方式等日常生活的動作就可以做得很好，不用一一去思考。而

且，如同「即使長時間沒有騎自行車，但還是會騎」那樣，曾經記憶過的程式能夠長期保存，而且隨時都可以取出。

另外，在最近的研究中，專家指出，除此之外，小腦也可能與「短期記憶、認知能力、情緒控制等知覺訊息」有關。

■ 小腦的構造

小腦是由，朝著左右兩邊伸出的「小腦半球」，以及中央的隆起部位「小腦蚓部」所組成，小腦與腦幹之間有個名為第四腦室的腦腔。與大腦一樣，是由聚集了神經細胞的灰質（小腦皮質），與聚集了神經纖維的白質（小腦髓質）所構成，小腦的灰白質比大腦更細，小腦表面被一整面的「皺褶」所包覆。皺褶是平行分布的腦溝與腦迴所造成的。

小腦中有「齒狀核」、「栓狀核」、「球狀核」、「頂核」這4個核，並會透過上、中、小3種小腦腳來與外部的器官互相傳遞訊息。

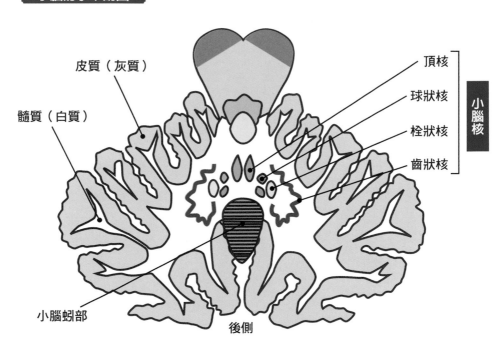

小腦的水平剖面

皮質（灰質）

髓質（白質）

小腦蚓部

後側

頂核
球狀核
栓狀核
齒狀核

小腦核

◆ 小腦的網路

在進入小腦皮質的神經纖維當中，包含了「攀爬纖維」與「苔狀纖維」這2種神經纖維，而且兩者都是興奮性的神經纖維。這些神經纖維與神經細胞群被統稱為「小腦前系統」。經過小腦處理過的訊息，全都會從小腦中唯一的輸出神經細胞「普金斯細胞」出發，然後經由小腦核，被送到小腦外面。

◆ 依照功能來進行的分類與其作用

依照功能來劃分小腦部位

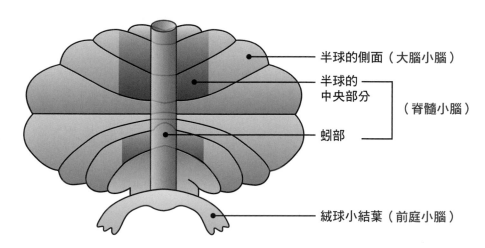

半球的側面（大腦小腦）

半球的
中央部分　　　（脊髓小腦）

蚓部

絨球小結葉（前庭小腦）

小腦具備運動調整的作用

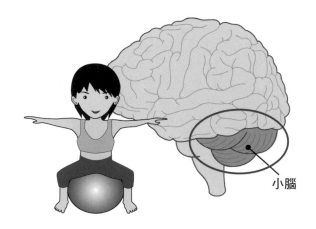

小腦

● 大腦小腦

　　也叫做「新小腦」，指的是朝左右兩邊變得肥大的部分。與大腦之間的關聯很深，主要與隨意運動有關。會進行動作的規劃和感覺訊息的評估，將來自大腦皮質的訊息傳向視丘側。藉由與運動距離搭配在一起，就能推測出大腦小腦是否有正常運作。

● 脊髓小腦

　　也叫做舊小腦，主要是指蚓部與旁邊的旁蚓部。掌管體內感覺與四肢的運動，會接收來自三叉神經、視覺系統、聽覺系統的訊號，參與細微的運動調整。

● 前庭小腦

　　在小腦當中是最原始的部位，絨球小結葉佔據了大部分區域。來自位於內耳的前庭器官的平衡感訊息會傳送過來，使其調整身體的平衡與眼球運動，且與維持姿勢等有關。

腦幹[中腦、腦橋、延腦]的構造與功能

　　位於間腦下方的腦幹，是由中腦、腦橋、延腦所構成。此器官較粗部分的直徑為3～4公分，長度約10公分，形狀與大小都很類似拇指。腦幹內有從脊髓通往視丘的「感覺神經路徑」，以及從腦部通往脊髓的「運動神經路徑」，也具備聯繫大腦與脊髓的作用。此外，還有對於維持生命來說不可或缺的「自律神經」的中樞，以及對意識與覺醒來說很重要的神經迴路「網狀體」。

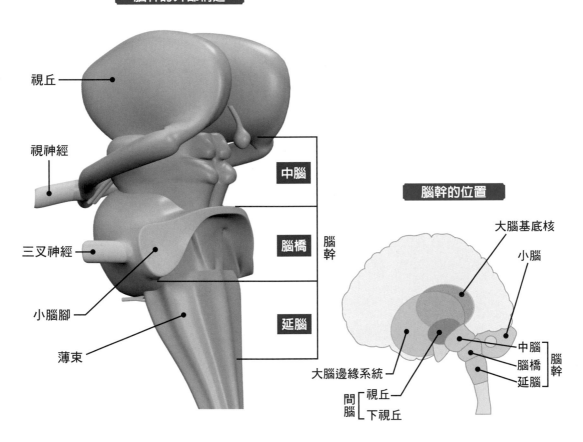

腦幹的外部構造

視丘
視神經
三叉神經
小腦腳
薄束
中腦
腦橋
延腦
腦幹

腦幹的位置

大腦基底核
小腦
中腦
腦橋
延腦
腦幹
大腦邊緣系統
間腦
視丘
下視丘

■ 腦幹的功能

　　由於許多腦神經在此出入，而且也存在許多神經核，因此其功能也很豐富。在腦幹的功能中，最重要的是自律神經功能的控制。腦幹掌控著心跳、呼吸、體溫調整、血壓調整等功能，腦幹的正確運作是維持生命的關鍵。因此，在器官移植等情況中會造成問題的「腦死」，也是以腦幹功能停止所引發的自主呼吸停止（腦幹死亡），以及腦幹死亡之後發生的腦部整體功能停止（全腦死亡）作為前提。在腦部中，腦幹是最原始的部分，也被稱為「用來維持生命的腦」。

■ 中腦、腦橋、延腦的構造

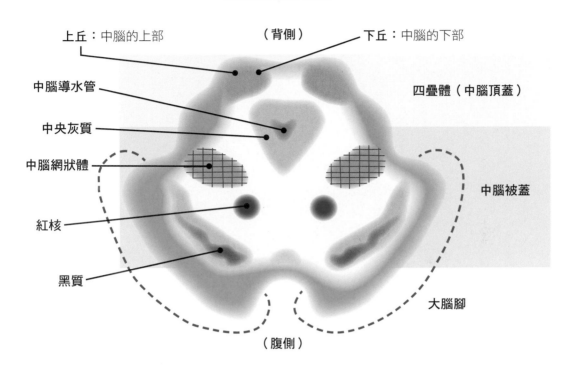

中腦的剖面圖

上丘：中腦的上部　　　　　（背側）　　　　下丘：中腦的下部

中腦導水管

中央灰質

中腦網狀體

紅核

黑質

四疊體（中腦頂蓋）

中腦被蓋

大腦腳

（腹側）

◆ 中腦

　　中腦與腦橋、延腦一起構成腦幹（下位腦幹）。中腦位於小腦的前方、間腦與腦橋之間。從腹側可以劃分成大腦腳、中腦被蓋、四疊體（中腦頂蓋），背側則有名為「中腦導水管」的狹窄腦室（空腔），而且是用來連接第3腦室與第4腦室的腦脊髓液通道。

　　腹側的大腦腳內有負責下達運動指令的「錐體束」等神經纖維束。在位於其後方的被蓋中，則有與眼球動作相關的「動眼神經核」、含有鐵質的「紅核」、含有黑色素的「黑質」等神經核，這些神經核也和肌肉的緊張度與運動的調整有關。

　　位於中腦背側的兩對隆起部分被稱為四疊體（中腦頂蓋），可分成位於上方的「上丘」與位於下方的「下丘」。上丘負責關於當光線照射進來時，讓瞳孔收縮的瞳孔光感反射等關於視覺的功能。下丘的功能則是，沿著前庭耳蝸神經，把從耳朵進入的聲音傳到顳葉的初級聽覺皮質。

　　像這樣地，中腦是與視覺、聽覺相關的器官，負責控制眼球運動反射、姿勢反射（翻正反射）等動作。

　　另外，在低等動物體內，中腦會擔任中樞，發揮各種功能，但在高等動物體內，由於這些功能會轉移到間腦與大腦中，所以其尺寸有隨著功能縮減而變小的傾向。

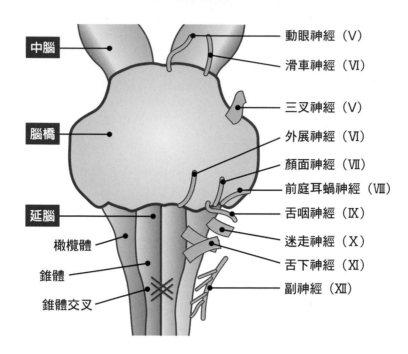

腦幹（背面）

中腦

腦橋

延腦

橄欖體

錐體

錐體交叉

動眼神經（V）

滑車神經（VI）

三叉神經（V）

外展神經（VI）

顏面神經（VII）

前庭耳蝸神經（VIII）

舌咽神經（IX）

迷走神經（X）

舌下神經（XI）

副神經（XII）

◆ 腦橋

　　在腦幹中隆起程度最大的部分。其背面與小腦之間隔著第四腦室。腦橋是由在腹側隆起的「腦橋基底部」，以及位於後方的「腦橋背部（腦橋被蓋）」所構成。

　　腦橋內有身為運動纖維中繼核的橋核（神經核），腦橋下部內有三叉神經、顏面神經、聽覺神經、外展神經等許多腦神經核，以及能透過神經纖維來將零散的細胞體連結成網狀的「網狀體」。網狀體這種結構體既不屬於白質，也不屬於灰質，會在整個腦幹內擴大。網狀體會透過迷走神經來調整呼吸、心跳、血壓等自律神經反射與運動神經反射。

◆ 延腦

　　位於腦幹最下方，連接脊髓。延腦除了掌管平衡感、細微運動、眼球運動等以外，也具備調整聲音與咽頭肌肉的功能，並能夠控制嘔吐、吞嚥、呼吸等動作，掌管維持生命不可或缺的功能。在正面的中央，「錐體」會隆起，負責下達隨意運動指令的錐體束會通過此處。在錐體外側，有個名為「橄欖體」的隆起部位，此部位是錐體外束的中繼點。

第 3 章

運動器官 I　骨骼

全身的骨骼

　　人體內有各種大小的骨頭，這些骨頭會互相連結，形成骨骼。在數量方面，除了有個人差異的尾骨與種子骨以外，有些骨頭會隨著人體的成長而癒合成一大塊骨頭，所以其數量不是固定的。一般來說，據說成人的骨頭約有206塊（幼兒約有270塊）。這些骨頭大致上可以分成顱骨、上肢、脊髓、骨盆、下肢，除了顱骨中的若干骨頭與脊髓以外，全都是左右成對。

全身的正面骨骼

① 顱骨 skull

額骨 frontal bone

鎖骨 clavicle

胸骨 sternum

胸廓 thorax

肱骨 humerus

肋骨 rib

橈骨 radius

尺骨 ulna

脊椎骨 vertebra

骨盆 pelvis

腕骨 carpals

掌骨 metacarpals

指骨 phalanx

②

股骨（大腿骨） femur

髕骨（膝蓋骨） patella

脛骨 tibia

腓骨 fibula

跗骨 tarsals

蹠骨 metatarsals

趾骨 phalanges of foot

① 顱骨的骨頭與關節
② 上肢的骨頭與關節
③ 軀幹的骨頭與關節
④ 下肢的骨頭與關節

全身的背面骨骼

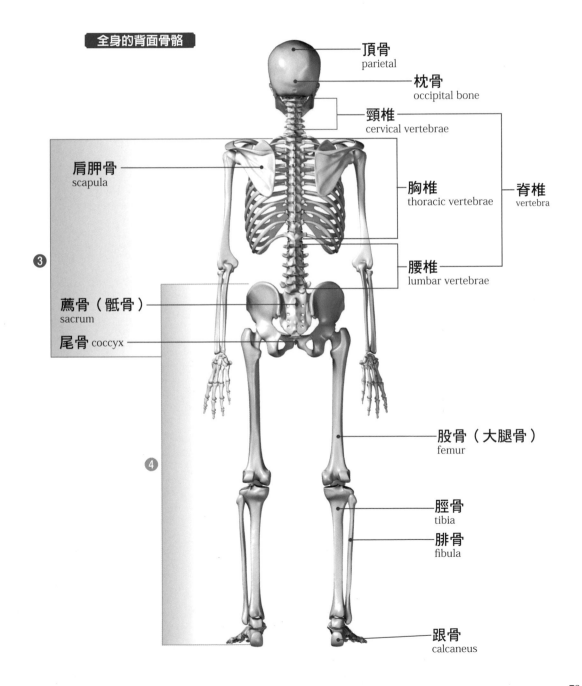

頂骨
parietal

枕骨
occipital bone

頸椎
cervical vertebrae

肩胛骨
scapula

胸椎
thoracic vertebrae

脊椎
vertebra

③

腰椎
lumbar vertebrae

薦骨（骶骨）
sacrum

尾骨 coccyx

股骨（大腿骨）
femur

④

脛骨
tibia

腓骨
fibula

跟骨
calcaneus

骨頭的功能與分類

■ 骨頭的主要功能

支撐身體

脊椎、下肢的骨頭能夠支撐體重,以維持身體的姿勢。

儲存鈣質

體內的鈣質有99%都被貯藏在骨頭內,血液中或細胞內的鈣質一旦不足,在激素的作用下,貯藏在骨頭中的鈣質就會被排出。相反地,若鈣質變多的話,就會被貯藏起來。

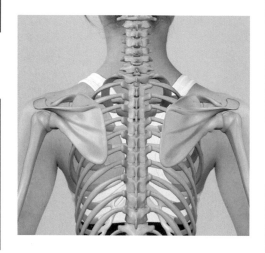

讓身體運動

骨頭能組成關節。藉由附著在關節上的肌肉的收縮,就能讓身體活動。四肢的骨頭:肩關節、手肘與前臂關節、手腕關節、髖關節、膝關節、足部關節。

造血功能

骨頭內的骨髓中,紅骨髓具備造血功能,能夠製造血液,分佈於髂骨、胸骨等扁骨。失去造血功能的骨髓叫做黃骨髓。

保護內臟

保護腦、心臟、肺部等器官不受外部衝擊影響。
  顱骨:保護腦部。
  脊柱:製造椎管,保護脊髓。
  肋骨:保護胸部內部。
  骨盆:製造骨盆腔,保護膀胱與直腸。

骨頭是會返老還童的器官

　　最近,人們已知,骨頭所分泌的訊息物質會對腦部與身體產生作用,且能維持/提昇其功能。成骨細胞所分泌的1種蛋白質「骨鈣蛋白」能夠提昇記憶力與肌力。「骨橋蛋白」也和老化與免疫力有關。據說,當骨橋蛋白減少而導致免疫力降低時,罹患癌症等疾病的風險就會變高。

■ 依照骨頭形狀來分類

長骨

股骨

呈縱長形，兩端的骨骺會變粗，並與其他骨頭形成關節。由於是中空的管狀，所以也被稱為「管狀骨」。

【如同肱骨、股骨，常見於四肢】

短骨

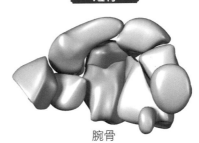

腕骨

骨頭的長軸與短軸沒什麼差異的方塊狀短骨，骨頭與骨幹沒有區別。雖然缺乏運動性，但能形成很有彈性的骨骼。

【腕骨、跗骨等】

扁骨

胸骨

扁平的薄板狀骨頭。能形成顱頂。

【額骨、頂骨、胸骨】

不規則骨

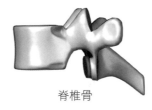

脊椎骨

形狀不規則，且不屬於長骨、短骨、扁骨的骨頭。

【脊椎骨、臉部與顱骨的許多骨頭】

含氣骨

篩骨

這種骨頭具有與外部相通的空腔，能讓空氣進入。骨頭會因此而變輕。

【額骨、上頜骨、篩骨等用來構成鼻竇的骨頭】

種子骨

髕骨

位於肌腱等處之中，能夠減緩該肌腱與相連骨頭之間的摩擦。關節面被關節軟骨包覆，多見於手部與足部。

【髕骨是最大的種子骨】

骨頭的構造

■ 骨頭的基本構造

　　骨頭是由骨膜、骨質、骨髓、軟骨膠等組織所構成，在軟骨膠以外的組織中，還有血管和神經。骨頭表面有1～數個名為營養孔的血管通道。透過與營養孔相連的管道，營養孔就能連接深入骨頭中的隧道狀營養管與髓腔。

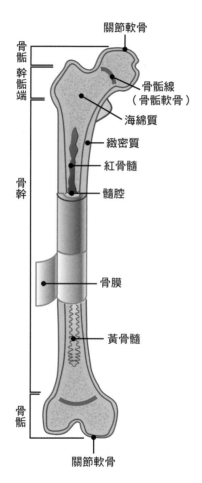

關節軟骨

骨骺幹骺端

骨骺線（骨骺軟骨）

海綿質

緻密質

紅骨髓

髓腔

骨幹

骨膜

黃骨髓

骨骺

關節軟骨

◆ 骨膜

　　除了關節軟骨與肌肉附著部位以外，骨頭表面都會被骨膜這種薄層包覆。骨膜是一種由主要成分膠原纖維所聚集而成的膜狀物。透過名為夏庇氏纖維的結締組織纖維，骨膜能與骨質緊密結合，且能夠看到許多血管與感覺神經。骨膜的作用為傳達刺激與運送養分。另外，也會負責保護骨頭、骨頭粗細程度的成長、骨頭的重生，在骨膜的深層，有能夠製造骨骼組織的成骨細胞。

◆ 骨髓

　　骨髓是一種細胞組織，能用來填滿名為髓腔的骨幹內部與海綿質的空隙。大致上可以分成，擁有造血功能的紅骨髓，以及失去造血功能的黃骨髓。

● 紅骨髓

　　紅骨髓能夠製造紅血球、顆粒性白血球、血小板，由於有豐富的紅血球，所以看起來呈紅色。在誕生後一年，全身各個骨骼都有造血作用，不過隨著人體成長，四肢的骨頭會逐漸失去造血功能。

● 黃骨髓

　　黃骨髓是由於骨髓失去造血功能，而且脂肪細胞增加，所以呈現黃色的骨髓。在成人體內，有約一半的骨髓都會變成黃骨髓。

◆ 軟骨膠

● 關節軟骨

　　如同其名，關節軟骨會包覆用來連接骨頭與骨頭的關節部位的表面。關節軟骨能夠一邊使關節的動作變得滑順，一邊減緩施加在關節上的壓力。

● 骨骺軟骨（骨骺線）

　　位於成長中的骨頭的骨幹與骨骺之間的軟骨叫做骨骺軟骨。在成長期，骨骺軟骨的成長會導致骨頭的長軸變長。當骨幹逐漸變性，而且骨化過程結束，骨頭就會停止成長。

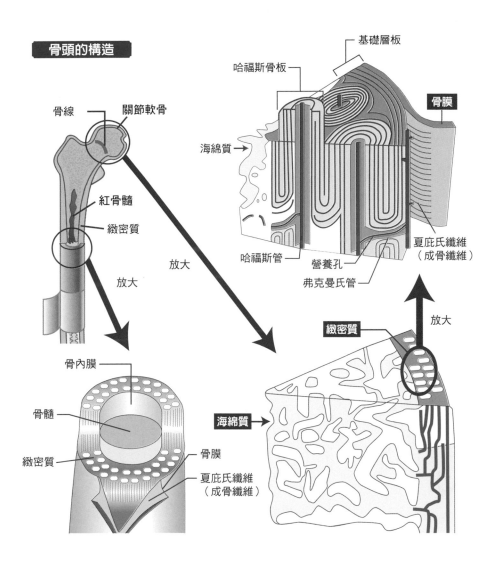

骨頭的構造

基礎層板

哈福斯骨板

骨膜

海綿質

骨線 關節軟骨

紅骨髓

緻密質

放大

放大

夏庇氏纖維（成骨纖維）

哈福斯管 營養孔

弗克曼氏管

緻密質

放大

骨內膜

骨髓

緻密質

骨膜

夏庇氏纖維（成骨纖維）

海綿質

◆ 骨質

● 緻密質

　　名為緻密質骨層板的薄層會互相重疊，形成堅硬的骨質表層。以血管、淋巴管、神經纖維所通過的哈弗斯管為中心，被骨層板（哈弗斯骨板）圍成同心圓層狀的圓柱狀物體叫做「骨元（osteon，亦稱哈弗斯系統）」。另外，哈弗斯管會與橫貫骨元之間的弗克曼氏管相連，並連接骨頭表面、髓腔，以及其他的哈弗斯管。

● 海綿質

　　海綿質多見於骨頭內部與骨骺部位，是一種擁有很多空腔的骨骼組織。這些空腔是宛如能將纖維仔細地解開般的骨小梁所造成的。骨小梁會沿著擠壓、扭曲、彎曲等外力的施加方向排列，將力量分散，提升骨頭強度，使骨頭變得更加柔軟。骨髓會進入骨小梁所造成的空腔，該空腔被稱為髓腔。

骨頭從產生到成長

　　骨頭的產生可以分成「軟骨內骨化」與「膜內骨化」這2種系統。依照骨頭種類，產生與成長的速度也不同。人類的骨頭大約會從懷胎第7週開始骨骼化，胎兒出生時，骨骼尚未發育完成，會隨著年齡而持續成長。據説，女性的骨骼大約會在15～16歲時發育完成，男性則是17～18歲。

■ 軟骨內骨化（軟骨性骨的產生）

　　「軟骨內骨化」這種骨頭形成方式的原理為，在透明軟骨中產生的骨化點會逐漸地影響到周圍，使軟骨被骨頭取代。這種骨頭叫做「置換骨」、「軟骨性骨」。大部分的骨頭都是透過這種方式形成的。

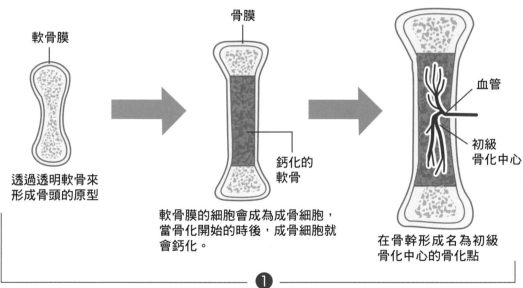

軟骨內骨化的成長過程（長骨）

軟骨膜

骨膜

血管

初級骨化中心

鈣化的軟骨

透過透明軟骨來形成骨頭的原型

軟骨膜的細胞會成為成骨細胞，當骨化開始的時後，成骨細胞就會鈣化。

在骨幹形成名為初級骨化中心的骨化點

❶

❶從透明軟骨的出現到形成初級骨化點

　　在「軟骨內骨化」的過程中，首先會出現透明軟骨，形成骨頭的原型。

　　成骨細胞會把骨基質分泌到該處，並將軟骨組織換成骨組織。像這樣，開始骨化的部分叫做「骨化點」，骨幹部位所產生的骨化點則叫做「初級骨化中心（點）」。

> **骨頭的成長期間為20歲左右之前**
>
> 　　據說，骨量增加最多的是「11～15歲的女性」與「13～17歲的男性」。由於男女的激素與骨頭的形成有關，所以骨量達到最大的期間約為女性的18歲與男性的20歲。

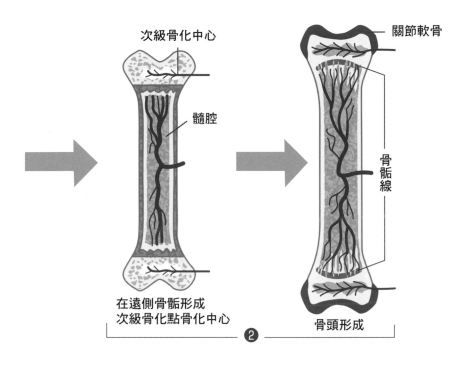

次級骨化中心

關節軟骨

髓腔

骨骺線

在遠側骨骺形成
次級骨化點骨化中心

骨頭形成

❷

❷從「次級骨化點」的出現到形成骨骺線

　　骨化點會出現在骨骺的軟骨內（次級骨化點）進行骨化。各個骨化點開始進行骨化後，殘留在被夾住部分的軟骨叫做「骨骺軟骨」，到骨骺軟骨最終形成骨骺線為止，軟骨會反覆地增生、骨化。

■ 膜內骨化（膜性骨的產生）

　　膜內骨化的原理為，在骨頭所產生的部位中，名為「間葉」的原始結締組織細胞會分化成「成骨細胞」，直接發生骨化作用。也被稱為「覆蓋骨」、「膜性骨」。板狀的顱骨與鎖骨等就是透過這種方式形成的。

骨折的修復重生系統

　　負責骨頭的形成與成長的骨膜具備造血功能，當人體出現骨折等緊急情況時，骨膜就會再次開始運作。因骨折而聚集在受傷部位的骨膜細胞，會成為成骨細胞，然後形成纖維性的骨痂，讓鈣質沉積，製造新的骨頭。在因血管斷裂而無法讓養分循環的骨折部位，成骨細胞會製造出軟骨，這些軟骨會逐漸地進行骨化。最後，初期的骨痂也會隨著新骨頭的成長而縮小，然後透過破骨細胞而被溶解，接著再次透過成骨細胞來形成成熟的骨頭後，骨折部位就完全治癒了。

■ 骨頭的長度與粗細

　　骨頭的成長會透過骨骺部位的軟骨（骨骺軟骨）與骨膜來進行。骨頭會透過骨骺軟骨的增生來提升長度。骨骺軟骨中所產生的成骨細胞會使軟骨組織骨化，骨頭會藉此朝著長軸方向成長。由於過了成長期後，直到骨頭停止成長為止，骨骺軟骨會持續維持一定狀態，所以骨骺軟骨也被稱為生長板。另一方面，骨頭的粗細度則與骨膜有關。成骨細胞從骨膜中出現後，會在骨膜內部製造骨質，藉由在骨頭表面補充新的骨質，來使骨頭變粗。

　　另一方面，如同頭部與臉部那樣，在膜內骨化的扁骨中，新的骨頭會透過成骨細胞的作用而被直接製造出來，並持續成長。

◆ 骨頭的破壞與重生

　　在我們的體內，骨頭也跟皮膚一樣，會進行新陳代謝，不斷地反覆進行破壞與重生。這些過程會透過破骨細胞與成骨細胞來進行，骨頭的破壞叫做「骨吸收」，骨頭的重生則叫做「骨形成」。

　　破骨細胞原本是一種血液細胞，會透過氧氣或酵素來將老化骨頭溶解，與血液一起運送出去。此過程結束後，成骨細胞就會出現，開始製造膠原蛋白，被血液運送過來的鈣質會沉積在此處，並持續製造新的骨頭。

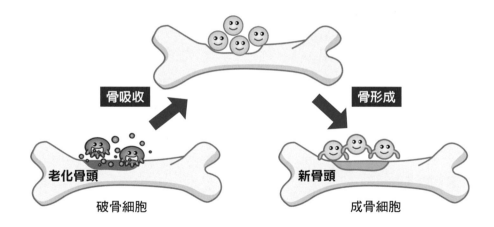

骨吸收　　　　　　　　　　　骨形成

老化骨頭　　　　　　　　　　新骨頭

破骨細胞　　　　　　　　　　成骨細胞

骨重塑

　　骨頭會反覆進行骨吸收與骨形成，重建自身。此現象叫做「骨重塑」。據說，骨頭會花費2～5個月來進行重建，並以1～4年的週期來重複此過程。在1年內，約有20%的骨頭被重塑，這種平衡一旦遭到破壞，就會引發「骨質疏鬆症」等。

■ 骨頭的各部位名稱

　　骨頭的各部位名稱幾乎都是「部位」與「形狀」的搭配，只要習慣了，大致上就能透過名稱來了解其位置與形狀。由於用來表示形狀的字大多很難懂，所以一開始先記住其意思吧。

頭	骨頭前端變圓的部分	囊	將空間或器官包覆住的結構體
頸	在頭附近變細的部分	鞘	用來將（肌腱等的）細繩狀物體包起來的構造
體	也叫做主幹。長骨的中央長條部分	突	（突起）突出的部分
底	比較粗的骨骺	切跡	宛如被挖開般的切口部分
尖	骨頭前端變細的部分	弓	彎曲成弓狀的部分
腔	骨頭內部，器官所在空間	小梁	如建築物的樑柱，能分散力量，發揮支撐作用的部分
竇	骨頭內部，器官上的大凹陷	脊（嵴）	表面宛如山稜線般的隆起部分
蓋	宛如將空間蓋住般的蓋狀構造	棘	宛如尖刺般的部分
口	通往腔的入口	髁狀突	骨頭上的圓滑隆起部分
孔	從表面通往或貫穿內部的孔。主要為血管與神經的通道	結節	骨頭表面的瘤狀隆起部分
窩	表面上較淺的凹陷	粗隆	骨頭的粗糙表面
溝	位於髁狀突或稜等隆起部分之間的溝。大多會與血管或神經相連		

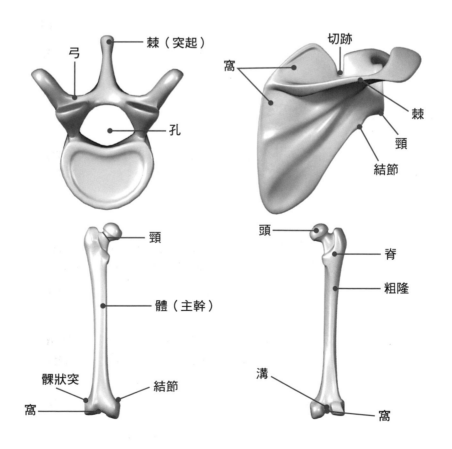

骨頭的關節

　　相鄰的2塊或數塊骨頭會製造出用來連接彼此的關節。作為骨頭相連部位的關節大致上可以分成，骨頭能夠活動的可動關節，以及骨頭幾乎不能動的不動關節。一般來說提到「關節」的時候，狹義上是指這種可動關節，不包含不可動關節。

■ 可動關節

　　在可動關節中，相連的骨頭之間有縫隙，具備能夠進行彎曲、伸展、旋轉等運動的構造。相連的2塊骨頭會在關節面上互相正對。

◆ 凸起部分的關節頭嵌入凹面的關節窩，形成關節

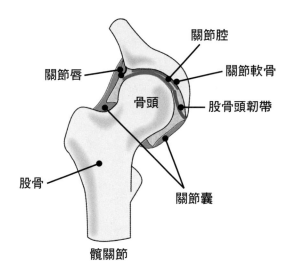

關節腔
關節軟骨
關節唇
骨頭
股骨頭韌帶
股骨
關節囊
髖關節

　　整體被名為關節軟骨的輕薄軟骨層所包覆，形成關節囊。關節囊內的空隙叫做關節腔，關節腔內充滿了含有玻尿酸與蛋白質等的滑液。因此，可動關節也被稱為「滑膜性關節」。

◆ 關節的形狀不完整，關節面並非凹凸不平

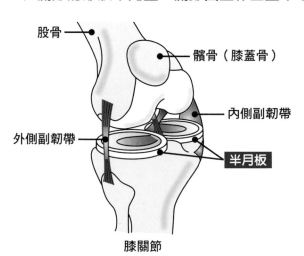

股骨
髕骨（膝蓋骨）
內側副韌帶
外側副韌帶
半月板
膝關節

　　在互相正對的骨頭之間，有半月狀的纖維軟骨（關節半月板）。半月板也能提昇關節的協調性。膝關節的半月板就是這種關節半月板經過發展後所形成的圓盤狀部位。

■ 不可動關節

不可動關節是指，完全或幾乎不能動的關節。可分成纖維性關節與軟骨關節。

◆ 纖維性關節

骨頭與骨頭之間充滿了膠原纖維與彈性纖維等結締組織，關節內沒有空隙，幾乎無法動。大致上可以分成3種類型。

● 骨縫

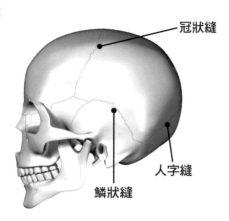

冠狀縫

人字縫

鱗狀縫

　主要出現於顱骨與面骨，透過少許的結締組織來相連。此結締組織一旦骨化，就會形成「骨性聯合」。

● 韌帶聯合

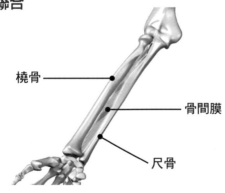

橈骨

骨間膜

尺骨

　出現在前臂與小腿骨等處。2塊骨頭之間會透過韌帶或膜性結締組織來相連。

● 嵌合關節（釘狀關節）

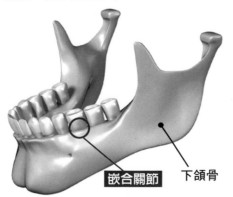

嵌合關節

下頜骨

　出現在上頜骨與下頜骨，用來連接齒根與牙槽。由於這種牙齒被埋在骨頭裡的狀態，很像釘子被釘在木板上的狀態，所以被稱作釘狀關節。

◆ 軟骨關節

● 纖維軟骨聯合

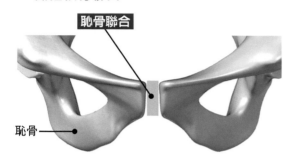

恥骨聯合

恥骨

將軟骨夾進骨頭與骨頭之間的軟骨關節。如同恥骨聯合等部位那樣，會透過纖維軟骨來連接，僅有些微的可動性。也被稱為「微動關節」。

● 軟骨聯合

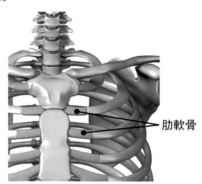

肋軟骨

透過透明軟骨來連接的關節。也被稱為「透明軟骨聯合」。會出現在骨頭成長時的關節軟骨、肋軟骨、喉頭軟骨中。

■ 骨性聯合

指的是，纖維或軟骨在骨化之後相連而成的部位。會出現在額骨、髖骨、薦骨等處。

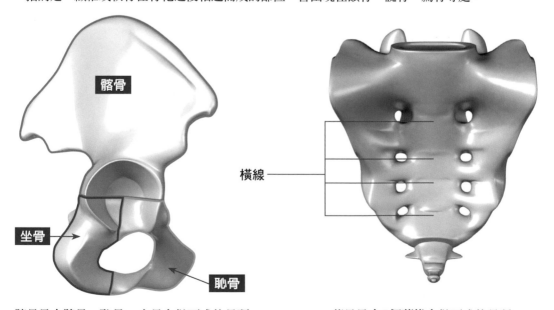

髂骨

坐骨

恥骨

橫線

髖骨是由髂骨、恥骨、坐骨合併而成的骨頭。

薦骨是由5個薦椎合併而成的骨頭。

關節的構造與分類

　根據某種説法説人體全身的關節數量約有350個，有約6成的關節都集中在能做出特別複雜動作的手腳部位。在這些關節當中，能夠運動的可動關節，可以依照「骨頭數量」、「運動軸」、「形狀」等來進行分類。

■ 依照數量來分類

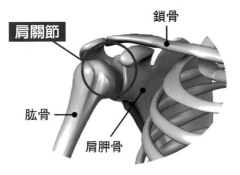

鎖骨
肩關節
肱骨
肩胛骨

◆ **單關節**

　由2塊骨頭組成，是最普通的關節。包含了肩關節、髖關節、各指間關節等。
【肩關節（肱骨和肩胛骨）、髖關節（股骨和髖骨）】

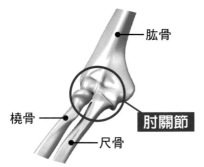

肱骨
橈骨
尺骨
肘關節

◆ **複合關節**

　位於3塊以上的骨頭之間的3個關節會被共同的關節囊包覆的關節。包含了肘關節、膝關節、橈腕關節等。
【肘關節（肱骨和橈骨／尺骨）、膝關節、橈腕關節】

■ 依照運動軸來分類

◆ 一軸關節（單軸關節）

如同屈伸、前後彎曲等動作那樣，只透過某一個軸來活動的關節。大多為各指間關節。
【近端橈尺關節、肱尺關節等】

◆ 雙軸關節

如同朝向前後與側面進行屈伸那樣，以雙軸為中心來活動的關節。
【寰枕關節、橈腕關節、中指指節的第一個關節等】

◆ 多軸關節

除了前後屈伸、側面屈伸以外，還能進行旋轉等動作。以3軸以上為中心來活動的關節。
【肩關節、髖關節】

■ 依照形狀來分類

球窩關節（杵臼關節）

關節頭呈球狀，關節窩很淺，可動範圍很大的多軸關節。

【肩關節、髖關節】

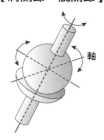

車軸關節

屬於單軸關節，其中一邊的關節面會宛如車軸般地對著其他關節面轉動。

【近端／遠端橈尺關節】

橢球關節

關節頭與關節窩呈橢圓球狀（或是其中一部分），屬於不會旋轉的雙軸關節。關節頭並非球面，而且關節較淺的類型叫做「髁狀關節」。由於髁狀關節的運動會受到韌帶等處的限制，所以只能進行1或2個方向的運動。

橢球關節【橈腕關節】

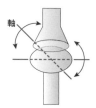

髁狀關節【膝關節】

平面關節

關節面為平面的關節。可動範圍很小的微動關節也是平面關節的一種。

【椎間關節】

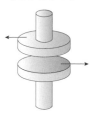

樞紐關節

屬於單軸關節，圓柱狀的關節頭會如絞鍊般以圓柱軸為中心，進行轉動。「螺旋關節」的運動方向並非與骨頭的長軸成直角，而是呈現螺旋狀。「螺旋關節」是樞紐關節的變形之一。手肘的肱尺關節屬於這類關節。

【肱尺關節】

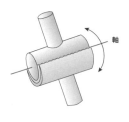

鞍狀關節

關節頭與關節窩為馬鞍般的雙曲面，互相正對。而關節窩很淺，受到韌帶的限制，只能朝1或2個方向運動。

【拇指的腕掌關節】

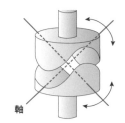

（骨骼圖標示）
- 肩關節
- 椎間關節
- 近端橈尺關節
- 肱尺關節
- 橈腕關節
- 髖關節
- 腕掌關節
- 膝關節

頭部的骨頭

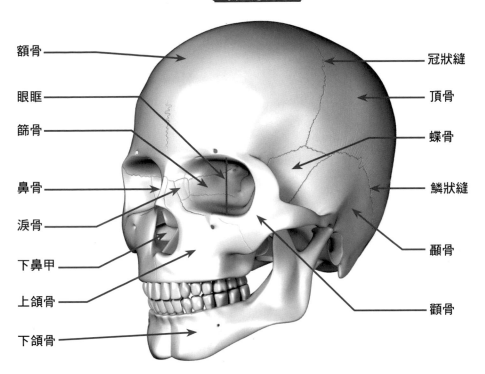

額骨　　　　　　　　　　　　　　　　　　冠狀縫

眼眶　　　　　　　　　　　　　　　　　　頂骨

篩骨　　　　　　　　　　　　　　　　　　蝶骨

鼻骨　　　　　　　　　　　　　　　　　　鱗狀縫

淚骨

下鼻甲　　　　　　　　　　　　　　　　顳骨

上頜骨

下頜骨　　　　　　　　　　　　　　　　顴骨

正面

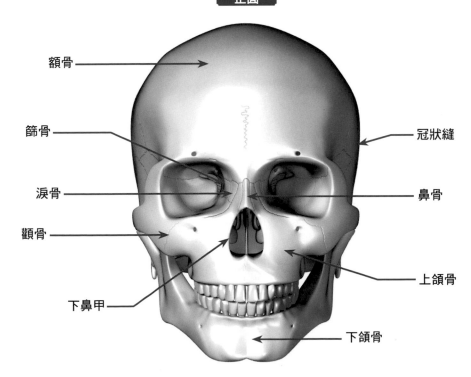

額骨

篩骨　　　　　　　　　　　　　　　　　　冠狀縫

淚骨　　　　　　　　　　　　　　　　　　鼻骨

顴骨

上頜骨

下鼻甲

下頜骨

顱骨（頭蓋骨）

■ 顱骨的構造

　　顱骨是頭部的骨骼，而且是由15種不同的23塊骨頭所構成。可以分成10種用來保護腦部不受傷的「腦顱」，以及5種用來製造顏面骨骼的「面顱（咽顱）」。除了下頜骨與舌骨以外的所有骨頭，都是透過名為「骨縫」的緊密接合部位來互相連接。一般來說，人們習慣使用「頭蓋骨」這個名稱，但在解剖學中，則叫做「顱骨」。

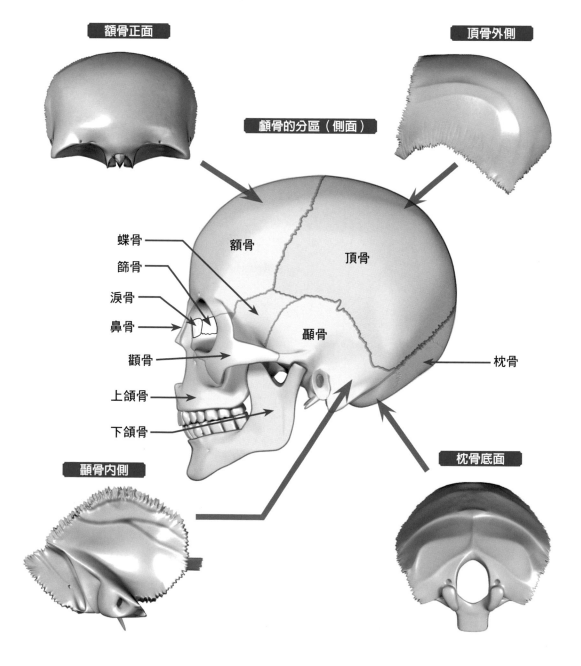

額骨正面

頂骨外側

顱骨的分區（側面）

蝶骨
篩骨
淚骨
鼻骨
顴骨
上頜骨
下頜骨

額骨
頂骨
顳骨
枕骨

顱骨內側

枕骨底面

◆ 腦顱

顱骨之一，主要為容納腦部的部分。除了額骨、枕骨、蝶骨、篩骨以外，頂骨與顳骨都是成對的。顱骨由6種不同共8塊骨頭所構成，也叫做「神經顱骨」。

◆ 面顱（咽顱）

顱骨之一，用來形成臉部。除了下頷骨與犁骨以外，還有成對的上頷骨、腭骨、顴骨、鼻骨、淚骨、下鼻甲，以及舌骨。面顱由9種不同的15塊骨頭所構成，也叫做內臟顱骨。

■ 鼻竇

「鼻竇」是一個充滿空氣的空腔，位於將鼻腔包圍起來的周圍骨頭內。位於臉頰背面的上頷竇、位於額頭背面的額竇、位於兩眼之間的篩竇、位於鼻子深處的蝶竇等部位都各有1對。這些部位都與鼻腔相通，而且其內側與鼻腔相同，皆被擁有纖毛的呼吸上皮所包覆。如同鼻竇那樣形成空腔的部分叫做「竇」。

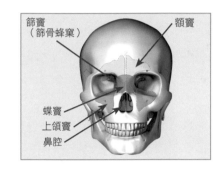

顱骨的冠狀剖面圖

鼻竇

額骨　　　顳腔

額竇

額骨中的成對空腔，位於眉弓的後方（額頭深處）。屬鼻竇之一，被黏膜包覆。

篩骨
上鼻道
顴骨
中鼻道

上頷竇

在上頷體中的大型空腔，位於兩眼下側深處。屬鼻竇之一，依部位不同厚度會有所差異。前壁最厚，內側壁最薄。

篩竇

篩骨內部的空腔，位於鼻子的上部與左右兩眼之間。由許多薄骨板複雜地組合而成，包含許多氣腔，這些氣腔被統稱為篩骨蜂窠。依部位可以分成前、中、後篩骨蜂窠3個區域。

上頷竇

下鼻道　　下鼻甲　　中鼻甲
　　　　　　　　　上鼻甲

※從前方觀看太陽穴附近的冠狀面

■ 鼻甲（上、中、下鼻甲）

　　從鼻腔外側壁延伸出來的隆起骨頭，被黏膜包覆。會形成一連串的皺褶，這些皺褶會使鼻腔黏膜的表面變大，導致熱與溼氣的交換變得更加有效。包含了上鼻甲、中鼻甲、下鼻甲這3個區域。

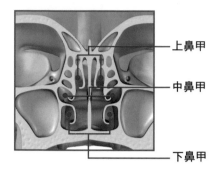

上鼻甲

中鼻甲

下鼻甲

顱骨的矢狀剖面圖

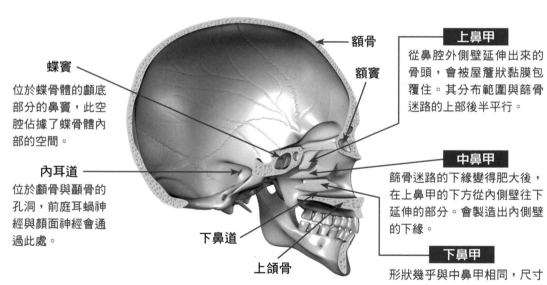

額骨

額竇

蝶竇
位於蝶骨體的顱底部分的鼻竇，此空腔佔據了蝶骨體內部的空間。

內耳道
位於顳骨與顎骨的孔洞，前庭耳蝸神經與顏面神經會通過此處。

下鼻道

上頜骨

※透過矢狀面，從正中央將右側切斷，從內側進行觀察。

上鼻甲
從鼻腔外側壁延伸出來的骨頭，會被屋簷狀黏膜包覆住。其分布範圍與篩骨迷路的上部後半平行。

中鼻甲
篩骨迷路的下緣變得肥大後，在上鼻甲的下方從內側壁往下延伸的部分。會製造出內側壁的下緣。

下鼻甲
形狀幾乎與中鼻甲相同，尺寸比較大。面向上頜骨的外側會凹陷，形成上下方向比較長的舟狀。

鼻週期（Nasal cycle）

　　在被黏膜包覆的鼻甲中，微血管會聚集起來，每隔幾個小時，輪流在左右兩邊反覆進行充血與膨脹。由於在膨脹的鼻孔中，空氣會變得不易通過，所以實際上只有單邊的鼻孔在呼吸，左右兩邊的鼻孔必須輪流呼吸。人們認為，這種現象是為了節省呼吸時所使用的能量，並將其稱作「鼻週期（Nasal cycle）」。此現象是透過自律神經來控制的。另外，日本柳杉花粉等物一旦卡在下鼻甲的皺褶部分上的話，為了避免讓花粉繼續進入，皺褶的黏膜會產生反應。那種反應就是過敏性鼻炎。

骨縫與囟門

在新生兒身上，用來組成顱骨的骨頭會形成個別的骨頭。這些骨頭會隨著成長而逐漸相連。被膜堵塞住的骨頭間縫隙叫做「囟門」。顱骨經過骨化後，形成不規則線條的連結部分叫做「骨縫」。透過骨縫，可以讓骨頭緊緊地相連。

成人的顱骨側面（左）

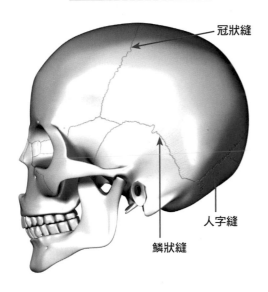

冠狀縫

人字縫

鱗狀縫

成人的顱骨頂面

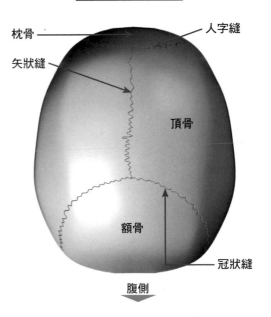

枕骨

矢狀縫

人字縫

頂骨

額骨

冠狀縫

腹側

◆ 冠狀縫

用來連接額骨與左右頂骨的骨縫。在新生兒身上，各骨頭是獨立的，冠狀縫並不存在。

◆ 矢狀縫

用來連接左右頂骨的骨縫。基本上，相當於顱骨的正中線。

◆ 人字縫（拉姆達骨縫）

在顱頂後部，用來連接枕骨與左右頂骨的骨縫。由於外觀類似λ（用來表示波長的拉姆達）符號，所以又稱為拉姆達骨縫。

● 顱頂：以圓盤狀的方式來包覆顱骨上部的骨頭的總稱。

◆ 鱗狀縫

在談到骨縫的型態分類時，會用到這個詞。也會用來指顱骨鱗狀部與頂骨之間的骨縫。

■ 新生兒的骨縫與囟門

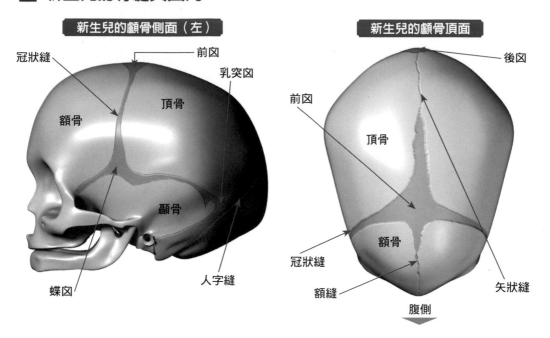

新生兒的顱骨側面（左）

冠狀縫
前囟
乳突囟
頂骨
額骨
顳骨
蝶囟
人字縫

新生兒的顱骨頂面

後囟
前囟
頂骨
額骨
冠狀縫
額縫
矢狀縫
腹側

◆ 前囟

　　此部分是額頭上部、左右額骨，以及左右頂骨的交界線。前囟是4個骨頭的交接處，也是最大的囟門，在出生後1～2年左右，就會關閉。

◆ 後囟

　　位於頂骨與枕骨之間。這個位於前囟後方的三角形囟門，在出生後1個月就會關閉。

◆ 側囟

　　位於用來組成新生兒顱頂的各個顱骨的周圍部分，3個以上的骨頭聚集在一起，2個以上的骨縫會在此處交叉。包含了乳突囟與蝶囟。

◆ 額縫

　　由於額骨最初形成時是左右獨立的，所以會形成正中線狀的骨縫，此骨縫就是額縫。一般來說額縫會消失。若成年後額縫仍殘留的話，大多會位於額骨正中央的下部，所以也叫做眉間骨縫。

骨縫合併的時期		囟門關閉的時期	
額縫	幼兒期	蝶囟	出生後6～12個月
矢狀縫	20～30歲	乳突囟	出生後18～24個月
冠狀縫	30～40歲	前囟	出生後1～2年
人字縫	40～50歲	後囟	出生後1個月

眼眶

眼眶指的是，位於顱骨正面中央的成對凹陷骨頭，用來容納眼球與其附屬器官。在臉部上打開著的眼眶，會稍微朝外側下方傾斜。眼眶呈方形的椎體狀，是由以額骨為首的7種骨頭所組成。

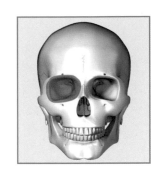

眼眶正面（右）

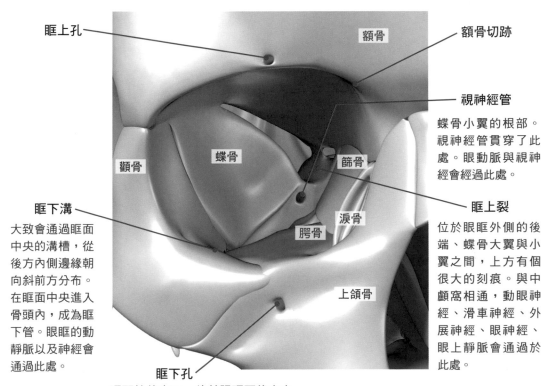

眶上孔

眶下溝

大致會通過眶面中央的溝槽，從後方內側邊緣朝向斜前方分布。在眶面中央進入骨頭內，成為眶下管。眼眶的動靜脈以及神經會通過此處。

眶下孔

眶下管的出口，位於眼眶下緣中央的下方約0.5～1.0公分的區域。眶下動靜脈與神經會通過此處。

額骨

蝶骨

顴骨

篩骨

淚骨

腭骨

上頜骨

額骨切跡

視神經管

蝶骨小翼的根部。視神經管貫穿了此處。眼動脈與視神經會經過此處。

眶上裂

位於眼眶外側的後端，蝶骨大翼與小翼之間，上方有個很大的刻痕。與中顱窩相通，動眼神經、滑車神經、外展神經、眼神經、眼上靜脈會通過於此處。

用來構成眼眶的骨頭

眶口	額骨、上頜骨、顴骨這3塊骨頭		
眶上緣	額骨	眶下緣	上頜骨、顴骨
眶內側壁（鼻側）	篩骨、蝶骨、上頜骨、淚骨	眶上壁（眶頂）	額骨、蝶骨的一部分
眶下壁（眶底）	上頜骨、顴骨、腭骨	眶外側壁（顳部）	蝶骨、顴骨

腦顱

■ 蝶骨

蝶骨位於顱底中央，前方可達鼻腔。各種血管與神經所通過的孔
貫穿了蝶骨。在中央的「主體部位（蝶骨體）」，有「大翼」、
「小翼」、「翼狀突」這3個呈現翼狀的部分。這些部分原本是分開
的，在出生後一年內才癒合，形成同一塊骨頭。由於看起來有如蝴
蝶展翅，所以因而得名。

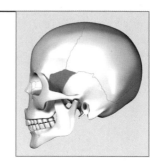

蝶骨正面

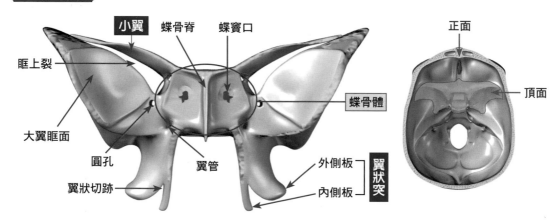

蝶骨頂面

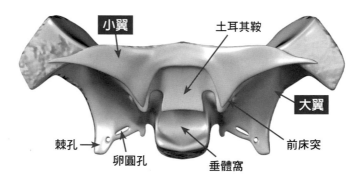

◆ 大翼

如同翅膀般，從蝶骨體外側朝兩側展開的部分。由大腦面、眶面、顳面所構成。

◆ 小翼

三角形的突起部分。從蝶骨體前端朝左右兩邊伸出，前端又細又尖。

◆ 翼狀突

從蝶骨體與大翼底側往下延伸的突起部分。下部會分成外側板與內側板，在兩者之間會形成翼狀
切跡。

■ 篩骨

　篩骨是用來形成鼻腔頂部的骨頭，且會構成鼻腔與眼眶的一部分。篩骨是由嗅神經的嗅球所在的「篩板」、用來形成鼻中隔一部分的「垂直板」、佔據了篩骨大部分區域，且被區分成蜂窩狀的「骨性迷路」這3個部分所構成。如同網狀的「篩子」那樣，嗅神經所通過的孔是許多打開的孔，所以因此得名。

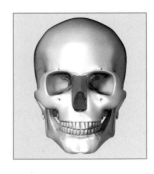

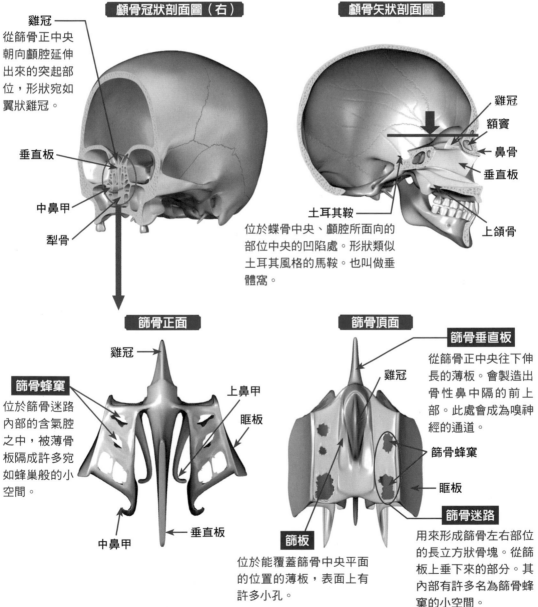

顱骨冠狀剖面圖（右）

雞冠
從篩骨正中央朝向顱腔延伸出來的突起部位，形狀宛如翼狀雞冠。

垂直板

中鼻甲

犁骨

顱骨矢狀剖面圖

雞冠
額竇
鼻骨
垂直板
上頜骨

土耳其鞍
位於蝶骨中央、顱腔所面向的部位中央的凹陷處。形狀類似土耳其風格的馬鞍。也叫做垂體窩。

篩骨正面

雞冠

篩骨蜂窩
位於篩骨迷路內部的含氣腔之中，被薄骨板隔成許多宛如蜂巢般的小空間。

上鼻甲
眶板
中鼻甲
垂直板

篩骨頂面

雞冠

篩骨垂直板
從篩骨正中央往下伸長的薄板。會製造出骨性鼻中隔的前上部。此處會成為嗅神經的通道。

篩骨蜂窩
眶板

篩板
位於能覆蓋篩骨中央平面的位置的薄板，表面上有許多小孔。

篩骨迷路
用來形成篩骨左右部位的長立方狀骨塊。從篩板上垂下來的部分。其內部有許多名為篩骨蜂窩的小空間。

面顱

■ 外鼻

　　由於外鼻與鼻子外側的形狀有關，所以因而得名。雖然表面為皮膚，但用來支撐內部構造的下半部是軟骨。上半部是骨頭，與顱骨相連。外鼻包含了「鼻骨」、「顴骨」、「淚骨」、「犁骨」等部位。

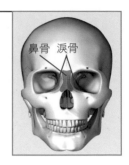

鼻骨　淚骨

外鼻的構造

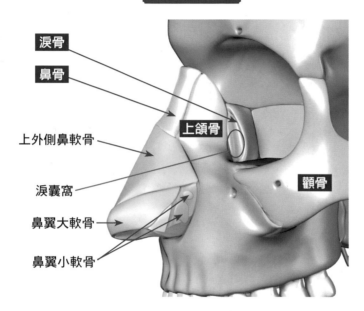

淚骨
鼻骨
上外側鼻軟骨
淚囊窩
鼻翼大軟骨
鼻翼小軟骨
上頜骨
顴骨

◆ 鼻骨

　　位於鼻子根部，從上前方將鼻腔包覆住的左右成對骨頭。位於眉間正下方，會打造出鼻根與鼻背上部的基礎。上部較厚，下部則會變得又寬又薄。

◆ 淚骨

　　位於眼眶內壁前部的成對骨頭，用來構成臉部。上方連接額骨，下方與前方連接上頜骨，後方連接篩骨。也會形成用來連接眼睛與鼻子的鼻淚管的一部分。

鼻淚管

　　眼淚會透過淚腺來被製造出來，一部分眼淚會從眼球中蒸發，另一部分則會通過名為鼻淚管的細管，被排放到鼻腔內。人只要一哭就會流鼻水的原因在於，眼睛與鼻子是透過這條鼻淚管來連接的。當鼻淚管因為某種原因而變得狹窄時，明明沒有哭，但眼淚卻會積存在眼睛中。這種疾病叫做「鼻淚管阻塞」。

◆ 顴骨

也稱為「臉頰骨」，是用來形成臉頰的骨頭。顴骨是左右成對的骨頭，由顳突與額突這2個突起部分、外側面、眶面、顳面所構成。顴骨上有個用來讓顴骨顏面神經通過的孔，叫做「顴面孔」。

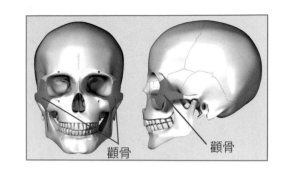

顴骨　顴骨

顴骨外側（右）

顳緣

顴突

外側面

額突

眶緣

顴面孔

上頜緣

顴骨內側（右）

額突

眶面

顴眶孔

上頜緣

顳面

顳突

◆ 犁骨

板狀的小骨頭，與篩骨一起組成鼻中隔的後下部。由於非常薄，且呈現「鐵犁」般的形狀，所以因而得名。

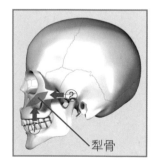

犁骨

犁骨側面

犁骨翼

後緣

犁骨背面

犁骨翼

上緣

下緣

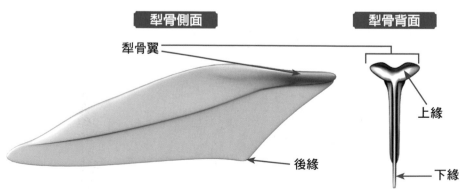

用來組成口腔的骨頭

頜骨就是所謂的下巴的骨頭。上頜骨是上顎的骨頭，下頜骨是下顎的骨頭，兩者是成對的。

■ 上頜骨

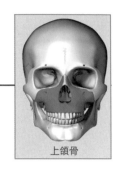

上頜骨

與前上頜骨癒合後所形成的骨頭，佔據了上顎的大部分區域。用來構成上頜骨的是，上頜體與4個突起。這些部分會與下頜骨一起組成口腔。在骨頭的中央，有鼻竇中最大的上頜竇，因此上頜骨也被稱作「含氣骨」。由於靠近此上頜竇底部的臼齒部的牙根會突出到口腔中，所以蛀牙菌也會影響到上頜竇。

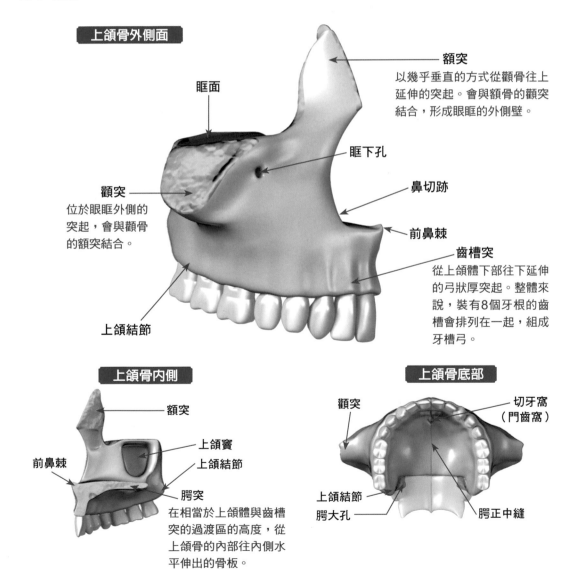

上頜骨外側面

額突
以幾乎垂直的方式從顴骨往上延伸的突起。會與額骨的顴突結合，形成眼眶的外側壁。

眶面

眶下孔

鼻切跡

顴突
位於眼眶外側的突起，會與顴骨的額突結合。

前鼻棘

齒槽突
從上頜體下部往下延伸的弓狀厚突起。整體來說，裝有8個牙根的齒槽會排列在一起，組成牙槽弓。

上頜結節

上頜骨內側

額突

上頜竇

上頜結節

前鼻棘

腭突
在相當於上頜體與齒槽突的過渡區的高度，從上頜骨的內部往內側水平伸出的骨板。

上頜骨底部

顴突

切牙窩（門齒窩）

上頜結節

腭大孔

腭正中縫

■ 下頜骨

在顱骨的面骨當中，是最大塊的骨頭，呈現U字形。在左右兩端，會與顳骨一起形成顳顎關節。大致上可以分成中央的下頜體與兩端的下頜枝。在下頜骨中，會透過與用來活動下巴的咀嚼肌（嚼肌、顳肌等）之間的複雜合作來進行張閉口運動。

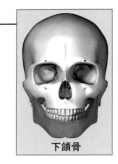

下頜骨

下頜骨正面

下頜頭

與顳骨的下頜窩一起構成顳顎關節。

斜線

關節突（髁狀突）

喙狀突

頦隆凸

上頜體

下頜枝

頦孔

頦孔位於從上頜體表面的正中線往外側移動2～3公分的位置。此圓孔會位在第2小臼齒（前臼齒），或是第1、第2小臼齒之間的下方。頦神經與頦動脈／靜脈會從此處出現。

從斜上方看到的下頜骨頂面

下頜切跡

在下頜枝上緣，凹陷得很深的弓狀區域。可以分成，位於前方的喙狀突與後方的關節突。

下頜孔

關節突（髁狀突）

喙狀突

位於下頜切跡上端前方的三角形突起部分。與顳肌相互連接著。

下頜頭

牙齒

齒槽部

下頜體的表面部分。齒槽內包含著下排牙根，單側齒槽部有8個凹陷處，兩邊加起共有16個凹陷處。

下頜角

頦孔

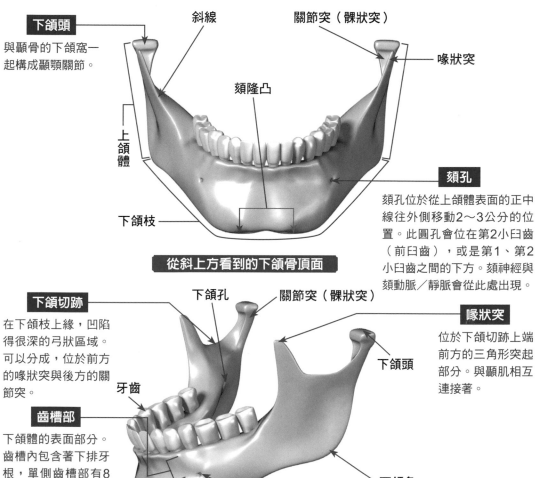

顳顎關節

顳顎關節是用來連接顳骨和下頜骨的關節，左右兩處的關節會同時活動，藉此就能活動下巴。在關節當中，會做出最複雜的動作。名為關節盤的結締組織會發揮緩衝物的作用。當此緩衝物發生異常時，就會引發「顳顎關節症候群」。

其他的骨頭

■ 腭骨

位於臉部中央與上頜骨後方的左右對稱骨頭，用來構成骨顎與鼻腔側壁。由水平板與垂直板這2塊骨板，以及「錐突」、「眶突」、「蝶突」這3個突起所組成。

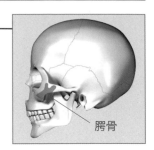
腭骨

腭骨內側

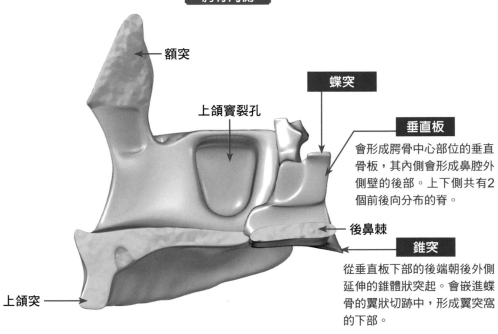

額突

上頜竇裂孔

蝶突

垂直板
會形成腭骨中心部位的垂直骨板，其內側會形成鼻腔外側壁的後部。上下側共有2個前後向分布的脊。

後鼻棘

錐突
從垂直板下部的後端朝後外側延伸的錐體狀突起。會嵌進蝶骨的翼狀切跡中，形成翼突窩的下部。

上頜突

腭骨正面

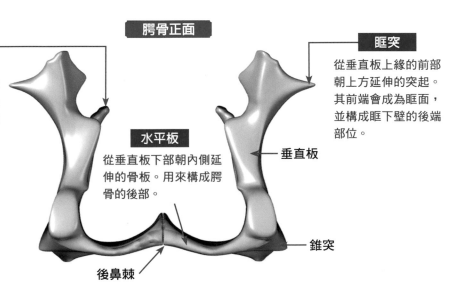

蝶突
位於顴骨內側，用來構成眼眶的外側下壁。中央有個打開著的顴眶孔。

眶突
從垂直板上緣的前部朝上方延伸的突起。其前端會成為眶面，並構成眶下壁的後端部位。

水平板
從垂直板下部朝內側延伸的骨板。用來構成腭骨的後部。

垂直板

錐突

後鼻棘

■ 舌骨

　呈U字形，位於甲狀軟骨（喉結）上方、下頜與咽頭之間，大約與第3頸椎一樣高。雖然在幼年期，舌骨是軟骨，但長大成人後，舌骨就會骨化。舌骨是由中央部位的「舌骨體」、「大角」、「小角」所構成，且與其他骨頭之間沒有關節，而是被頸部的肌肉支撐著。舌骨本身支撐著舌根，並會成為若干舌肌的起點，且與張口運動有關。

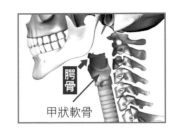
腭骨
甲狀軟骨

舌骨側面（左斜上）

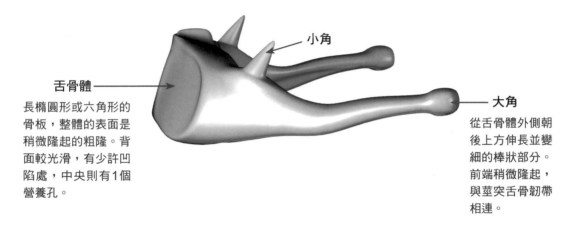

小角

舌骨體
長橢圓形或六角形的骨板，整體的表面是稍微隆起的粗隆。背面較光滑，有少許凹陷處，中央則有1個營養孔。

大角
從舌骨體外側朝後上方伸長並變細的棒狀部分。前端稍微隆起，與莖突舌骨韌帶相連。

舌骨背面

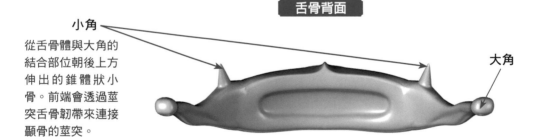

小角
從舌骨體與大角的結合部位朝後上方伸出的錐體狀小骨。前端會透過莖突舌骨韌帶來連接顳骨的莖突。

大角

舌骨與舌骨上肌群

　用來連接舌骨與下頜骨的肌肉叫做舌骨上肌群。當我們在吞嚥東西時，這些肌肉會發揮重要作用。舌骨上肌群指的是，下頜舌骨肌、二腹肌、莖突舌骨肌、頦舌骨肌的總稱。進行「咕嚕」這種反射性的吞嚥動作時，肌肉會強烈地收縮，舌骨則會移動到前上方，並同時把甲狀軟骨抬起。雖然食道的入口平常是關閉的，但會透過此舌骨與甲狀軟骨的活動而打開。相反地，如果某些人不易抬起此舌骨與甲狀軟骨的話，就會成為咽部期的飲食／吞咽障礙的原因。

上肢的骨骼與關節

上肢的骨骼可以分成上肢帶骨與自由上肢骨。上肢帶骨也叫做肩帶，指的是，用來將「肱骨以下的自由上肢骨」與軀幹的骨骼連接起來的骨頭的總稱。上肢帶骨由肩胛骨與鎖骨所組成。自由上肢骨指的是，從肱骨、前臂的橈骨、尺骨到手部的指尖。

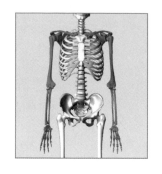

上肢正面（右）

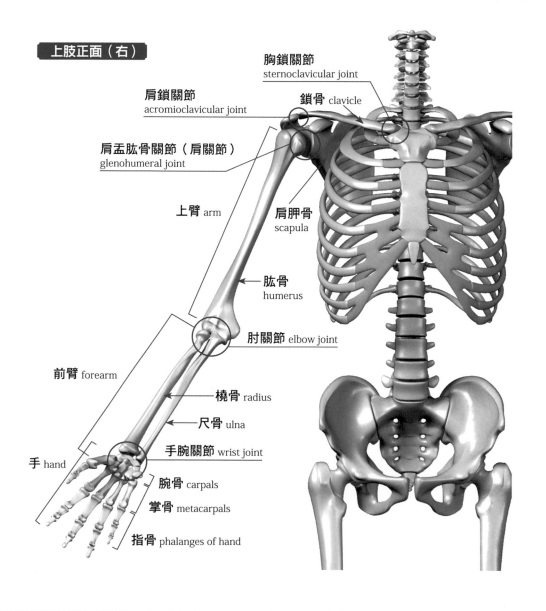

胸鎖關節
sternoclavicular joint

肩鎖關節
acromioclavicular joint

鎖骨 clavicle

肩盂肱骨關節（肩關節）
glenohumeral joint

上臂 arm

肩胛骨
scapula

肱骨
humerus

肘關節 elbow joint

前臂 forearm

橈骨 radius

尺骨 ulna

手 hand

手腕關節 wrist joint

腕骨 carpals

掌骨 metacarpals

指骨 phalanges of hand

上肢帶骨	鎖骨、肩胛骨

自由上肢骨
肱骨、橈骨、尺骨、腕骨、掌骨、指骨

上肢的關節
胸鎖關節、肩鎖關節、肩關節、肘關節、手腕關節

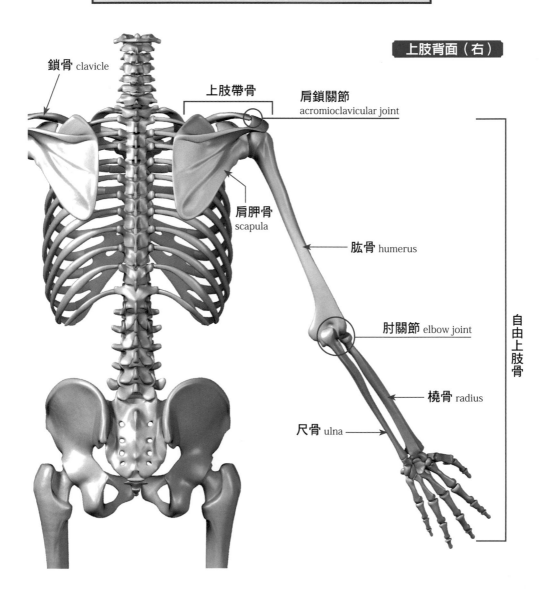

上肢背面（右）

鎖骨 clavicle

上肢帶骨

肩鎖關節
acromioclavicular joint

肩胛骨
scapula

肱骨 humerus

肘關節 elbow joint

橈骨 radius

尺骨 ulna

自由上肢骨

上肢帶骨

■ 鎖骨

　　左右成對的骨頭，位於胸廓上方的正面，大致上呈水平，從正上方觀看的話，可得知形狀為平緩的S形。與肩胛骨一起構成上肢帶骨，負責連接上肢與軀幹。

　　外側3分之1的部分較粗且扁平，內側3分之2的部分則是呈現三角柱的形狀，外觀較細且帶有圓潤感。在鎖骨內部，外側3分之1的部位較容易骨折，人們認為此處是用來連接外側部與內側部這2個骨化點，難以承受外力的衝擊。

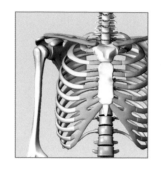

上肢表面與鎖骨

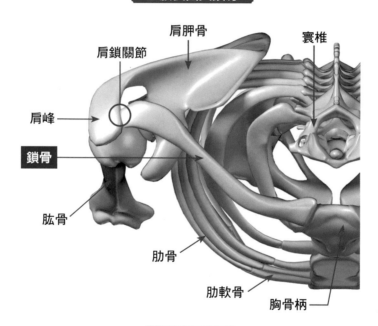

肩胛骨

寰椎

肩鎖關節

肩峰

鎖骨

肱骨

肋骨

肋軟骨

胸骨柄

鎖骨正面

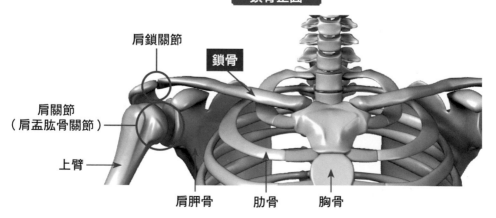

肩鎖關節

鎖骨

肩關節
（肩盂肱骨關節）

上臂

肩胛骨

肋骨

胸骨

■ 肩胛骨

成對的倒三角形扁平骨,位於左右肩膀的背面。含有若干個突
起,有17個肌肉附著在骨頭上,能做出高自由度的動作。

與肱骨頭之間形成肩關節(肩盂肱骨關節),與鎖骨之間形成
肩鎖關節。肩胛骨的英文名稱叫做「shoulder blade(肩膀的刀
刃)」,大概是因為看起來像刀刃飄浮在肩膀上,所以才被如此命
名吧。

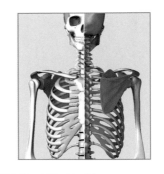

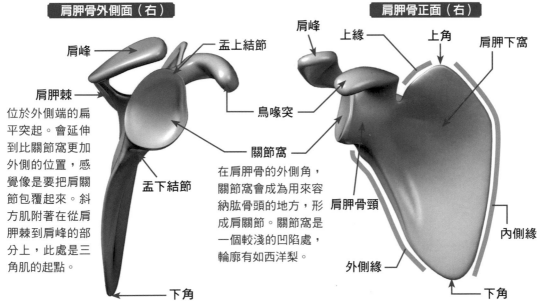

肩胛骨外側面(右)

肩峰

盂上結節

肩胛棘
位於外側端的扁
平突起。會延伸
到比關節窩更加
外側的位置,感
覺像是要把肩關
節包覆起來。斜
方肌附著在從肩
胛棘到肩峰的部
分上,此處是三
角肌的起點。

鳥喙突

關節窩

盂下結節

下角

肩胛骨正面(右)

肩峰

上緣

上角

肩胛下窩

鳥喙突

關節窩
在肩胛骨的外側角,
關節窩會成為用來容
納肱骨頭的地方,形
成肩關節。關節窩是
一個較淺的凹陷處,
輪廓有如西洋梨。

肩胛骨頸

內側緣

外側緣

下角

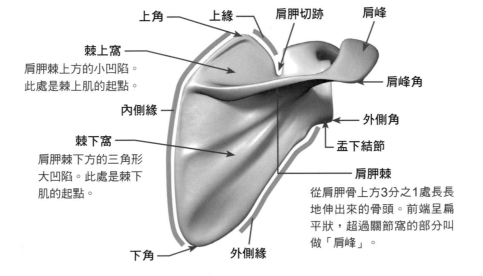

肩胛骨背面(右)

上角

上緣

肩胛切跡

肩峰

棘上窩
肩胛棘上方的小凹陷。
此處是棘上肌的起點。

肩峰角

內側緣

外側角

盂下結節

棘下窩
肩胛棘下方的三角形
大凹陷。此處是棘下
肌的起點。

肩胛棘
從肩胛骨上方3分之1處長長
地伸出來的骨頭。前端呈扁
平狀,超過關節窩的部分叫
做「肩峰」。

下角

外側緣

自由上肢骨

■ 肱骨

從肩關節往下延伸的自由上肢骨之一，屬於管狀骨，形狀細長。
上方透過肩關節來與肩胛骨相連，下方透過肘關節來連接橈骨和尺
骨。在上端，會伸出球狀的肱骨頭，並嵌進肩胛骨的關節窩中，形
成肩關節。下端部分會被分成2個關節面，並在尺骨與橈骨之間形成
肘關節。也就是所謂的「上臂」的骨頭。

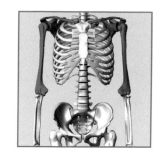

肱骨正面（右）

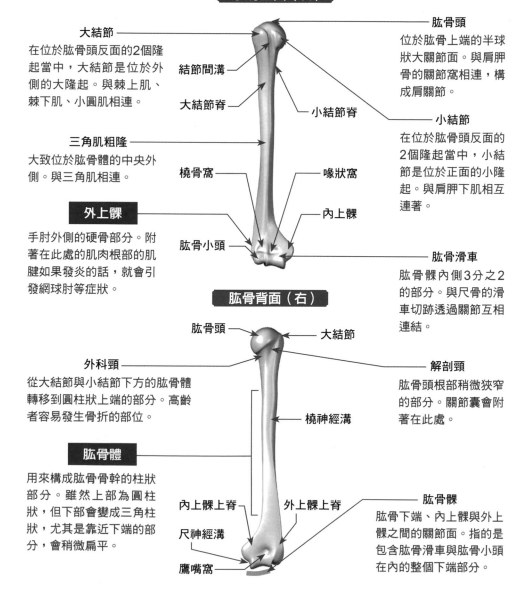

大結節
在位於肱骨頭反面的2個隆
起當中，大結節是位於外
側的大隆起。與棘上肌、
棘下肌、小圓肌相連。

結節間溝

大結節脊

小結節脊

三角肌粗隆
大致位於肱骨體的中央外
側。與三角肌相連。

橈骨窩

喙狀窩

外上髁
手肘外側的硬骨部分。附
著在此處的肌肉根部的肌
腱如果發炎的話，就會引
發網球肘等症狀。

肱骨小頭

內上髁

肱骨頭
位於肱骨上端的半球
狀大關節面。與肩胛
骨的關節窩相連，構
成肩關節。

小結節
在位於肱骨頭反面的
2個隆起當中，小結
節是位於正面的小隆
起。與肩胛下肌相互
連著。

肱骨滑車
肱骨髁內側3分之2
的部分。與尺骨的滑
車切跡透過關節互相
連結。

肱骨背面（右）

肱骨頭

大結節

外科頸
從大結節與小結節下方的肱骨體
轉移到圓柱狀上端的部分。高齡
者容易發生骨折的部位。

橈神經溝

肱骨體
用來構成肱骨骨幹的柱狀
部分。雖然上部為圓柱
狀，但下部會變成三角柱
狀，尤其是靠近下端的部
分，會稍微扁平。

內上髁上脊

外上髁上脊

尺神經溝

鷹嘴窩

解剖頸
肱骨頭根部稍微狹窄
的部分。關節囊會附
著在此處。

肱骨髁
肱骨下端、內上髁與外上
髁之間的關節面。指的是
包含肱骨滑車與肱骨小頭
在內的整個下端部分。

■ 橈骨

位於前臂拇指側的骨頭，透過上端與下端來連接位於小指側的尺骨。比尺骨來得短。下端比上端來得大，且會形成較厚的扇狀。近端與尺骨一起連接肱骨，形成肘關節，遠端則與腕骨相連，形成手腕關節。

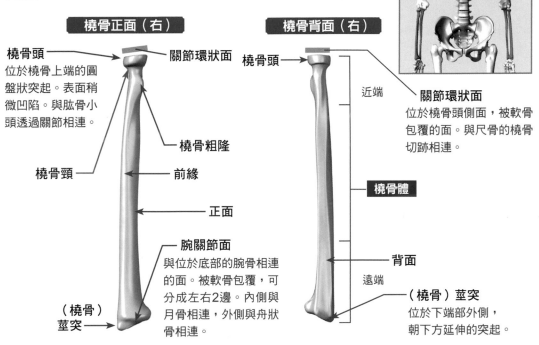

橈骨正面（右）

橈骨頭
位於橈骨上端的圓盤狀突起。表面稍微凹陷。與肱骨小頭透過關節相連。

橈骨頭

關節環狀面

橈骨粗隆

前緣

正面

腕關節面
與位於底部的腕骨相連的面。被軟骨包覆，可分成左右2邊。內側與月骨相連，外側與舟狀骨相連。

（橈骨）莖突

橈骨背面（右）

橈骨頭

近端

關節環狀面
位於橈骨頭側面，被軟骨包覆的面。與尺骨的橈骨切跡相連。

橈骨體

背面

遠端

（橈骨）莖突
位於下端部外側，朝下方延伸的突起。

■ 尺骨

位於前臂小指側的長管狀骨頭，下部較細，上部較粗。會與橈骨一起連接肱骨，形成肘關節。比拇指側的橈骨長數公分。

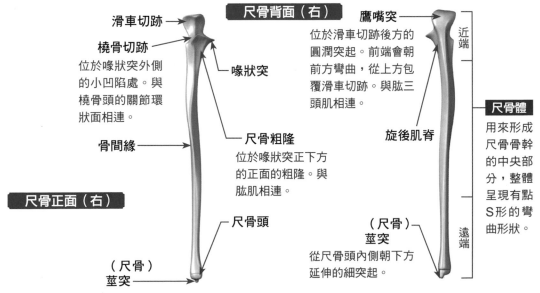

滑車切跡

橈骨切跡
位於喙狀突外側的小凹陷處。與橈骨頭的關節環狀面相連。

骨間緣

尺骨正面（右）

尺骨背面（右）

喙狀突

尺骨粗隆
位於喙狀突正下方的正面的粗隆。與肱肌相連。

尺骨頭

（尺骨）莖突

鷹嘴突
位於滑車切跡後方的圓潤突起。前端會朝前方彎曲，從上方包覆滑車切跡。與肱三頭肌相連。

近端

旋後肌脊

尺骨體
用來形成尺骨骨幹的中央部分，整體呈現有點S形的彎曲形狀。

（尺骨）莖突
從尺骨頭內側朝下方延伸的細突起。

遠端

107

■ 腕骨

排列在手根部上的8塊短骨的總稱。這8塊骨頭還可以再分成2組，每組4塊。橈骨、尺骨側的4塊骨頭叫做近側腕骨，掌骨側的4塊骨頭則叫做遠側腕骨。

在近側腕骨當中，從拇指側看過去，依序為「舟狀骨」、「月骨」、「三角骨」、「豌豆骨」。遠側腕骨則包含了「大多角骨」、「小多角骨」、「頭狀骨」、「鉤骨」。一般來說，在日文中，「腕骨」指的是手臂（註：手臂的日文為「腕」）的骨頭，但也有人會把「手根骨」（腕骨的日文）稱作「腕骨」。

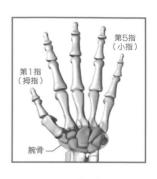

第1指（拇指）
第5指（小指）
腕骨

腕骨背側面（右）

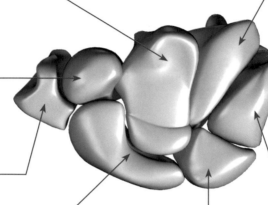

頭狀骨
在8塊腕骨當中，是最大的骨頭，位置大約是在中央。

小多角骨
角柱狀的小骨頭，與舟狀骨、大多角骨、頭狀骨以及第2掌骨相連。

大多角骨
擁有4個關節面，內側面有個較深的凹面，小多角骨會嵌進此凹面。

舟狀骨
呈長橢圓形，並與月骨、大多角骨、小多角骨、頭狀骨相連。

月骨
呈半月狀，與舟狀骨、三角骨、頭狀骨、骨相連。

鉤骨
呈楔形，上方有個很大的尖端。近端、遠端、外側部分都有關節面。

豌豆骨
呈蛋圓形，是最小的腕骨。透過位於尺側屈腕肌肌腱上的種子骨來連接三角骨。

三角骨
呈現有點尖的三角椎體狀。與月骨、豌豆骨、頭狀骨以及骨相連。

腕骨掌側面（右）

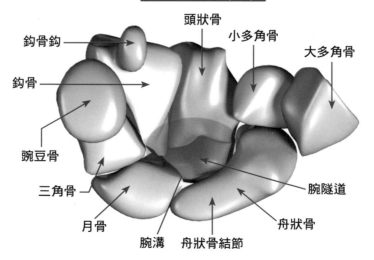

鉤骨鉤

頭狀骨

小多角骨

大多角骨

鉤骨

豌豆骨

三角骨

月骨

腕溝

舟狀骨結節

舟狀骨

腕隧道

■ 掌骨、指骨

　　所謂的「手部」骨頭是由，與遠側腕骨相連的第1～第5「掌骨」，以及用來連接各個掌骨的14個指骨所構成。掌骨會形成手掌。「指骨」是用來構成手指的骨頭，由近節指骨、中節指骨、遠節指骨所組成。拇指內有2個圓柱狀的小骨，其他骨頭則有3個小骨。這些小骨彼此會透過關節來相連，並連接掌骨。另外，各指的骨頭可以分成基部、骨幹、頭部。

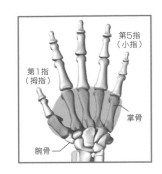

第5指（小指）
第1指（拇指）
掌骨
腕骨

掌骨、指骨背側（左手）

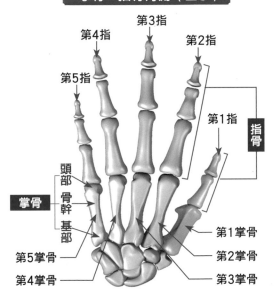

第4指
第3指
第2指
第5指
第1指
指骨
頭部
骨幹
基部
掌骨
第5掌骨
第4掌骨
第1掌骨
第2掌骨
第3掌骨

掌骨、指骨掌側（左手）

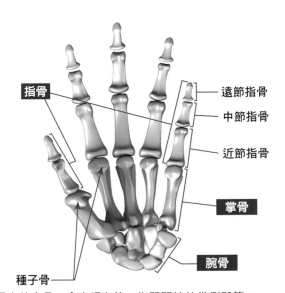

指骨
遠節指骨
中節指骨
近節指骨
掌骨
種子骨
腕骨

碗豆大的小骨，會出現在第一指間關節的掌側與第二指間關節的拇指側。這種骨片會出現在肌腱或與肌腱相連的關節囊中，透過關節來連接與該肌腱相連的骨頭部分。關節面會被關節軟骨包覆。

日語中的手指名稱

	1	2	3	4	5
一般用法	親指	人差し指	中指	薬指	小指
醫學（編號）	第1指	第2指	第3指	第4指	第5指
醫學（名稱）	母指	示指	中指	薬指・環指	小指
中文	拇指	食指	中指	無名指	小指

＊在醫學／生物學中，會用編號來稱呼。

肩胛區的關節構造

用來進行「舉起、轉動手臂」等各種上肢動作的肩胛區關節，是由胸骨、鎖骨、肩胛骨、肋骨、肱骨所構成。這些部位是由「肩盂肱骨關節、肩鎖關節、胸鎖關節」這3種解剖學關節（anatomical joint），以及「肩峰下關節、肩胛胸廓關節」這2種功能性關節所構成，並被稱為「肩部複合體」。另外，藉由這5種關節的互相合作，就能夠做出屈曲、伸展、內收、外展、內旋、外旋、水平屈曲、水平伸展等動作。

一般來說，由肩部複合體所組成的關節叫做肩關節（廣義），在狹義上，則是指由肩胛骨與肱骨所構成的肩盂肱骨關節。

肩胛區的關節的各部位名稱

肩鎖關節
與上下肩鎖關節囊韌帶等部位一起牢牢地把肩胛骨連接在鎖骨上。會和胸鎖關節一起發揮作用。雖然當肩胛骨與肩關節的運動產生聯動時，就能活動此關節，但可動性很低。

肩峰下關節
位於肱骨頭與肩峰之間的滑動部，也被稱作「肩峰下滑液囊」。由於當我們在進行舉起手臂、把手轉向頭部後方等抬起肩膀的動作時，此關節會發揮重要作用，所以也被稱作「第2肩關節」。

胸鎖關節
鎖骨的胸骨端與胸骨的鎖骨切跡間的關節。是唯一連接上肢與軀幹的關節，可動性非常低。

肩胛胸廓關節
位於肩胛骨正面與胸廓的後側／外側面之間的接觸面，屬於功能性關節。其特色為，可動性較高，僅次於肩盂肱骨關節。

肩盂肱骨關節
（肩關節）

解剖學關節與功能性關節

解剖學關節指的是，被關節囊這種用來包覆關節的膜或軟骨等組織覆蓋住的關節。雖然功能性關節中沒有像關節囊那類用來構成關節的組織，但其縫隙中有作用類似關節的部位。

◆ 肩盂肱骨關節（肩關節）

　肩盂肱骨關節是狹義上的肩關節，由肩胛骨關節窩與肱骨頭所構成。此關節會與肩胛骨產生聯動，發揮作用，並負責肩關節大部分的動作。雖然關節窩又小又淺，且關節唇包圍在其周圍，能擴大一些面積，但是由於關節頭很大，所以擁有非常大的可動範圍。相對地，以關節來說，穩定性很差，需要靠周圍的肌肉和韌帶來支撐。尤其是，肩胛下肌、棘下肌、小圓肌、肱二頭肌的長頭等肌肉，會發揮很大的關節強化作用。

肩胛骨與肱骨是不穩定的球窩關節

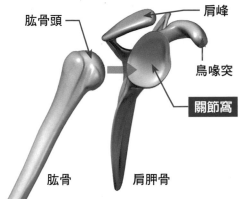

　肱骨頭與作為容納處的關節窩會被有彈性的軟骨包覆住，屬於球窩關節。

肩關節的構造

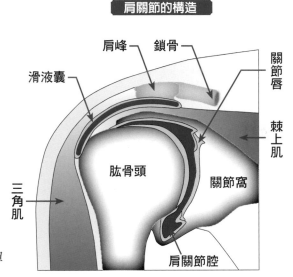

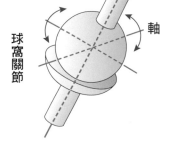

肩膀的脫臼

　如果手臂被很強的力量往後拉的話，肩膀的關節就可能會脫落，這種現象叫做脫臼。可以分成，可以靠自己來讓脫落的關節恢復原位的「半脫位」，以及必須靠他人的力量才能讓關節恢復原位的情況，也就是原本的「脫臼」。這與用力打肩膀而導致位於肩關節上的鎖骨與肩胛骨偏移的「肩鎖關節脫位」是不同的外傷。

肩胛區的韌帶

由喙鎖韌帶、喙肩韌帶、喙肱韌帶、盂肱韌帶、肩鎖韌帶等所構成。盂肱韌帶可以分成上、中、下3個區域。

肩關節正面（右）

喙肩韌帶

從鳥喙突後方的水平部分延伸到肩峰的突出部分、肩鎖關節外側的韌帶。從上方包覆肩關節，能夠一邊保護肩關節，一邊避免讓肩關節舉到比肱骨還要高的位置。

肩鎖韌帶

肩峰
鳥喙突
鎖骨

喙肱韌帶

此韌帶會包覆著關節囊的上部，與關節囊融合，附著在肱骨的大、小結節上。強度高，能用來強化關節囊的上方表面。

上
中
下

盂肱韌帶

肱骨
肩胛骨

喙鎖韌帶

用來連接鳥喙突頂面、鎖骨外側端的底面、鎖骨圓錐結節的韌帶。由前外側的「菱形韌帶」以及後內側的「圓錐韌帶」所構成。

◆ 盂肱韌帶

被名為關節囊的袋狀構造所包覆。該關節囊的一部分變得肥大，形成繩索狀的部分就是盂肱韌帶。可以分成上、中、下3個區域。名為關節唇的堅硬纖維性組織會附著在關節窩的周圍。

■ 肩鎖關節的韌帶

在肩鎖關節與鎖骨、肩胛骨的連接處，有個平面關節。該處的關節囊很鬆弛，正面則會變得又硬又厚，並形成「肩鎖韌帶」。另外，此韌帶與位於肩鎖韌帶內側的喙鎖韌帶（菱形韌帶與圓錐韌帶）會保持固定的位置，防止關節偏移。藉由此韌帶與胸鎖關節的合作，肩胛骨就能伴隨關節的運動來活動。

肩鎖關節上側表面（右）

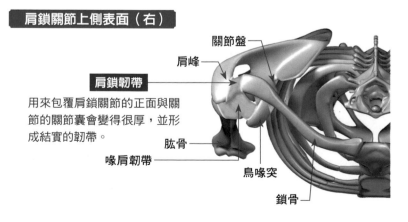

關節盤
肩峰

肩鎖韌帶

用來包覆肩鎖關節的正面與關節的關節囊會變得很厚，並形成結實的韌帶。

肱骨
喙肩韌帶
鳥喙突
鎖骨

■ 胸鎖關節的韌帶

　　胸鎖關節指的是，位於胸骨的鎖骨切跡與鎖骨之間的關節，被關節囊與「肋鎖韌帶」、「鎖骨間韌帶」、「前胸鎖韌帶」等複數條韌帶支撐著。可動性原本就很低，會透過關節內的關節盤的韌帶（正面）來使關節運動變得順利，或是減緩關節受到的衝擊。

胸鎖關節正面（右）

肋鎖韌帶

位於鎖骨底面的肋鎖韌帶壓跡與第1肋軟骨內側端的頂面之間的結實韌帶。其內側部分與關節囊相連。

鎖骨間韌帶

用來連接左右兩邊的鎖骨內側端的結實韌帶。當鎖骨的肩峰端被往下壓時，此韌帶會限制胸骨端被抬起。

前胸鎖韌帶

用來連接胸骨柄正面與鎖骨骨正面的韌帶。能夠強化關節囊的正面。

肋骨

鎖骨

肋軟骨

胸骨柄

胸鎖關節的冠狀剖面圖

胸鎖關節是一種較淺的鞍狀關節，透過其內部的關節盤，就能做出類似球窩關節的動作。

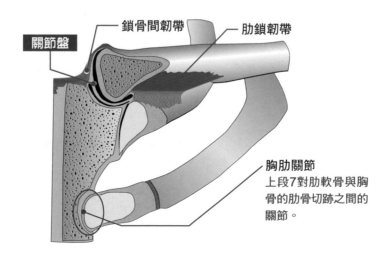

鎖骨間韌帶　　肋鎖韌帶

關節盤

胸肋關節
上段7對肋軟骨與胸骨的肋骨切跡之間的關節。

肘、前臂的關節

肘關節就是所謂的手肘的關節。位於上臂與前臂之間，與肱骨、尺骨、橈骨這3個骨頭相連。這些部分會形成肱尺關節、肱橈關節、上橈尺關節這3種關節。整個肘關節會被一個關節囊包覆住，並形成複合關節。而且，在與肘關節相連的遠端，還有一個下橈尺關節。

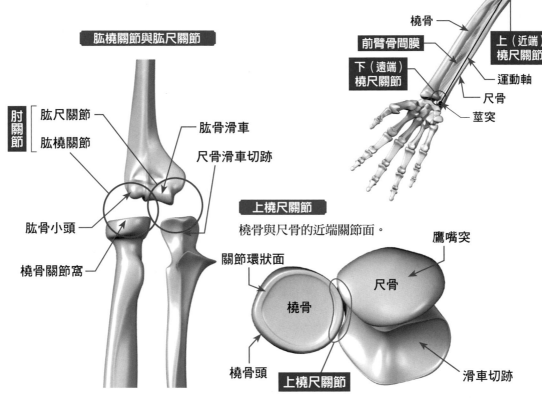

肱橈關節與肱尺關節

上肢正面（右）
- 肱骨
- 肱尺關節
- 肱橈關節
- 橈骨
- 前臂骨間膜
- 下（遠端）橈尺關節
- 上（近端）橈尺關節
- 運動軸
- 尺骨
- 莖突

肘關節
- 肱尺關節
- 肱橈關節
- 肱骨滑車
- 尺骨滑車切跡
- 肱骨小頭
- 橈骨關節窩

上橈尺關節

橈骨與尺骨的近端關節面。
- 關節環狀面
- 橈骨
- 尺骨
- 鷹嘴突
- 橈骨頭
- 上橈尺關節
- 滑車切跡

◆ 肱尺關節

在肱骨滑車與尺骨滑車切跡之間形成的樞紐關節，穩定性高，是肘關節中的主要關節。能夠進行屈伸運動。

◆ 肱橈關節

在肱骨小頭與橈骨關節窩之間形成的球窩關節，能夠進行屈伸運動與前臂的迴旋運動。

◆ 上橈尺關節（近端）

在橈骨的關節環狀面與尺骨的橈骨切跡之間形成的車軸關節，無法進行手肘的屈伸運動，但能進行前臂的旋前／旋後運動。

◆ 下橈尺關節（遠端）

在尺骨的尺骨頭與橈骨的尺骨切跡之間形成的車軸關節，能進行前臂的旋前／旋後運動。

肘關節的韌帶

肘關節中有3個韌帶,負責控制穩定的肘關節運動。

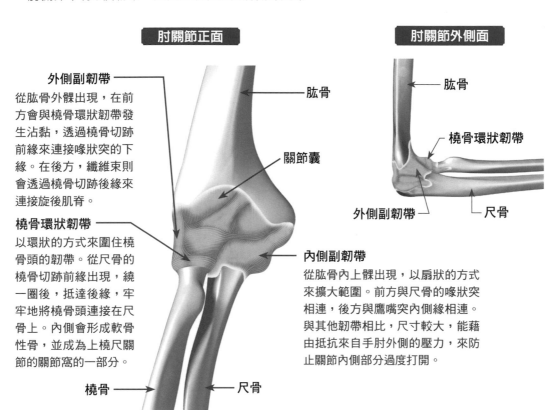

肘關節正面

外側副韌帶
從肱骨外髁出現,在前方會與橈骨環狀韌帶發生沾黏,透過橈骨切跡前緣來連接喙狀突的下緣。在後方,纖維束則會透過橈骨切跡後緣來連接旋後肌脊。

橈骨環狀韌帶
以環狀的方式來圍住橈骨頭的韌帶。從尺骨的橈骨切跡前緣出現,繞一圈後,抵達後緣,牢牢地將橈骨頭連接在尺骨上。內側會形成軟骨性骨,並成為上橈尺關節的關節窩的一部分。

肱骨

關節囊

橈骨 尺骨

內側副韌帶
從肱骨內上髁出現,以扇狀的方式來擴大範圍。前方與尺骨的喙狀突相連,後方與鷹嘴突內側緣相連。與其他韌帶相比,尺寸較大,能藉由抵抗來自手肘外側的壓力,來防止關節內側部分過度打開。

肘關節外側面

肱骨

橈骨環狀韌帶

外側副韌帶 尺骨

■ 前臂骨間膜

輕薄且堅固的纖維性膜,與尺骨、橈骨的骨間緣互相連接。從橈骨朝著尺骨,往斜下方(在下部的話,方向會相反)分布。

當前臂在進行旋前/旋後運動時,能夠一邊維持運動的穩定性,一邊與分布於骨間膜正上方的斜索一起發揮作用,避免過度的旋前/旋後運動。

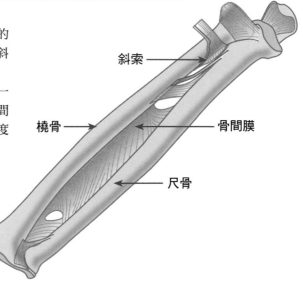

斜索

橈骨

骨間膜

尺骨

手腕關節、手指關節

手腕關節是手腕的複合關節，由8塊腕骨與包含橈骨與尺骨在內的10塊骨頭所構成。手腕則是由橈腕關節、中腕關節、下橈尺關節所組成。在手指中，5塊近節指骨、4塊中節指骨、5塊遠節指骨組成了5根手指的骨頭，而且各骨頭中都有指間關節。

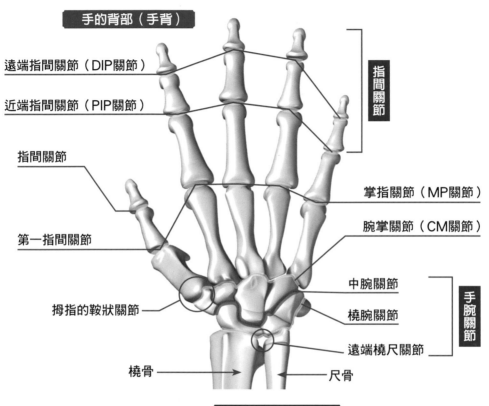

手的背部（手背）

遠端指間關節（DIP關節）

近端指間關節（PIP關節）

指間關節

指間關節

第一指間關節

拇指的鞍狀關節

掌指關節（MP關節）

腕掌關節（CM關節）

中腕關節

橈腕關節

遠端橈尺關節

手腕關節

橈骨　　　　尺骨

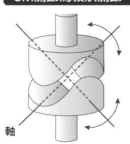

CM關節為鞍狀關節

軸

拇指的腕掌關節（CM關節）是大菱形肌與第1掌骨的鞍狀關節。由於腕掌關節的可動範圍很大，所以能夠做出各種抓握動作。

手腕關節的運動

指間關節：手指的彎曲、屈伸運動　　　腕掌關節：手掌的彎曲、伸展、內收

掌指關節：開闔手指的外展、內收　　　橈腕關節：手腕的背屈與掌屈、橈側彎曲、尺側彎曲

中腕關節：手腕的背屈、掌屈

手部韌帶

手腕的關節是透過掌側與背側這兩面的「橈腕掌側韌帶」、「腕橈側副韌帶」、「腕骨間背側韌帶」等韌帶來連接的。不過，由於中間有關節盤，所以在腕骨與沒有和腕骨直接相連的尺骨之間，也會透過尺腕掌側韌帶、腕尺側副韌帶等韌帶來緊緊地連接。

在腕骨與掌骨的「腕掌關節」中，會分別透過腕掌骨掌側韌帶與腕掌骨背側韌帶來進行補強。另外，帶狀的掌骨深橫韌帶會附著在第2～5掌骨間的掌側。在此韌帶中，在與「掌指關節」相連的部分，會和掌側韌帶的纖維混合，並與手指的纖維鞘緊緊相連，但是不會直接連接骨頭。

指骨的各個指間關節會被關節囊包覆住，其兩側連接「側副韌帶」，掌側則與「掌側韌帶」相連，這些韌帶會將關節固定住，但不會妨礙複雜動作的進行。

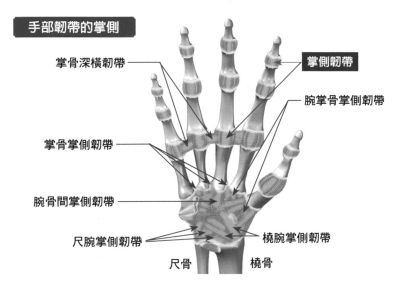

手部韌帶的掌側

掌骨深橫韌帶 ── 掌側韌帶
腕掌骨掌側韌帶
掌骨掌側韌帶
腕骨間掌側韌帶
尺腕掌側韌帶 ── 橈腕掌側韌帶
尺骨　　橈骨

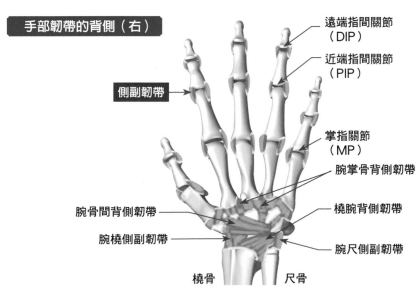

手部韌帶的背側（右）

遠端指間關節（DIP）
近端指間關節（PIP）
側副韌帶
掌指關節（MP）
腕掌骨背側韌帶
腕骨間背側韌帶 ── 橈腕背側韌帶
腕橈側副韌帶 ── 腕尺側副韌帶
橈骨　　尺骨

軀幹的骨骼與關節

　　軀幹指的是身體的中心部位，大致上可以分成「脊柱」與「胸廓」。脊柱是由頸椎、胸椎、腰椎、薦骨、尾骨所構成，用來支撐頭部與軀幹。胸廓是由1塊胸骨與12對胸椎／肋骨所組成，用來保護肺部與心臟等器官。薦骨會形成骨盆，擔任著支撐身體的根基角色。

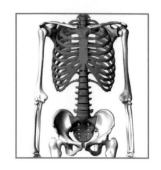

軀幹正面

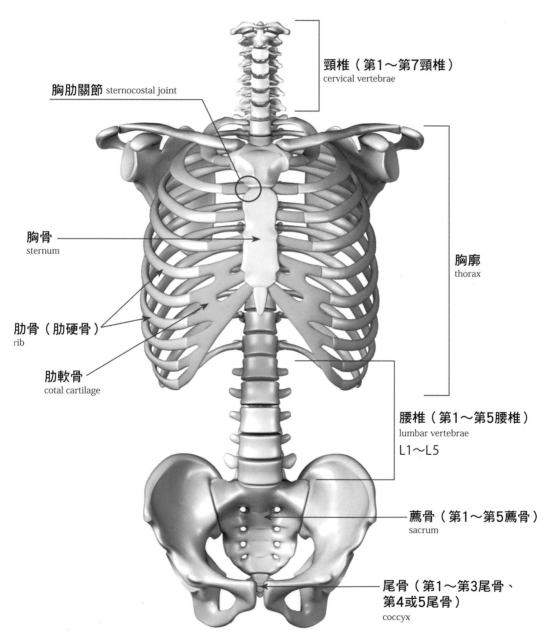

胸肋關節 sternocostal joint

頸椎（第1～第7頸椎）
cervical vertebrae

胸骨
sternum

胸廓
thorax

肋骨（肋硬骨）
rib

肋軟骨
cotal cartilage

腰椎（第1～第5腰椎）
lumbar vertebrae
L1～L5

薦骨（第1～第5薦骨）
sacrum

尾骨（第1～第3尾骨、第4或5尾骨）
coccyx

脊柱

頸椎：7塊、胸椎：12塊、腰椎：5塊、薦骨：
1塊（5塊薦椎）、尾骨：1塊（3～5塊尾椎）

胸廓

胸骨：1塊、胸椎：12塊、肋骨：12對

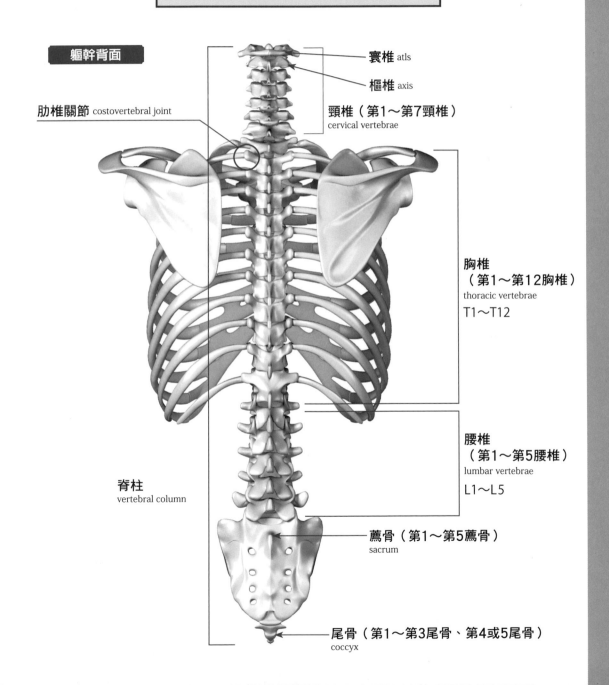

軀幹背面

寰椎 atls

樞椎 axis

肋椎關節 costovertebral joint

頸椎（第1～第7頸椎）
cervical vertebrae

胸椎
（第1～第12胸椎）
thoracic vertebrae
T1～T12

腰椎
（第1～第5腰椎）
lumbar vertebrae
L1～L5

脊柱
vertebral column

薦骨（第1～第5薦骨）
sacrum

尾骨（第1～第3尾骨、第4或5尾骨）
coccyx

脊柱的骨頭

■ 脊柱

位於背部中央，用來支撐身體的脊骨。由24塊具備可動性的椎骨（7塊頸椎、12塊胸椎、5塊腰椎），以及薦骨、尾骨所組成。各部位的椎骨會連接在一起，形成柱狀。上方與顱骨相連，下方與髖骨相連。

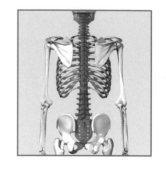

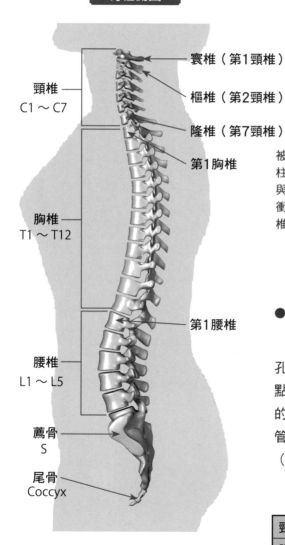

脊柱側面

寰椎（第1頸椎）

樞椎（第2頸椎）

隆椎（第7頸椎）

第1胸椎

頸椎
C1 ～ C7

胸椎
T1 ～ T12

第1腰椎

腰椎
L1 ～ L5

薦骨
S

尾骨
Coccyx

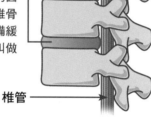

椎間盤

被纖維軟骨包覆的圓柱狀板，被夾在椎骨與椎骨之間，具備緩衝物的作用。也叫做椎間圓盤。

椎管

● 椎管

椎孔是被椎體與椎弓包圍起來的孔，椎孔互相重疊後，就會形成椎管。上部的起點是枕骨的枕骨大孔，在下部，會與薦骨的薦骨裂孔相連。內部有脊髓。不過，椎管最後會延伸到沒有獨立椎骨的薦骨部分（薦骨裂孔）。

簡稱

頸椎	C	cervical spine <vertebra>
胸椎	T	thoracic spine <vertebra>
腰椎	L	lumbar spine <vertebra>
薦骨	S	sacrum
尾骨		Coccyx

■ 頸椎

由脊柱上部的7塊脊椎骨所組成的「頸骨」。能夠讓頸部做出轉動與前後伸縮等動作，在脊柱當中，是可動性最高的骨頭，因此第1與第2頸椎擁有特殊的構造。

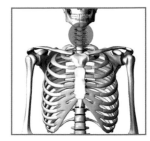

頸椎側面

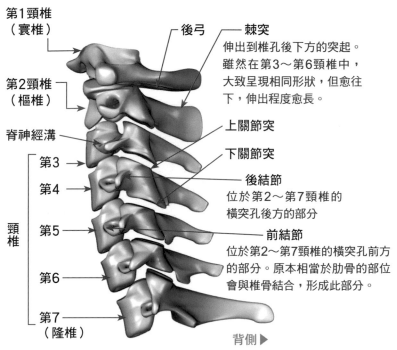

第1頸椎（寰椎）

後弓

棘突
伸出到椎孔後下方的突起。雖然在第3～第6頸椎中，大致呈現相同形狀，但愈往下，伸出程度愈長。

第2頸椎（樞椎）

脊神經溝

上關節突

下關節突

第3
第4

後結節
位於第2～第7頸椎的橫突孔後方的部分

頸椎

第5

前結節
位於第2～第7頸椎的橫突孔前方的部分。原本相當於肋骨的部位會與椎骨結合，形成此部分。

第6

第7（隆椎）

背側▶

◆ 椎骨

用來組成脊柱的各個骨頭。32～34塊脊椎骨會透過椎間盤來互相連接。在頸椎、胸椎、腰椎的24塊脊椎骨當中，除了第1、第2頸椎（寰椎與樞椎）以外，都擁有共通的構造。

第7頸椎（隆椎）頂面

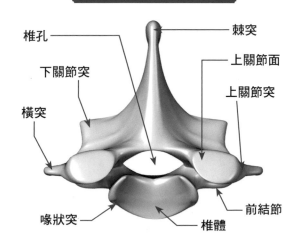

椎孔

棘突

下關節突

上關節面

上關節突

橫突

喙狀突

前結節

椎體

● 第7頸椎（隆椎）

從脊柱上面算起的第7個頸椎，也是位置最低的頸椎。在頸椎當中，棘突也很高大，並會形成類似底下胸椎的形狀。可動範圍很大，當我們彎曲頸部會隆起的部分就是這個頸椎。

寰椎、樞椎

■ 寰椎（第1頸椎）、Atlas／樞椎

　　寰椎是位於脊柱最上面的椎骨，沒有一般會位於椎骨中的椎體與棘突，呈現環狀，透過前後兩邊的弓與側片來支撐顱骨。由於頸部的拉丁文名稱叫做Cervix，而且寰椎是上面數過來的第1個頸椎，所以被簡稱為C1。從上面數過來的第二個頸椎叫做樞椎，其特徵為，從椎體的頭部側面朝上方突出的「齒突」。

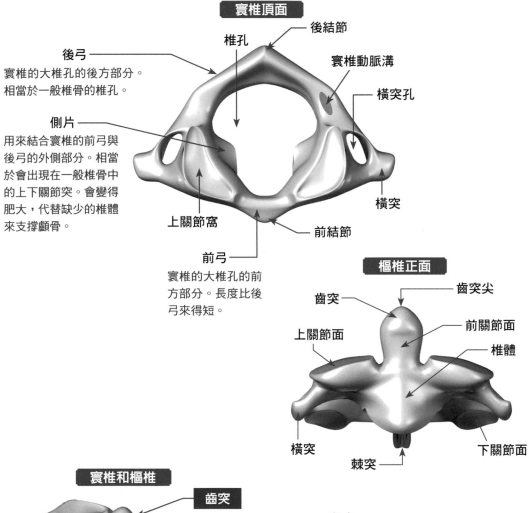

寰椎頂面

後結節

椎孔

後弓
寰椎的大椎孔的後方部分。
相當於一般椎骨的椎孔。

寰椎動脈溝

橫突孔

側片
用來結合寰椎的前弓與後弓的外側部分。相當於會出現在一般椎骨中的上下關節突。會變得肥大，代替缺少的椎體來支撐顱骨。

橫突

上關節窩

前結節

前弓
寰椎的大椎孔的前方部分。長度比後弓來得短。

樞椎正面

齒突尖

齒突

前關節面

上關節面

椎體

橫突

棘突

下關節面

寰椎和樞椎

齒突

寰椎

樞椎

● 齒突

　　齒突指的是，從椎體的頭部側面朝上方突出，且形狀有如犬齒般的突起部分。會和第1頸椎（寰椎）一起形成寰樞關節，有助於頭部的轉動。火葬後，收集骨灰時，被稱作「喉佛」的部位就是此樞椎。

脊椎的正確曲線（alignment）

　　由約30塊骨頭所組成的脊柱會畫出一道名為「生理上的彎曲」的平緩曲線。此曲線也是用來支撐很重的頭部。據說，理想的曲線為，薦骨的薦底與水平面之間呈現約30度的傾斜。如果持續採取不平衡的姿勢，生理上的彎曲就會變形，引發彎曲幅度很小的「平背」、胸椎後彎幅度很大的「駝背」、頸椎前彎幅度很小的「直頸症」等情況，導致肌肉、韌帶、骨頭、椎間盤等處受損。

脊柱的生理上的彎曲

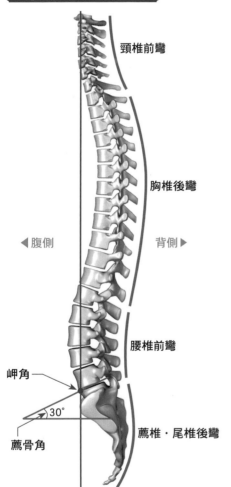

頸椎前彎

胸椎後彎

◀腹側　　　背側▶

腰椎前彎

岬角

30°

薦骨角

薦椎‧尾椎後彎

正確的曲線

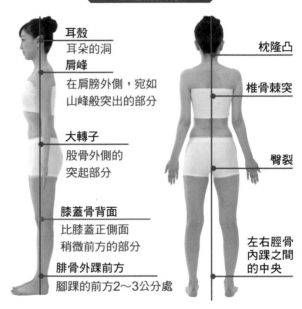

耳殼
耳朵的洞
肩峰
在肩膀外側，宛如
山峰般突出的部分

大轉子
股骨外側的
突起部分

膝蓋骨背面
比膝蓋正側面
稍微前方的部分

腓骨外踝前方
腳踝的前方2～3公分處

枕隆凸

椎骨棘突

臀裂

左右脛骨
內踝之間
的中央

● 朝向前方，筆直地站立。站立時，讓腳後跟貼地，腳尖則要稍微打開來。從側面觀看時，耳殼、肩峰、大轉子、膝蓋骨背面、腓骨外踝前方所連成的線條與地面垂直的話，姿勢就是正確的。

● 直頸症

　　正常的頸部骨頭會如同「く」字形般地緩緩彎曲。這種骨頭變成筆直的狀態叫做直頸症，會出現肩頸痠痛、偏頭痛等不適症狀，也被稱作「手機頸」。

直頸症

直頸症的
頸椎曲線

正確
曲線

■ 胸椎

連接頸椎的12塊脊椎骨。與肋骨、胸骨一起構成胸廓。透過位於側面的「肋凹」來連接肋骨。與其他椎骨相比，較為穩定。

胸椎整體圖（側面）

第1～12胸椎

- 上關節突
- 下關節突
- 橫突
- 橫突肋凹
- 椎間關節
- 棘突
- 椎間孔
- 橫突肋凹

上肋凹
下肋凹
椎體

◀ 腹側　　　　　背側 ▶

胸椎頂面

棘突
從椎弓的後方中央向下延伸的長突起。

椎弓板

椎弓
從椎體向後方延伸的拱門狀部分。可以分成椎弓根與椎弓板。

椎體

上關節突
從椎弓根部附近向上突出的一對突起。

橫突
從椎弓側面朝向左右兩邊的外側突出的一對突起。

椎弓根

椎孔
被椎體和椎弓包圍起來的孔。椎孔會連接上下兩邊的區域構成椎管，讓脊髓可以通過。

胸椎側面

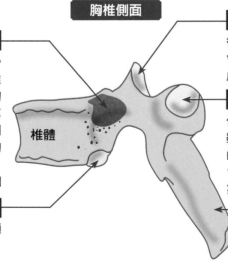

上肋凹
與位於椎體側面上方的肋骨相連的關節面。在第1胸椎中，呈圓形，在第2～第9胸椎椎體中，呈半圓形，在第10胸椎的上端中，可以看到半個凹孔。在第11、第12胸椎中，上下部分沒有區別，椎體側面的中央會形成一個肋凹。

椎體

下肋凹
與位於椎體側面下方的肋頭相連的關節面。

上關節突
從椎弓上方突出的一對突起。會與椎骨的下關節面相連，形成椎間關節。

橫突肋凹
位於橫突尖端部分的凹陷處。雖然是與肋骨的肋骨結節相連的關節面，但由於第11、第12肋骨很短，所以在第11、第12肋骨中沒有此部位。

棘突

■ 腰椎

位於胸椎下方（也就是所謂的腰部）的5塊脊椎骨。在脊椎骨當中，是形狀最大的骨頭。愈往下，椎體的寬度愈寬。在高度方面，則是第3、第4腰椎最高。當人在行走時，為了保持姿勢，所以腰椎會往前凸，形成一道弧線。在後方，會以椎體為中心，透過椎弓、棘突來進行連接。在前方與後方，則會透過椎弓根來進行連接。

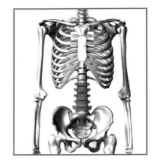

腰椎側面

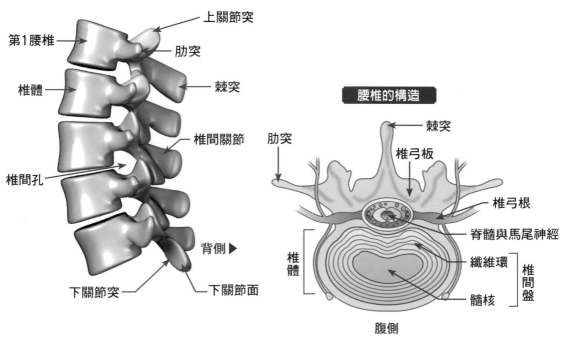

第1腰椎
上關節突
肋突
椎體
棘突
椎間關節
椎間孔
背側▶
下關節突
下關節面

腰椎的構造

棘突
肋突
椎弓板
椎弓根
脊髓與馬尾神經
椎體
纖維環
髓核
椎間盤
腹側

腰椎頂面

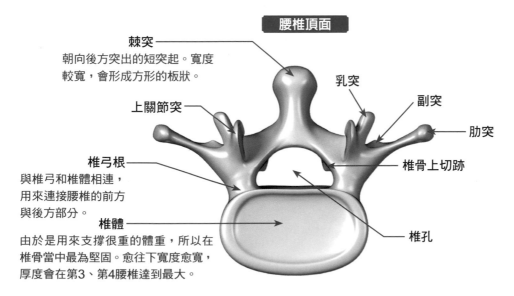

棘突
朝向後方突出的短突起。寬度較寬，會形成方形的板狀。
乳突
上關節突
副突
肋突
椎弓根
椎骨上切跡
與椎弓和椎體相連，用來連接腰椎的前方與後方部分。
椎體
由於是用來支撐很重的體重，所以在椎骨當中最為堅固。愈往下寬度愈寬，厚度會在第3、第4腰椎達到最大。
椎孔

■ 薦骨（薦椎）、尾骨（尾椎）

薦骨位於脊柱最下方，與腰椎相連。在新生兒體內，5塊薦椎原本是分離的，後來才癒合，形成薦骨。位於其下方的尾骨則是由3～5塊尾椎所癒合而成。在幼兒時期，尾骨是分離的，在長大成人後，尾骨也會與各尾骨間的部分以及薦骨癒合，並且會與髖骨一起構成骨盆。

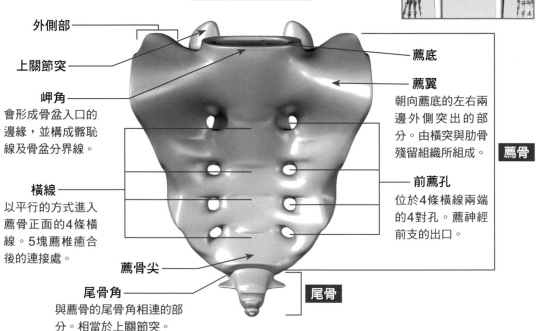

薦骨、尾骨正面

外側部

上關節突

岬角
會形成骨盆入口的邊緣，並構成髂恥線及骨盆分界線。

橫線
以平行的方式進入薦骨正面的4條橫線。5塊薦椎癒合後的連接處。

薦骨尖

尾骨角
與薦骨的尾骨角相連的部分。相當於上關節突。

薦底

薦翼
朝向薦底的左右兩邊外側突出的部分。由橫突與肋骨殘留組織所組成。

前薦孔
位於4條橫線兩端的4對孔。薦神經前支的出口。

薦骨

尾骨

薦骨、尾骨背面

耳狀面
在薦骨的側面中，上部較厚，下部會變得較薄。上部會形成寬度較大的耳狀面。與髖骨相連。

薦管
薦骨上端面後側相當於椎管的下端。這個三角形的孔就是此處的第1薦骨的椎孔。透過椎間孔，可以通往前／後薦孔。

薦骨粗隆

薦正中嵴

後薦孔
位於薦中間嵴外側的4對孔。薦神經後支會從此處出現。

薦骨角

薦骨裂孔

薦骨、尾骨側面

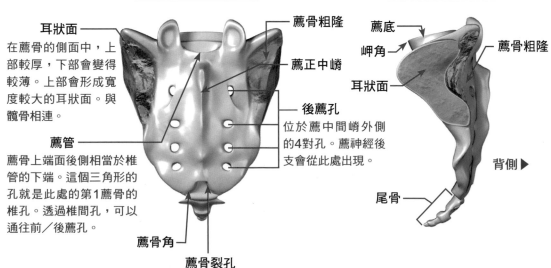

薦底

岬角

耳狀面

薦骨粗隆

背側▶

尾骨

胸廓的骨頭

胸廓指的是，位於軀幹上半部，用來保護心臟、肺臟等器官的骨頭。由12個胸椎、與各個胸椎相連的12對（24根）肋骨、位於胸部中央的胸骨所構成。這些部位各自擁有關節，藉由讓胸廓活動，就能完成呼吸運動這項重要作用。在呼吸運動中，胸腔的內壓會產生變化，肺部會收縮，讓人體進行呼吸。

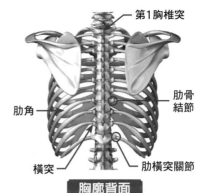

第1胸椎突

肋骨結節

肋角

橫突

肋橫突關節

胸廓背面

胸廓正面

胸椎

胸骨

肋骨（肋硬骨）

肋弓
由第7～第10肋骨的前部連結而成的弓狀線，會朝向下方隆起。

肋軟骨
用來連接肋骨與胸骨的軟骨。但第11、第12肋軟骨很短，只會包覆肋骨的末端，不會到達胸骨。

肋間隙
肋骨與肋骨之間的空間。愈往下，會變得愈狹窄，正面部分比後面來得寬。

胸骨下角
左右兩邊的肋弓夾住劍突上端而形成的部分。會製造出一個大約70～80度的角。

■ 胸骨

位於胸廓中央的縱長形扁平骨。上部稍微傾向前方，下部則稍微傾向後方。透過肋軟骨來連接肋骨。可以分成胸骨柄、胸骨體、劍突這3個部位。胸骨會透過肋骨來連接脊椎，構成胸廓。胸骨的另一項作用為，連接肩帶和軀幹。

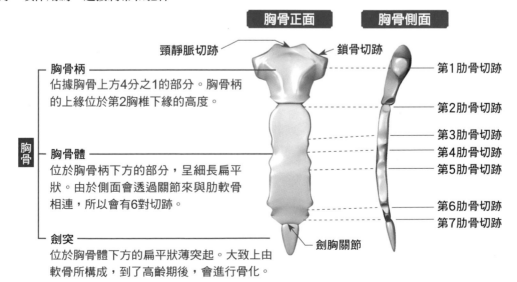

胸骨正面　**胸骨側面**

頸靜脈切跡　鎖骨切跡

第1肋骨切跡

胸骨柄
佔據胸骨上方4分之1的部分。胸骨柄的上緣位於第2胸椎下緣的高度。

第2肋骨切跡

胸骨體
位於胸骨柄下方的部分，呈細長扁平狀。由於側面會透過關節來與肋軟骨相連，所以會有6對切跡。

第3肋骨切跡
第4肋骨切跡
第5肋骨切跡

第6肋骨切跡
第7肋骨切跡

劍突
位於胸骨體下方的扁平狀薄突起。大致上由軟骨所構成，到了高齡期後，會進行骨化。

劍胸關節

胸骨

■ 肋骨

　　就是所謂的「肋部」。其作用在於，包覆與保護胸部內臟，對抗來自外部的衝擊。左右各有12根，合計24根。在後側，會各自連接相同編號的胸椎，在前側，則會透過肋軟骨來連接胸骨，藉此來構成胸廓。第1～第7肋骨叫做「真肋」，第8～第12肋骨則叫做「假肋」。第11與12肋骨特別被稱作「浮動肋骨（浮肋）」，在腹壁中呈現游離狀態。

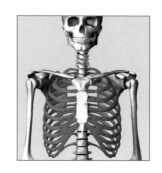

胸廓正面

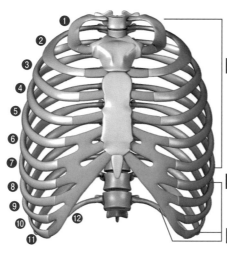

① ② ③ ④ ⑤ ⑥ ⑦ ⑧ ⑨ ⑩ ⑪ ⑫

真肋
第1～第7肋骨，附著在肋骨上的軟肋骨會直接連接胸骨。

假肋
第8以下的肋骨，軟肋骨要透過其他軟肋骨才能連接胸骨。也叫做偽肋。

浮動肋骨
第11、第12肋骨。在各肋骨當中，軟肋骨最短，無法到達胸骨。

肋骨後側面

肋頭關節面　　　肋頭
肋頸
肋骨體
肋骨結節
肋角

肋骨正面

肋頭　　　鎖骨下動脈溝
肋骨結節
前斜角肌結節

肋骨內側面（右）

肋骨體　　　肋頭嵴　　　肋頭
肋溝　　肋角　　肋頸嵴

胸廓的關節

　　以整體來看的話，胸廓是一個結構體。許多骨頭會構成關節，具備可活動性，對人體的運動來説，也具備重要作用。較大的關節為肋椎關節與胸肋關節。

■ 肋椎關節

位於12對肋骨與胸椎之間的關節，由肋頭關節與肋橫突關節這2個關節所構成。

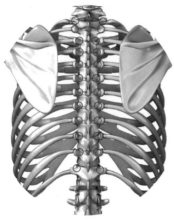

肋椎關節（胸廓背面）

12對○ 為肋椎關節

用來組成肋椎關節的2個關節

肋橫突關節

肋骨結節的關節部位與相同編號的胸椎橫突頂端部分之間的關節。在第11、第12肋骨中，沒有肋骨腔，且會形成韌帶聯合。

肋骨

肋頭關節

椎體

胸椎體的肋頭與肋凹之間的關節。關節被關節囊輕輕地包覆住，前方部分會透過輻肋頭韌帶來牢牢地連接椎骨。

■ 胸肋關節

　　第1～第7肋骨的前方會形成肋軟骨，透過此關節來連接胸骨的肋骨切跡。其中，第1肋骨會與胸骨直接相連，所以被稱為「胸肋軟骨聯合」。會透過輻肋頭韌帶來加強正面部分。在第7肋骨中，還有用來連接肋骨與劍突的肋劍突韌帶。

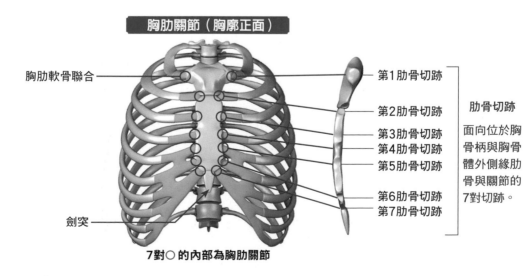

胸肋關節（胸廓正面）

胸肋軟骨聯合

第1肋骨切跡

第2肋骨切跡

第3肋骨切跡
第4肋骨切跡

第5肋骨切跡

第6肋骨切跡
第7肋骨切跡

劍突

肋骨切跡

面向位於胸骨柄與胸骨體外側緣肋骨與關節的7對切跡。

7對○ 的內部為胸肋關節

下肢的骨骼與關節

　　下肢骨大致上可以分成，與軀幹相連的「下肢帶」，以及與下肢帶相連的「自由下肢骨」。下肢帶是由3塊骨頭所構成的骨盆髖骨。自由下肢骨包含了股骨、小腿、趾骨這3個部分的骨頭。在關節部分，包含了髖關節、膝關節、足部關節等。

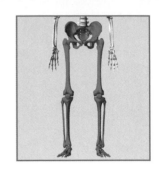

下肢正面

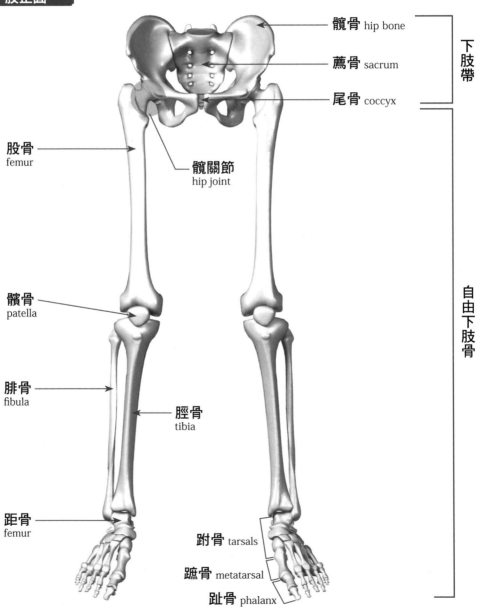

髖骨 hip bone
薦骨 sacrum
尾骨 coccyx

下肢帶

股骨 femur
髖關節 hip joint

自由下肢骨

髕骨 patella

腓骨 fibula
脛骨 tibia

距骨 femur

跗骨 tarsals
蹠骨 metatarsal
趾骨 phalanx

＊薦骨與尾骨原本不屬於下肢

下肢帶的骨頭　髖骨（髂骨、坐骨、恥骨）

自由下肢骨
股骨、髕骨、脛骨、腓骨、跗骨、蹠骨、趾骨

下肢背面

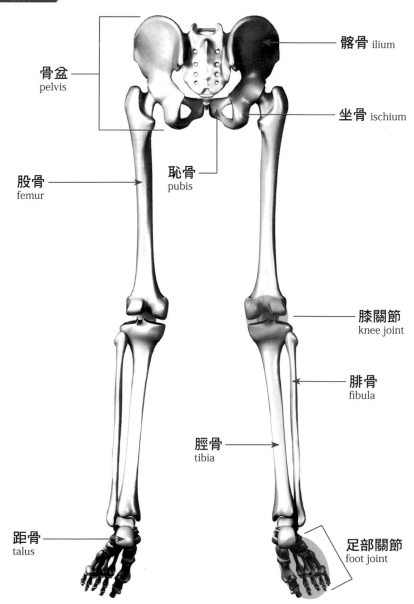

髂骨 ilium

坐骨 ischium

骨盆
pelvis

恥骨
pubis

股骨
femur

膝關節
knee joint

腓骨
fibula

脛骨
tibia

距骨
talus

足部關節
foot joint

下肢帶骨

■ 骨盆

　　位於身體中心部位的骨骼，用來連接上半身與下半身，由左右兩邊的髖骨、後方中央的薦骨、其下方的尾骨所組成。可以分成「大骨盆」和「小骨盆」。如果因為生活習慣而導致骨骼偏移的話，就會影響全身，使身體各部位產生歪斜，造成身體不適。在英文中，骨盆叫做「pelvis」。

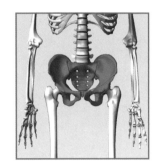

骨盆頂面①

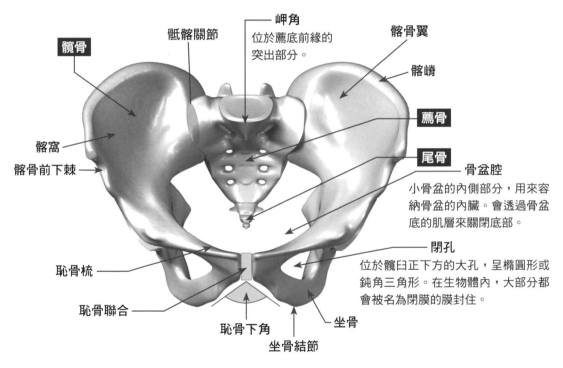

髖骨

骶髂關節

岬角
位於薦底前緣的突出部分。

髂骨翼

髂嵴

薦骨

尾骨

骨盆腔
小骨盆的內側部分，用來容納骨盆的內臟。會透過骨盆底的肌層來關閉底部。

閉孔
位於髖臼正下方的大孔，呈橢圓形或鈍角三角形。在生物體內，大部分都會被名為閉膜的膜封住。

髂窩

髂骨前下棘

恥骨梳

恥骨聯合

恥骨下角

坐骨結節

坐骨

骨盆的作用

● 骨盆位於身體的中心部分，能夠連接上半身與下半身，並支撐上半身。

● 保護內臟與生殖器。

● 走路時，能夠吸收從腳部傳來的衝擊。

● 坐下時，能夠支撐身體。

■ 大骨盆與小骨盆

透過骨盆分界線，可以將骨盆分成大骨盆和小骨盆。

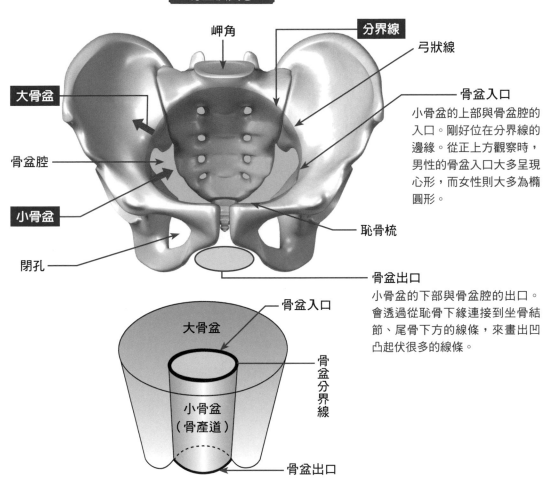

骨盆頂面②

岬角

分界線

弓狀線

大骨盆

骨盆入口

小骨盆的上部與骨盆腔的入口。剛好位在分界線的邊緣。從正上方觀察時，男性的骨盆入口大多呈現心形，而女性則大多為橢圓形。

骨盆腔

小骨盆

恥骨梳

閉孔

骨盆出口

小骨盆的下部與骨盆腔的出口。會透過從恥骨下緣連接到坐骨結節、尾骨下方的線條，來畫出凹凸起伏很多的線條。

骨盆入口

大骨盆

骨盆分界線

小骨盆（骨產道）

骨盆出口

◆ 分界線

從位於薦骨上緣前端的岬角出發，經過髂骨的弓狀線、恥骨梳，與恥骨聯合的上緣相連的山脊線。也被稱作髂恥骨線，此線條所圍起來的面很接近平面。

◆ 大骨盆

分界線以上的部分。屬於腹腔的下部，用來容納腹部的內臟。

◆ 小骨盆

分界線以下的部分。被恥骨、坐骨、髂骨包圍住，其內側的骨盆腔中含有泌尿器官、生殖器官、消化器官等骨盆內臟。小骨盆是狹義上的骨盆，在英文中也叫做true pelvis。

■ 骨盆的徑線

在產科中，骨盆尺寸的測量對於了解骨盆的大小，判斷孕婦分娩時，胎兒的頭是否能通過產道這一點來說，是很重要的。在骨盆中，骨盆腔各部分的2點間直線（也就是徑線）有相關規定。產科醫師尤其會根據骨盆的前後徑當中最為狹窄的「真結合徑」的寬度來判斷是否能進行陰道分娩（自然順產）。

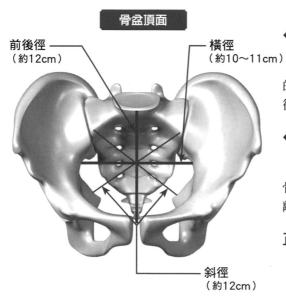

骨盆頂面

前後徑（約12cm）　橫徑（約10～11cm）　斜徑（約12cm）

◆ 前後徑

肚子的前後長度。依照測量方式，小骨盆腔的前後徑包含了「真結合徑」、「對角結合徑」、「解剖學直徑」等。

◆ 橫徑

在骨盆入口中，是分界線間的最長距離。在骨盆出口中，指的則是坐骨結節間的最長距離。骨盆入口的橫徑約為13公分。

正常的情況　前後徑：橫徑＝1：1.5

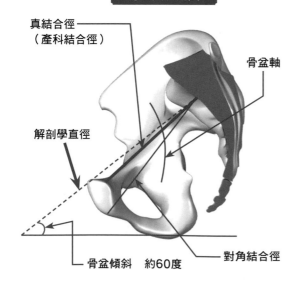

骨盆矢狀剖面

真結合徑（產科結合徑）　骨盆軸　解剖學直徑　對角結合徑　骨盆傾斜　約60度

● 真結合徑（產科結合徑）

連接位於恥骨聯合背面的恥骨後隆起與岬角的最短距離。由於在骨盆腔的正中直徑當中最短，會被當成用來判斷「胎兒頭部是否能通過產道」的基準，所以也被稱作產科結合徑。平均長度約為11公分，若在9公分以下的話，就會被稱作骨盆狹窄。

● 解剖學直徑

連接岬角中點與恥骨聯合上緣中點的直線距離。是骨盆入口附近的縱向直徑，比真結合徑稍微長一點。

● 對角結合徑

連接岬角中點與恥骨聯合下緣中點的直線距離。約為12.5～13公分。

■ 骨盆的男女差異

在骨骼當中，骨盆是性別差異最大的骨頭。這是因為，女性的骨盆中含有子宮、卵巢等女性特有的器官，在生產時胎兒會通過骨盆腔。雖然在10歲左右前，其形狀幾乎沒有差異，但由於隨著身體的成長，在女性的骨盆中，髂骨翼的寬度會變大，岬角在成長時不會過於突出，所以與男性相比，會形成「橫向較寬，縱向較短」的形狀。另一方面，男性的骨盆很健壯，薦骨的岬角會朝前方突出。另外，關於用來構成恥骨聯合下方部分的恥骨下角的角度，男性約為60度，女性約為80度。女性的角度較大這一點也是較大的差異之一。

女性的骨盆會變成「生產時嬰兒比較容易通過」的構造。

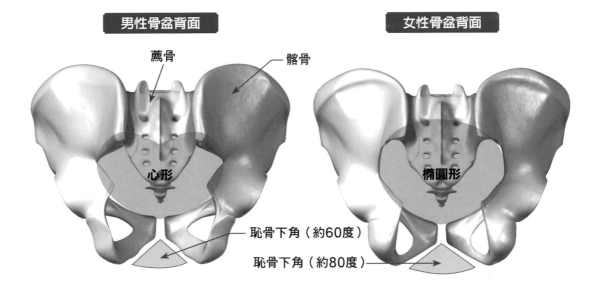

男性骨盆背面　　　　　　　女性骨盆背面

薦骨　　　髂骨

心形　　　橢圓形

恥骨下角（約60度）
恥骨下角（約80度）

男女的骨盆差異

	骨盆整體	恥骨下角	小骨盆入口
女	較低且寬敞（橫型）	鈍　角	橢圓形
男	較高且狹窄（縱型）	銳　角	心形

骨盆的開閉與身體的歪斜

據說，由於女性的肌肉比男性少，不易維持正確姿勢，所以身體比較容易出現歪斜，而且骨盆的開閉也是一大原因。成年後，骨盆會根據時間與季節等週期而打開或關閉，女性的情況尤其如此。接近排卵期時，骨盆會開始關閉，接近下次月經時，骨盆則會打開，月經週期對骨盆的影響很大。骨盆的柔軟度容易導致身體出現歪斜。

■ 髖骨

用來連接軀幹與自由下肢骨的成對骨頭，呈現厚板狀，會形成左右兩側的壁。相當於所謂的「臀部」的部分，與薦骨、尾骨一起構成骨盆。原本是由髂骨、坐骨、恥骨這3種扁骨所構成，成年後，這些骨頭就會癒合，形成一塊髖骨。

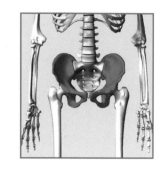

髖骨外側面（右）

髂骨翼
從髂骨體往上方擴展的扁平部分。

髂骨

坐骨

閉孔

恥骨

月狀面
髖臼的關節面。被軟骨包覆，與股骨頭相連。由於形狀類似半月形，所以因而得名。

髖臼凹
位於髖臼的底面，與股骨頭韌帶相連的凹陷部分。表面粗糙，上部偶爾會變薄。

髖臼切跡
位於髖臼邊緣的下方，月狀面的殘缺部分。股骨頭韌帶、血管、神經等會通過此處。

髖臼

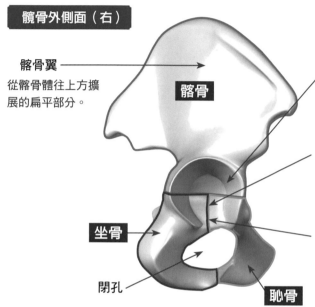

髂窩
位於髂骨翼內側的前方。表面有些微凹陷且髂肌產生於此處，因而得名。表面凹凸不平的髂骨翼後方3分之1被稱作薦骨盆面。

髂骨內側面（右）

髂骨前上棘

髂骨前下棘

弓狀線
位於髂窩的下緣、髂骨體、髂骨翼的交界處，從耳狀面前緣附近朝前下方分布。

髂骨粗隆

耳狀面
髂窩後方，與薦骨耳狀面接觸的耳狀關節面。

髂後上棘

髂後下棘

● 髖臼

位於外側面的中央部分稍微下方的深凹陷處。是髂骨、坐骨、恥骨癒合後所形成的部分，位於股骨前端的股骨頭韌帶，會附著在髖臼切跡上，形成髖關節。

◆ 髂骨

用來構成髖骨上部。扇狀的髂骨翼會在髖臼附近的厚實髂骨體上方擴展開來。在人體中，擁有最多用來造血的骨髓。以成年人來說，大約有一半的血液都是在髂骨中製造出來的。

◆ 坐骨

位於髖骨的後下部，從下後方把閉孔包圍住的骨頭。左右成對，可分成坐骨體與坐骨枝。坐下時，能用來支撐軀幹，當人體呈坐姿時，坐骨結節會承受體重。

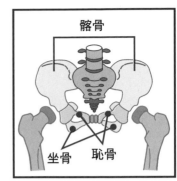

髂骨

坐骨　恥骨

坐骨／恥骨外側面（右）

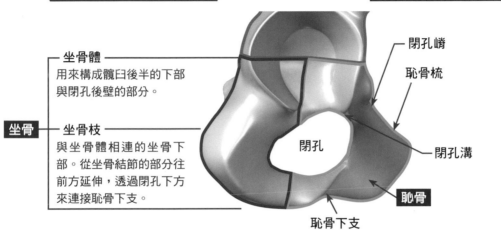

坐骨體
用來構成髖臼後半的下部與閉孔後壁的部分。

坐骨

坐骨枝
與坐骨體相連的坐骨下部。從坐骨結節的部分往前方延伸，透過閉孔下方來連接恥骨下支。

閉孔崤
恥骨梳
閉孔溝
閉孔
恥骨
恥骨下支

◆ 恥骨

位於髖骨前方中央的左右成對骨頭。在中央部分透過恥骨聯合來相連，把閉孔圍住。可以分成恥骨體與恥骨支（上支／下支）。

恥骨內側面（右）

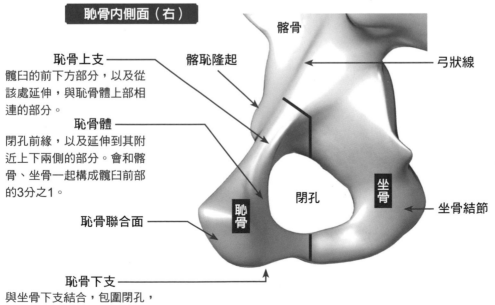

恥骨上支
髖臼的前下方部分，以及從該處延伸，與恥骨體上部相連的部分。

恥骨體
閉孔前緣，以及延伸到其附近上下兩側的部分。會和髂骨、坐骨一起構成髖臼前部的3分之1。

恥骨聯合面

恥骨下支
與坐骨下支結合，包圍閉孔，形成閉孔下緣的前半部。

髂骨
髂恥隆起
弓狀線
閉孔
恥骨
坐骨
坐骨結節

自由下肢骨

■ 股骨（大腿骨）

也就是所謂的「大腿」，從大腿根部到膝蓋的骨頭。長度約為身高的4分之1，是人體中最長的管狀骨。大致呈球狀的上端會透過髖關節來連接骨盆，又粗又寬的下端則會透過膝關節來連接脛骨。在支撐體重與行走時，會發揮重要作用。

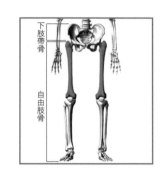

股骨正面（右）

大轉子
位於股骨頭上外側的大突起。與臀中肌、臀小肌、梨狀肌等用來活動髖關節的肌肉相連。

轉子間線
（粗隆間線）

股骨體
用來構成股骨的長骨幹的部分。雖然中央部分大致呈現圓柱狀，但上下約4分之1處則會變得較扁平，接近橢圓柱狀。會稍微地從外側朝往內側傾斜。

股骨頭
從股骨體延伸到內側的上端部分。擁有大致呈球狀的大關節面，會嵌進髖骨的髖臼中，形成髖關節。

股骨頸

小轉子
位於股骨頸下內側後方的小突起。與髂腰肌相連。

外上髁
髕骨面
內收肌結節
內上髁

股骨背面（右）

粗線
在股骨背面的中央部分，縱向分布的2條凹凸不平的線條。可以分成內側唇（內側）與外側唇（外側），兩者皆會在上方與下方分成兩條。

外側唇
內側唇

股骨頭窩
股骨頭
轉子窩
轉子間嵴
臀肌粗隆

膕面
在股骨下端的背面、內髁與外髁的上方，有一個被外側髁上線與內側髁上線夾住的長三角形部分。此部分會製造出一個平坦的面。

髁間線
內收肌結節
內上髁

外上髁
延伸到外髁上方的突出部分。

外髁
髁間窩

內髁
在位於股骨下部（遠端部位）擴展得很大的下端的2個圓形突起當中，凸面的突出程度較大，且位於內側的部位就是內髁。前十字韌帶附著在此處。

■ 脛骨

在用來構成小腿的2根骨頭當中，位於內側的脛骨呈三角形橫剖面，是人體中第2長的長骨。與腓骨一起構成從膝蓋到腳踝的部分，能夠支撐體重。其前緣以及前內側面經常會接觸到皮下，並以「迎面骨」這個名稱而為人所知。

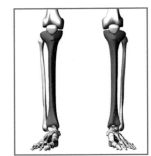

脛骨正面

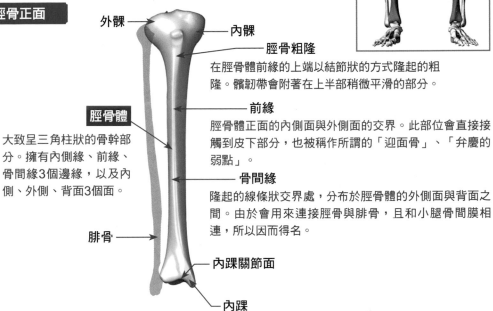

外髁

內髁

脛骨粗隆
在脛骨體前緣的上端以結節狀的方式隆起的粗隆。髕韌帶會附著在上半部稍微平滑的部分。

脛骨體
大致呈三角柱狀的骨幹部分。擁有內側緣、前緣、骨間緣3個邊緣，以及內側、外側、背面3個面。

前緣
脛骨體正面的內側面與外側面的交界。此部位會直接接觸到皮下部分，也被稱作所謂的「迎面骨」、「弁慶的弱點」。

骨間緣
隆起的線條狀交界處，分布於脛骨體的外側面與背面之間。由於會用來連接脛骨與腓骨，且和小腿骨間膜相連，所以因而得名。

腓骨

內踝關節面

內踝

脛骨背面

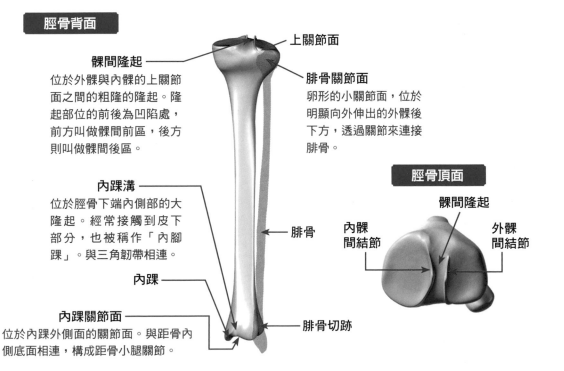

上關節面

髁間隆起
位於外髁與內髁的上關節面之間的粗隆的隆起。隆起部位的前後為凹陷處，前方叫做髁間前區，後方則叫做髁間後區。

腓骨關節面
卵形的小關節面，位於明顯向外伸出的外髁後下方，透過關節來連接腓骨。

內踝溝
位於脛骨下端內側部的大隆起。經常接觸到皮下部分，也被稱作「內腳踝」。與三角韌帶相連。

腓骨

內踝

脛骨頂面

髁間隆起

內髁間結節

外髁間結節

內踝關節面
位於內踝外側面的關節面。與距骨內側底面相連，構成距骨小腿關節。

腓骨切跡

■ 腓骨

　靜止不動的三角狀骨，位於小腿外側。長度約與脛骨相同，其特徵在於，在長骨當中是最細的骨頭，且具有彈性。腓骨的作用為，吸收走路時的衝擊，以及讓足部關節朝各種方向活動。

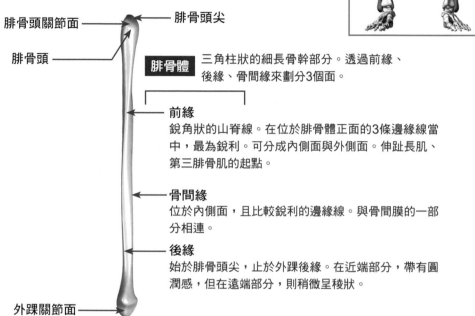

腓骨正面

腓骨頭關節面

腓骨頭

腓骨頭尖

腓骨體　三角柱狀的細長骨幹部分。透過前緣、後緣、骨間緣來劃分3個面。

前緣
銳角狀的山脊線。在位於腓骨體正面的3條邊緣線當中，最為銳利。可分成內側面與外側面。伸趾長肌、第三腓骨肌的起點。

骨間緣
位於內側面，且比較銳利的邊緣線。與骨間膜的一部分相連。

後緣
始於腓骨頭尖，止於外踝後緣。在近端部分，帶有圓潤感，但在遠端部分，則稍微呈稜狀。

外踝關節面

腓骨背面

腓骨頸
腓骨頭與腓骨體之間的部分。

內側嵴
從腓骨的骨間緣下方3分之1處朝向腓骨頭後端分布的隆起線。可分成內側面與背面。

外踝溝

腓骨頭
腓骨上端的隆起部分，擁有3個結節。正面為伸趾長肌、腓骨長肌的起點，後面為一部分比目魚肌的起點，外側面與股二頭肌相連。

外踝窩
位於外踝關節面後方的小凹陷處。與腳踝關節有關聯的距腓後韌帶會附著在此處。

外踝
朝著腓骨的下端與外側伸出的突出部分。被稱作所謂的「外腳踝」。

■ 髕骨（膝蓋骨）

　髕骨原本產生於股四頭肌的肌腱之中，是人體內最大的種子骨。髕骨與股骨之間會形成髕股關節，表面被軟骨包覆著。膝關節會與各種肌肉、肌腱、韌帶相連，具備保護膝蓋正面的作用，能夠一邊維持穩定性，一邊讓膝蓋能夠進行屈伸運動。

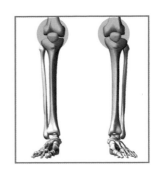

髕骨正面

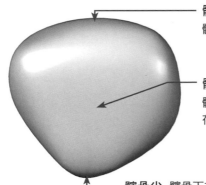

髕骨底
髕骨上端的平坦曲面部分。與股四頭肌（股直肌、股中間肌）相連。

髕骨正面
髕骨正面會微微隆起，表面粗糙，存在許多小孔。

髕骨尖　髕骨下方的尖銳部分。與髕韌帶相連。

用來保護髕骨的各種肌肉、肌腱、韌帶

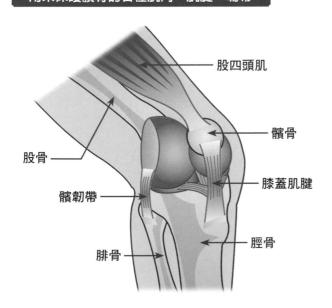

股四頭肌

股骨

髕骨

髕韌帶

膝蓋肌腱

腓骨

脛骨

髕骨的位置

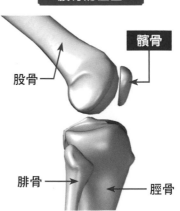

髕骨

股骨

腓骨

脛骨

■ 足骨

足部關節前方的足骨，是由連接脛骨、腓骨的7塊跗骨，與其前方的5塊蹠骨，以及位於末端的14塊趾骨所構成。藉由像這樣地詳細劃分骨頭，就能讓足部進行流暢的動作，但如果沒有時常活動骨頭的話，骨頭的動作就會變得僵硬，無法正確地活動。

解剖學中的足部分區

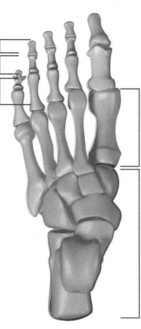

趾骨
- 遠節趾骨
- 中節趾骨
- 近節趾骨

在足骨中，指的是近節趾骨、中節趾骨、遠節趾骨。不過，雖然拇趾以外的腳趾都是由近節趾骨、中節趾骨、遠節趾骨這3種骨頭所構成，但在拇趾中只有一個關節。也叫做「趾節骨」。

蹠骨
與趾骨相連的骨頭，從內側（拇趾側）算起，依序為第1～第5蹠骨。從遠端算起，可分成頭部、骨幹、基部這3個部分。第1蹠骨最粗且最短。

跗骨
腳的後半部，用來構成腳踝、腳後跟的骨頭總稱。由7塊骨頭構成。

腳底的弧形

❶ 縱向足弓

包含縱向分布於足部內側且會形成足弓的「內側縱向足弓」，以及分布於外側的「外側縱向足弓」。

❷ 橫向足弓

腳底的橫向弧形看起來像蹠骨頭的線條。

❸ 足底筋膜

從腳趾根部到腳後跟部分的骨頭，宛如薄膜般貼在腳底，也被稱作腱組織。

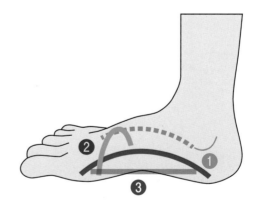

● 腳底弧形的作用在於支撐身體，以及保護足部不受外力衝擊影響。腳底有3條弧線，其中一條位於內側的足弓是最大的縱向弧線。而沒有足弓的腳叫做「扁平足」，由於沒有緩衝物，所以腳會容易疲倦，長時間走路的話，腳底就會疼痛。

■ 跗骨

足骨背面（右）

外側楔骨
舟狀骨與蹠骨之間的3塊楔形短骨當中，位於外側的骨頭。透過關節來連接舟狀骨與第3蹠骨。與內側楔骨、中間楔骨、骰骨一起形成遠側跗骨。

中間楔骨
位於3塊楔骨的正中央，透過關節來連接舟狀骨與第2蹠骨。在楔骨當中，是最小的骨頭。

內側楔骨
此楔骨位於內側，位置在舟狀骨與第1蹠骨之間。在楔骨中最大的骨頭。

骰骨
位於外側楔骨的外側，也就是遠側跗骨的最外側。透過關節來連接跟骨與第4、第5蹠骨。

舟狀骨
跗骨之一，透過關節來連接距骨頭與3個楔骨。前後方呈扁平狀，與楔骨連接的面為凸面，在距骨頭側，則會變成凹面。

距骨頭

距骨頸

距骨體

距骨

跟骨
在跗骨當中，是最大的骨頭。位於距骨下方與骰骨後方。也就是被稱作「腳後跟」的骨頭。會明顯地朝後方伸出。

位於跟骨上方，在跗骨當中，位置最高。會與其他的跗骨和小腿的骨頭相連。可分成距骨頭、距骨頸、距骨體3個部位。

足骨底面（右）

遠節趾骨

中節趾骨

近節趾骨

種子骨
出現在肌腱或與肌腱沾黏的關節囊中的骨片。在足部中第1蹠骨頭的足底面會出現2個種子骨，第1近節趾骨的蹠面則會出現1個。

楔骨

腓骨長肌腱溝
在大致位於外側部中央的腓骨肌滑車的正下方斜向分布的溝。腓骨長肌的肌腱會通過此處。

舟狀骨

載距突
位於跟骨內側的突起，會把中距骨關節面放在頂面，並透過關節來連接距骨。

骰骨

跟骨

跟骨結節
在跟骨的後半部，朝後方突出一大截的部分。背面與阿基里斯腱相連。

143

足骨外側面

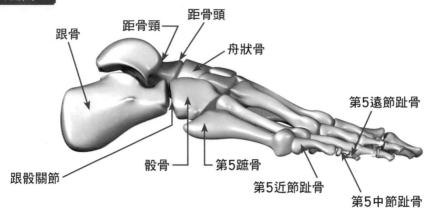

跟骨

距骨頸　距骨頭

舟狀骨

第5遠節趾骨

跟骰關節　骰骨　第5蹠骨　第5近節趾骨　第5中節趾骨

足骨內側面

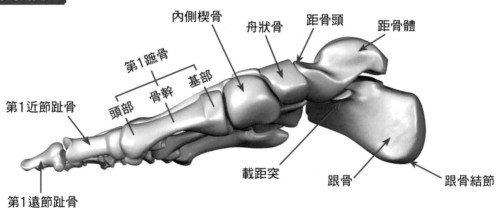

內側楔骨　舟狀骨　距骨頭　距骨體

第1蹠骨

第1近節趾骨　頭部　骨幹　基部

第1遠節趾骨

載距突　跟骨　跟骨結節

跟骨頂面

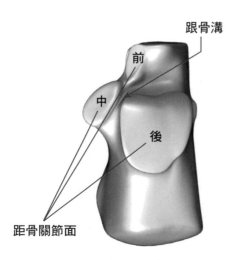

跟骨溝

前

中

後

距骨關節面

距骨頂面

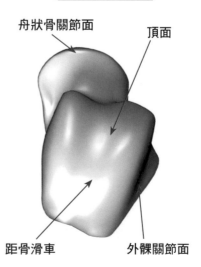

舟狀骨關節面　頂面

距骨滑車　外髁關節面

下肢的關節與韌帶

■ 髖關節

　　髖關節是由骨盆的髖臼與股骨的股骨頭所構成的大型關節，用來連接骨盆與下肢。髖臼是髖骨的外側部分，位於髂骨、坐骨、恥骨緊貼在一起的部分，作為纖維性軟骨的關節唇會包圍邊緣部分，形成很深的凹陷處。股骨頭是股骨上端朝內側伸出的球狀部分，髖臼會藉由將約5分之4的骨頭包覆住，來使關節維持穩定。關節軟骨會附著在關節上，充滿滑液的滑膜會包覆其周圍，形成關節囊。

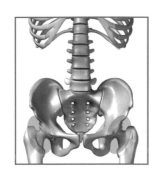

髖關節

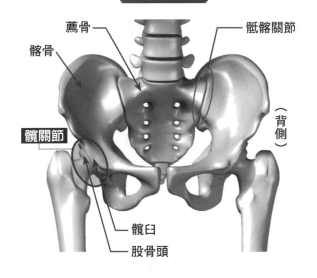

薦骨
髂骨
髖關節
髖臼
股骨頭
骶髂關節
（背側）

◆ 髖關節的特徵

　　當人在走路或跑步時，雖然膝關節與足部關節也會一起支撐身體，但發揮最大作用的是髖關節。其動作很複雜，會形成立體構造的球窩關節，發揮緩衝物的作用，吸收來自各個方向的力量。當身體大幅彎曲時，以及進行腳部的迴旋運動時，此關節也會發揮作用。不過，其特徵為在於，與肩關節相比，可動範圍較小。

髖關節矢狀面

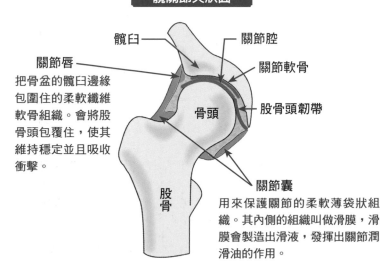

髖臼
關節唇
把骨盆的髖臼邊緣包圍住的柔軟纖維軟骨組織。會將股骨頭包覆住，使其維持穩定並且吸收衝擊。
骨頭
股骨
關節腔
關節軟骨
股骨頭韌帶
關節囊
用來保護關節的柔軟薄袋狀組織。其內側的組織叫做滑膜，滑膜會製造出滑液，發揮出關節潤滑油的作用。

■ 骶髂關節

位於骨盆的薦骨（骶骨）與髂骨之間的關節。薦骨側面的耳狀面與髂骨的耳狀面所形成的重要關節，用來連接腿部與軀幹。為了支撐上半身的重量，並承受來自地面的衝擊，所以其周圍會被好幾層堅固的韌帶所包覆。薦骨與髂骨的接觸面會被纖維軟骨包覆，一般來說，可動範圍很小，無論男女老幼，此部位都被視為腰痛的主要原因之一。

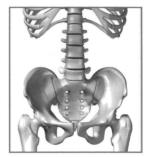

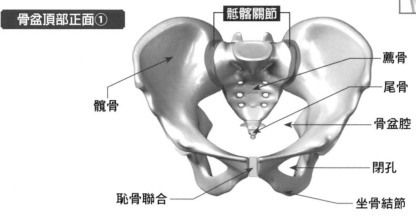

骨盆頂部正面①

骶髂關節

髂骨

薦骨

尾骨

骨盆腔

閉孔

恥骨聯合

坐骨結節

■ 髖關節的韌帶

髖關節以及用來支撐髖關節的韌帶，是最大且最結實的。在髖關節中，3分之2的髖骨頭會被髖臼包覆住，關節囊也會透過強韌的韌帶來提升強度。在維持身體穩定性與支撐體重方面，此韌帶會發揮重要作用。

骨盆背面

棘上韌帶
強韌的纖維狀韌帶，從第7頸椎的棘突連接到薦骨棘突的前端。

骶髂後韌帶
從薦骨粗隆的後方、薦外側嵴分布到髂骨的薦骨盆面邊緣的帶狀纖維束。

薦結節韌帶
強韌的三角形韌帶，始於坐骨結節，在內側上方以扇形的方式擴散，與髂後下棘、薦骨下半部的外側緣相連。

尾骨

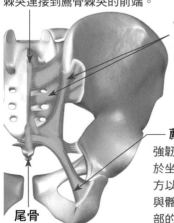

髖關節外側面（右）

骶髂後韌帶

髂嵴

坐股韌帶

薦棘韌帶

薦結節韌帶

股骨

大轉子

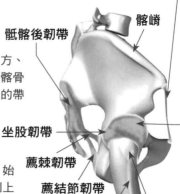

鼠蹊韌帶
從骨盆的恥骨、恥骨結節分布到髂骨、髂骨前上棘的韌帶。股動脈／靜脈、淋巴管、股神經等會通過這條鼠蹊帶與恥骨、髂骨之間。

髂股韌帶
強韌的三角形韌帶始於髂骨前下棘、髖臼上緣，止於轉子間線。在人體中是最大的韌帶，能防止上半身朝髖關節後方傾倒。

■ 膝關節

　　膝關節由股骨、脛骨、髕骨所構成，是人體內最大的樞紐關節。當我們在進行走路、上下樓梯、站立、坐下等日常生活的動作時，膝關節會發揮非常重要的作用。

◆ 脛股關節

　　由股骨與脛骨所構成的關節。股骨下端的凸狀內髁／外髁，與脛骨上端的平坦內髁／外髁，會透過關節來連接，而且軟骨會包覆各個關節面。雖然骨骼支撐力較低，但透過名為半月板的纖維性軟骨組織，就能夠增加接觸面積，並且藉此來分散負荷與提昇穩定性。

膝關節面的種類

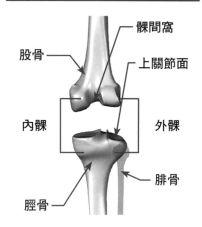

與膝關節有關的部位（背面）

髁間窩
股骨
上關節面
內髁　外髁
腓骨
脛骨

股骨
脛股關節　髕股關節
髕骨
脛骨粗隆
脛骨
腓骨
脛腓關節

◆ 髕股關節

　　由股骨髁間窩與髕骨關節面所構成的關節，會與股四頭肌、股四頭肌腱、髕骨、髕韌帶、脛骨粗隆一起構成「膝蓋伸展機制」。另外，脛腓關節位於小腿，用來連接腓骨與脛骨，雖然此關節不被包含在膝關節內，與膝蓋的運動也沒有直接關聯，但作為與膝關節相關的韌帶或肌肉的附著部位，會發揮重要的作用。

◆ 膝蓋的伸展原理

　　髕骨（膝蓋骨）一般被稱作「膝蓋的盤子」。在控制彎曲、伸長（伸展）膝蓋的動作時，髕骨會負責不可或缺的作用。也就是說，在髕股關節的運動中，股四頭肌會收縮，把髕骨往上拉，並牽引髕韌帶，讓膝關節伸展。人們認為，藉由髕骨就能更有效率地，將膝下韌帶牽引脛骨的力量轉變為運動。據說，如果沒有髕骨的話，收縮力就必須增加20%以上才行。

膝蓋的伸展原理

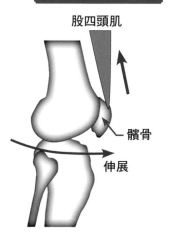

股四頭肌
髕骨
伸展

■ 膝關節的韌帶

　　膝關節是由股骨、脛骨、髕骨這3種骨頭所構成。這些骨頭的關節面很平坦且不穩定。為了補足那些缺點，所以會有許多條韌帶。外側副韌帶與內側副韌帶會發揮特別重要的作用。

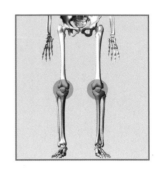

膝關節背面（右）

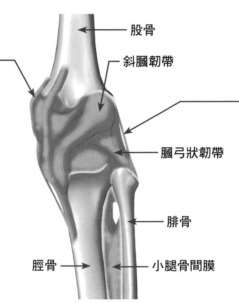

股骨

內側副韌帶
平板狀的韌帶，始於股骨內上髁，止於脛骨內髁上緣以及內側半月板周圍。從內側來支撐膝蓋。

斜膕韌帶

外側副韌帶
始於股骨外上髁，止於腓骨頭。透過圓柱形的纖維束來強化膝蓋外側。此韌帶的下部會離開關節囊，膕肌肌腱、股二頭肌肌腱的一部分會通過中間的空隙。

膕弓狀韌帶

腓骨

脛骨

小腿骨間膜

膝關節外側面（右）

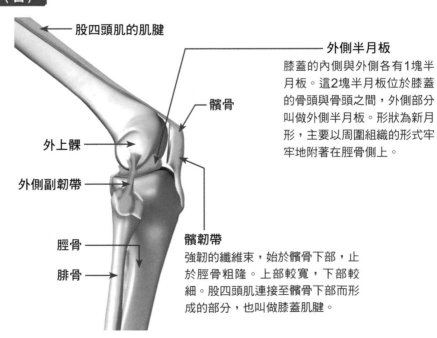

股四頭肌的肌腱

外側半月板
膝蓋的內側與外側各有1塊半月板。這2塊半月板位於膝蓋的骨頭與骨頭之間，外側部分叫做外側半月板。形狀為新月形，主要以周圍組織的形式牢牢地附著在脛骨側上。

髕骨

外上髁

外側副韌帶

脛骨

腓骨

髕韌帶
強韌的纖維束，始於髕骨下部，止於脛骨粗隆。上部較寬，下部較細。股四頭肌連接至髕骨下部而形成的部分，也叫做膝蓋肌腱。

足部關節與韌帶

足部有許多關節，這些關節是由7塊跗骨、5塊蹠骨、14塊趾骨所構成，大致上可以分成「上跳躍關節（距骨小腿關節）」與「下跳躍關節」。

另外，還有跗橫關節（距舟關節與跟骰關節）、位於跗骨與蹠骨之間的跗蹠關節。蹠骨與趾骨之間的關節聯合叫做蹠趾關節。此外還有趾間關節，趾間關節位於拇趾的近節趾骨與遠節趾骨之間、第2～第5趾的近節趾骨與中節趾骨之間，以及中節趾骨與遠節趾骨之間。此關節是最典型的樞紐關節。

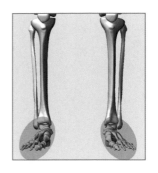

足骨內側面（右）

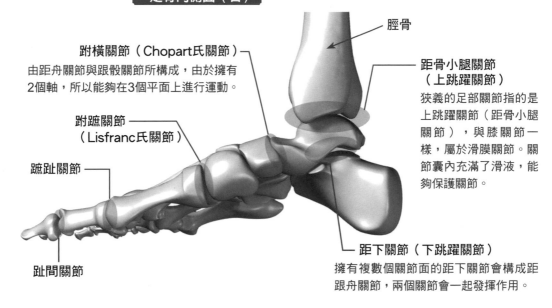

跗橫關節（Chopart氏關節）
由距舟關節與跟骰關節所構成，由於擁有2個軸，所以能夠在3個平面上進行運動。

跗蹠關節（Lisfranc氏關節）

蹠趾關節

趾間關節

脛骨

距骨小腿關節（上跳躍關節）
狹義的足部關節指的是上跳躍關節（距骨小腿關節），與膝關節一樣，屬於滑膜關節。關節囊內充滿了滑液，能夠保護關節。

距下關節（下跳躍關節）
擁有複數個關節面的距下關節會構成距跟舟關節，兩個關節會一起發揮作用。

距骨小腿關節的骨骼要素

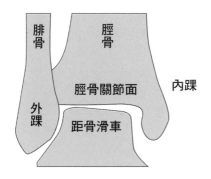

腓骨　脛骨
脛骨關節面　內踝
外踝　距骨滑車

◆ 距骨小腿關節的構造

脛骨的下關節面與內踝、腓骨的外踝會形成關節窩。在把距骨頂面的滑車視為關節頭的樞紐關節中，會呈現出「卯眼和榫頭」般的構造。如同門的鉸鏈那樣，只能朝單一方向活動。透過這種類似一軸關節的關節，就能協助足部關節進行背屈與蹠屈運動。

■ 腳部的韌帶

　　腳部的韌帶大致上可以分成內側、外側、背側、腳底。用來連接跗骨與蹠骨的跗骨韌帶、橫向連接蹠骨的蹠骨韌帶等，會從背側、腳底、兩側來支撐、強化關節。足部關節的內側有「三角韌帶」，外側則有以橫跨腓骨與距骨的前距腓韌帶為首的許多韌帶。當足部關節內翻時，足部關節外側的韌帶能發揮支撐關節的作用。據說在腳部的韌帶中，外側比內側脆弱，背側比腳底脆弱。雖然韌帶會發揮堅硬的特性來使關節變得穩定，但由於韌帶幾乎沒有伸縮性，所以一旦遭受到很大的外力，就會變長或斷裂。常見於足部關節的扭傷，大多都是因為外側韌帶受損的內翻造成的。

腳部韌帶內側面（右）

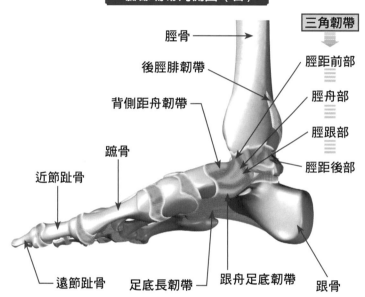

三角韌帶

腔骨

後腔腓韌帶

背側距舟韌帶

蹠骨

近節趾骨

遠節趾骨　足底長韌帶　跟舟足底韌帶　跟骨

腔距前部
腔舟部
腔跟部
腔距後部

足部關節內側有一條三角韌帶，此韌帶始於腔骨外髁，會在4塊跗骨上，以三角形的方式來擴展。依照附著部位，三角韌帶可以分成，附著在距骨前方內側的腔距前部（韌帶）、附著在舟狀骨上的腔舟部（韌帶）、附著在跟骨的載距突上的腔跟部（韌帶）、附著在距骨後方內側的腔距後部（韌帶）這4個部位。當足部關節出現外翻情況時，這些部位會支撐關節。

腳部韌帶的正面

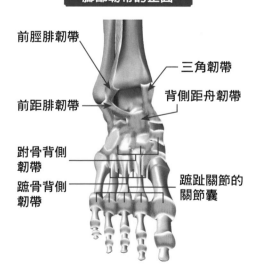

前腔腓韌帶

前距腓韌帶

跗骨背側韌帶

蹠骨背側韌帶

三角韌帶

背側距舟韌帶

蹠趾關節的關節囊

◆ 關節囊與韌帶

　　雖然由5塊蹠骨與14塊趾骨所構成的腳趾，不需要像手指那麼靈巧，而且腳趾中有許多已經退化的肌肉，但用來連接骨頭與骨頭的關節，以及其周圍的關節囊、韌帶等構造，和手指是相同的。拇趾的近節趾骨與遠節趾骨、第2～第5趾的近節趾骨與中節趾骨，以及中節趾骨與遠節趾骨之間都有關節，以單腳來說，會有9個關節，而且會各自和關節囊與韌帶相連。

第4章

運動器官II 肌肉

全身的肌肉

　　據説，人體內大大小小的肌肉加起來，約有600個以上。大致上可以分成，用來活動身體的「骨骼肌」、用來構成內臟的「平滑肌」、用來構成心臟的「心肌」這3種。一般來説，被稱為肌肉的部位是由許多肌纖維（肌束）所構成，而且這些肌束所聚集而成的部分叫做骨骼肌。骨骼肌能夠透過收縮、鬆弛運動來活動身體。

全身的骨骼肌正面

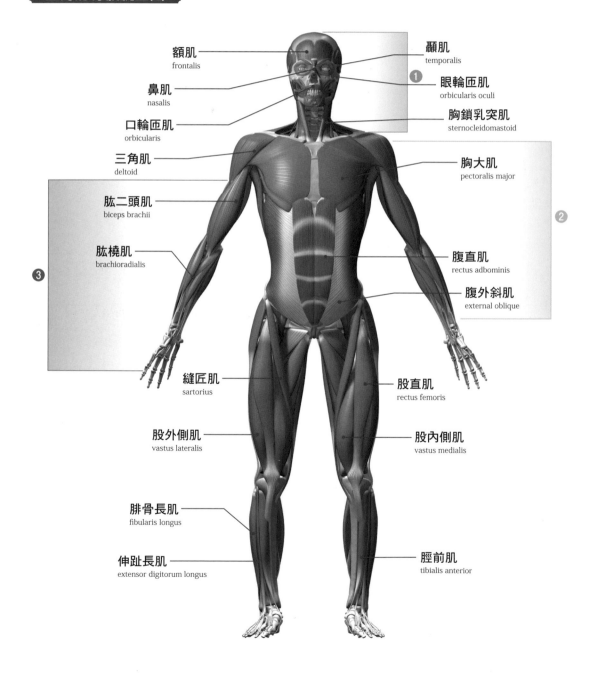

額肌
frontalis

鼻肌
nasalis

口輪匝肌
orbicularis

三角肌
deltoid

肱二頭肌
biceps brachii

肱橈肌
brachioradialis

顳肌
temporalis

眼輪匝肌
orbicularis oculi

胸鎖乳突肌
sternocleidomastoid

胸大肌
pectoralis major

腹直肌
rectus adbominis

腹外斜肌
external oblique

縫匠肌
sartorius

股外側肌
vastus lateralis

腓骨長肌
fibularis longus

伸趾長肌
extensor digitorum longus

股直肌
rectus femoris

股內側肌
vastus medialis

脛前肌
tibialis anterior

① 用來活動頭部、頸部的肌肉
② 用來活動上肢帶、肩關節的肌肉
③ 用來活動上臂、前臂、手部的肌肉
④ 用來活動軀幹的肌肉
⑤ 用來活動下肢帶、大腿的肌肉

全身的骨骼肌背面

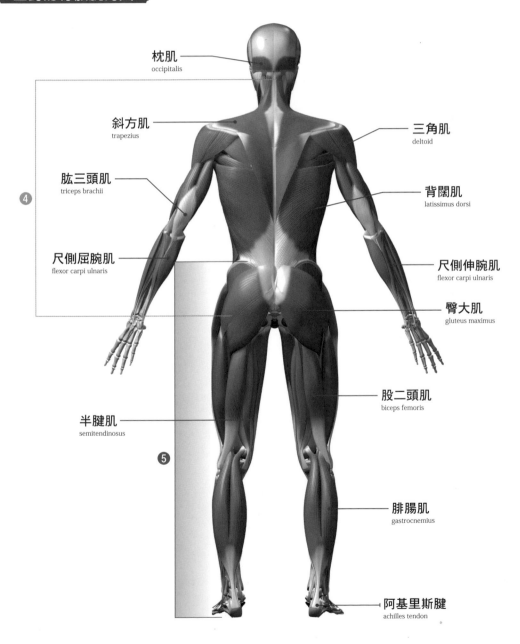

枕肌
occipitalis

斜方肌
trapezius

三角肌
deltoid

肱三頭肌
triceps brachii

背闊肌
latissimus dorsi

④

尺側屈腕肌
flexor carpi ulnaris

尺側伸腕肌
flexor carpi ulnaris

臀大肌
gluteus maximus

股二頭肌
biceps femoris

半腱肌
semitendinosus

⑤

腓腸肌
gastrocnemius

阿基里斯腱
achilles tendon

肌肉的功能與分類

■ 肌肉的功能

● **維持體溫**
　　肌肉在運動時，會藉由燃燒脂肪與醣類來產生熱能，以維持體溫。一般來說，在身體所產生的熱能中，約有40%是透過肌肉來產生的。

● **維持姿勢**
　　透過肌肉收縮來使關節變得穩定，藉此就能維持姿勢。

● **保護內臟**
　　腹部內沒有用來保護內臟的骨頭。在腹部內「腹橫肌」等許多肌肉會產生複合作用，保護內臟，使各個內臟能夠處於固定位置，正常地運作。

● **協助體液循環**
　　藉由反覆地收縮、鬆弛，肌肉就能發揮幫浦般的作用，協助血液與淋巴等體液的循環。尤其是在距離心臟很遠的下肢的體液循環中，肌肉會發揮重要的作用，讓血液與淋巴回到上半身。

■ 肌肉的種類

　　肌肉大致上可以分成「骨骼肌」、「平滑肌」、「心肌」，若用動作來區分的話，則可以分成「隨意肌」、「不隨意肌」這2種。

◆ 依照肌纖維來分類

● 快肌纖維（白肌）

　　能夠迅速收縮的肌肉，用於需要發揮一瞬間的力量（短時間內的強大力量）時。不過，這種肌肉雖然能夠發揮很大的力量，但卻相對地缺少持久力（耐力），容易疲倦。由於缺少「肌紅蛋白」這種色素蛋白質，看起來呈現白色，所以也被稱作「白肌」。這種肌肉被比喻成比目魚這種白肉魚，適合進行爆發力運動，多見於短跑選手。

● 慢肌纖維（紅肌）

　　這種肌肉屬於慢慢收縮的肌肉，雖然無法發揮很強的力量，但具備持久力，能夠長時間發揮一定的力量，且不易疲倦。由於肌紅蛋白含量比白肌來得多，且儲存了很多氧氣，所以看起來呈現紅色，也被稱作「紅肌」。這種肌肉被比喻成洄游性的鮪魚這種紅肉魚，多見於需要持久力的馬拉松選手。

● 最近，在定位上處於紅肌與白肌之間，而且兼具持久力與爆發力的「粉紅肌」受到很多關注。不過，粉紅肌（中間肌）是透過訓練而被打造出來的，屬於運動員特有的肌肉。

◆ 依照肌肉的形狀來分類

　　骨骼肌可以分成，附著在關節彎曲側的「屈肌」，以及附著在另一側的「伸肌」。伸肌只要一收縮，關節就會伸展。另外，依照形狀，肌肉還可以分成以下這幾種。

● 梭形肌

呈現梭形的肌肉，中央隆起，肌腱兩端會變細，並與骨骼相連。也被稱為「平行肌」，可以說是肌肉的基本形狀。

【肱二頭肌等】

● 羽狀肌

肌束呈現斜向排列的骨骼肌。由於形狀讓人聯想到鳥的羽毛，所以因而得名。羽毛狀肌束只附著在單側的骨骼肌叫做「半羽狀肌」。

【股直肌等】

● 鋸肌

因肌肉外觀呈現鋸齒狀而得名。

【前鋸肌等】

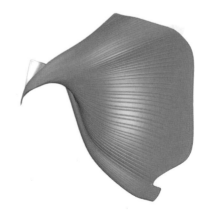

● 多頭肌

肌肉會產生分支，形成多個肌頭。

【肱三頭肌：肱二頭肌等】

● 多腹肌

中央部分可分成三個區域以上的肌肉。

【腹直肌等】

● 收束狀肌

肌纖維會從多個附著點集中到一點上的肌肉。

【胸大肌等】

骨骼肌的構造

骨骼肌由肌細胞所構成。肌細胞則是由細長的肌纖維，以及用來填滿細胞間空隙的成束結締組織所構成。據說，骨骼肌數量約有300個，而且大部分都是左右對稱的，所以總計約有600個，約佔體重的40%。一般所說的肌肉就是指骨骼肌。

■ 骨骼肌的構造

據說骨骼肌約占體重的40～50%。骨骼肌是由名為「肌纖維」的細長肌細胞聚集而成。肌細胞（肌纖維）則是由「肌原纖維」所聚集而成，由於形狀細長，因而有「纖維」之名。肌原纖維則是由，身為收縮性蛋白質集合體的肌動蛋白纖維與肌凝蛋白絲所構成。

一條肌纖維是數百～數千條肌原纖維的集合體，直徑為10～100微米（μm）。數十條肌纖維集結成束後，就叫做「肌纖維束（肌束）」。肌束的外側被頗厚的「肌束膜」所包覆，空隙則會被名為「肌內膜」的結締組織所填滿。另外，數條～數十條肌束聚集起來，就會形成骨骼肌，其外側會被堅固的「肌外膜（肌膜）」所包覆。纖細的肌纖維反覆地聚集成束後，就能夠製造出強健且柔韌的肌肉。

■ 骨骼肌的起點與終點

在骨頭的附著部分中，固定或是比較少動的那側叫做「起點（肌頭）」，距離身體中心較遠，且較常動的那側則叫做「終點（肌尾）」。起點與終點的定義方法為，在肌肉的兩端中，當肌肉收縮時，動作較小的那側為起點，動作較大的那側則是終點。柔軟且呈紅色的中央部分叫做「肌腹」，與骨頭相連的白色部分則叫做「肌腱（腱膜）」。

骨骼肌的起點與終點

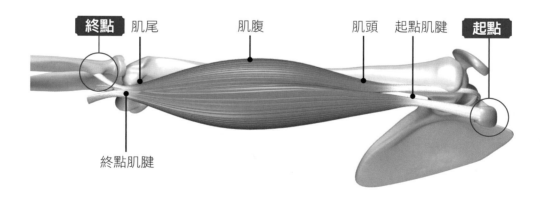

終點 肌尾　　　　肌腹　　　　　肌頭　起點肌腱　**起點**

終點肌腱

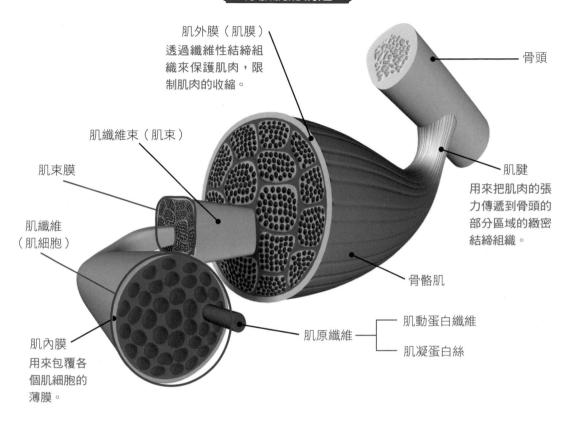

骨骼肌的構造

肌外膜（肌膜）
透過纖維性結締組織來保護肌肉，限制肌肉的收縮。

肌纖維束（肌束）

肌束膜

肌纖維（肌細胞）

肌內膜
用來包覆各個肌細胞的薄膜。

骨頭

肌腱
用來把肌肉的張力傳遞到骨頭的部分區域的緻密結締組織。

骨骼肌

肌原纖維　├ 肌動蛋白纖維
　　　　　　　└ 肌凝蛋白絲

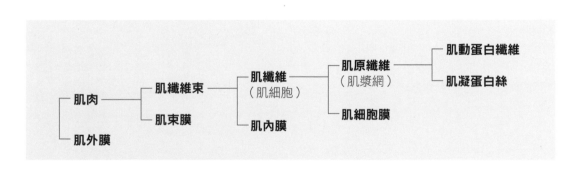

●一條條肌細胞會被肌內膜的結締組織所包覆，並且會聚集起來，形成肌束，被肌束膜包覆住。然後，許多肌束會聚集起來，被肌外膜包覆，形成一塊肌肉。這些結締組織全都會與肌腱相連，在各個肌纖維中所產生的張力會被傳遞到肌腱。

■ 肌肉的輔助裝置

淺肌膜與深肌膜

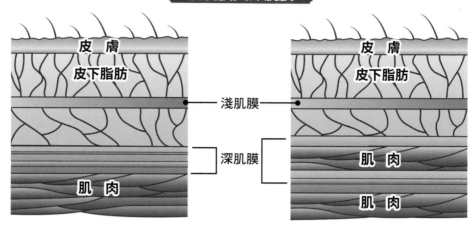

手部、足部　　　　　　　胸部、腹部

肌支持／腱鞘

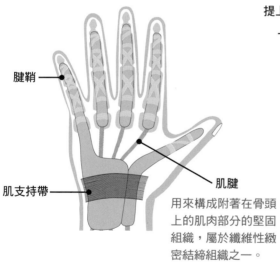

腱鞘

肌支持帶

肌腱
用來構成附著在骨頭上的肌肉部分的堅固組織，屬於纖維性緻密結締組織之一。

腱鞘

用來包覆手指與四肢等處的長肌腱的部位，當肌腱在活動時，能夠減少摩擦，使動作變得流暢。此部位是屬於很強韌的帶狀結締組織，在肌支持帶、手腕、腳踝等處，當肌肉收縮時，能夠阻止肌肉浮現。

肌滑車

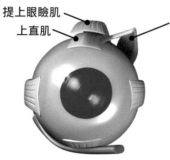

提上眼瞼肌
上直肌

肌滑車
由強韌的結締組織形成的環狀構造，能勾住肌腱，改變其方向。

滑液與種子骨

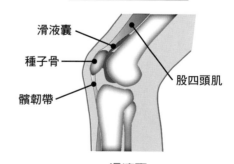

滑液囊
種子骨
髕韌帶
股四頭肌

滑液囊

裝有滑液的囊，目的是為了減少肌肉與肌腱等處的摩擦，使動作變得流暢。

肌肉收縮與鬆弛的原理

收縮與鬆弛

　　人體能夠透過肌肉的收縮與鬆弛來進行運動。這裡所說的肌肉收縮是指肌肉產生張力。沒有肌張力的中立狀態則叫做鬆弛。

肌纖維與肌原纖維

　　用來構成骨骼肌的肌纖維是橫紋肌的細胞，屬於隨意肌。肌纖維則是由，以「肌動蛋白」與「肌凝蛋白」這類蛋白質為主要成分的肌原纖維所構成。在肌原纖維中，有名為「肌節」的基本單位，而且看起來較明亮的明帶（I帶）與看起來較暗的暗帶（A帶）會輪流出現，看起來有如條紋圖案。位於A帶中央的狹窄部分叫做H帶。肌節最外側有Z膜，而且會與細小的「肌動蛋白纖維」結合，較粗的「肌凝蛋白絲」會規律地排列著，看起來宛如被夾在兩者之間。

肌纖維的構造

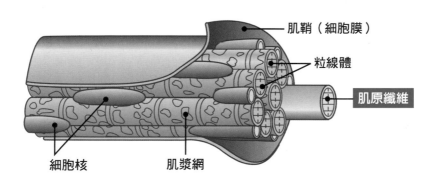

- 肌鞘（細胞膜）
- 粒線體
- 肌原纖維
- 細胞核
- 肌漿網

肌原纖維的構造

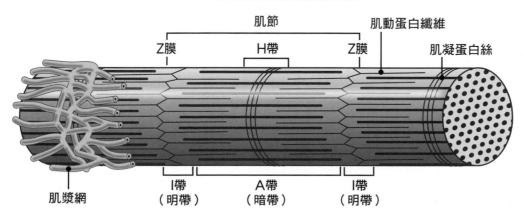

- 肌節
- 肌動蛋白纖維
- Z膜
- H帶
- Z膜
- 肌凝蛋白絲
- 肌漿網
- I帶（明帶）
- A帶（暗帶）
- I帶（明帶）

■ 肌肉收縮的原理

◆ 用來讓肌肉收縮、鬆弛的訊息傳遞

　　首先，只要腦部或脊髓發出讓身體活動的命令，命令就會傳給適合的肌肉。在此處負責將訊息傳遞給肌肉的是，被貯藏在神經末梢的突觸囊泡中的「乙醯膽鹼」。乙醯膽鹼會與位於骨骼細胞的肌內膜上的受體結合。藉此，細胞內的肌漿網就會釋放出鈣離子，被釋放出來的鈣離子與肌動蛋白纖維會和肌凝蛋白絲接觸，分解ATP（三磷酸腺苷），釋放出能量。

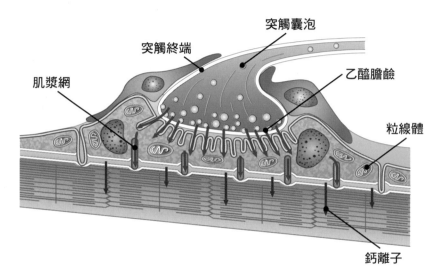

◆ 肌絲的可動原理

　　藉由能量，較細的肌動蛋白纖維就能滑進較粗的肌凝蛋白絲之間。藉由滑動，這2種肌絲的重疊部分會變多，肌節則會變得又粗又短。這種理論叫做「肌絲滑動學說」。來自神經的刺激一旦消失，鈣離子就會被肌漿網吸收，肌肉則會鬆弛。

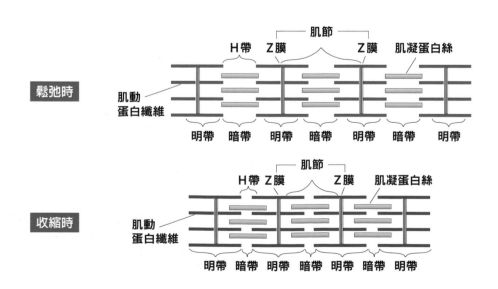

■ 肌肉的交互作用

　　一般來說，在骨骼肌中，有一種肌肉會在肌肉的表面和裡面互相對抗。舉例來說，當我們進行彎曲手肘的運動時，肱二頭肌一旦收縮，肱三頭肌就會鬆弛。在這種情況下，處於收縮狀態的肌肉（在這種情況下就是肱二頭肌）叫做「主動肌」，處於鬆弛狀態的肌肉（肱三頭肌）則叫做「拮抗肌」。相反地，如果把手肘伸直的話，肱三頭肌會成為主動肌，肱二頭肌則會成為拮抗肌。像這樣，當位於骨頭正面與背面的2個肌肉成對地一起運作，而非各自單獨地運作時，或者，藉由進行與目的相反的運動，以整體來說，就能做出符合目的的動作。

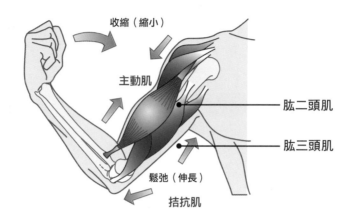

■ 肌肉收縮的種類

　　人類在活動身體時，收縮、拮抗肌會伴隨著各種肌肉的動作而呈現不同狀態。依照其狀態，可以分成3種類型。

❶**向心收縮（concentric contraction）**
肌肉一邊縮小，一邊收縮，並發揮力量的狀態，屬於動態收縮。
❷**離心收縮（eccentric contraction）**
肌肉一邊伸長，一邊收縮，並發揮力量的狀態，這也是動態收縮。
❸**等長收縮（isometric contraction）**
在肌肉長度不產生變化的狀態下進行收縮，並發揮力量的狀態。不會伴隨著關節動作，主動肌與拮抗肌會承受相同力量，屬於靜態收縮。

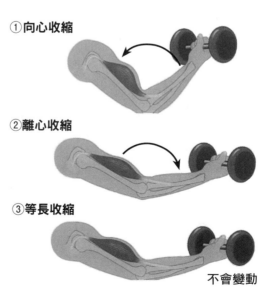

● **肌力所承受的負荷**
離心收縮 > 等長收縮 > 向心收縮

■ 可動範圍

可動範圍指的是，在不造成損傷的情況下，身體的各關節在生理上能夠達到的運動範圍。

關節的可動範圍取決於肌肉、韌帶、肌腱、關節囊等部位包圍關節的方式有多堅固。若包圍方式較寬鬆且柔軟的話，可動範圍就會較大，相反地，若包圍方式很堅固，且缺乏柔軟度的話，可動範圍就會變得很小。

◆ 可動範圍的測量方式

讓手掌朝向前，採取立正姿勢。在這種自然站立的姿勢下，把軀幹與四肢所採取的姿勢當成「人體解剖學姿勢0度」，然後透過此基本姿勢來進行彎曲、伸展等動作，在關節的活動方向上進行可動範圍測量運動，以每5度的方式來測量其結果。

◆ 關節可動範圍運動的呈現方式

在關節可動範圍運動中，會依照關節的活動方式來為動作取名。這些動作和「伸長手臂」、「彎曲膝蓋」等日常表達方式不同，是依照一定的規則來命名的專業術語。

● 屈曲／伸展、內收／外展、內旋／外旋、旋前／旋後等

◆ 主要的關節可動範圍運動（ROM）

● 頭部、頸部

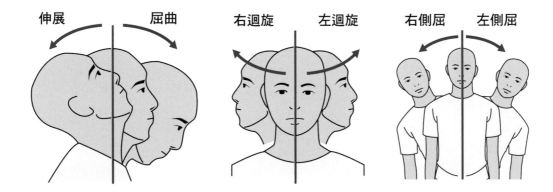

伸展　屈曲　右迴旋　左迴旋　右側屈　左側屈

● 胸腰部

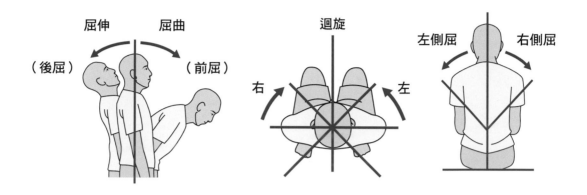

● 肩關節

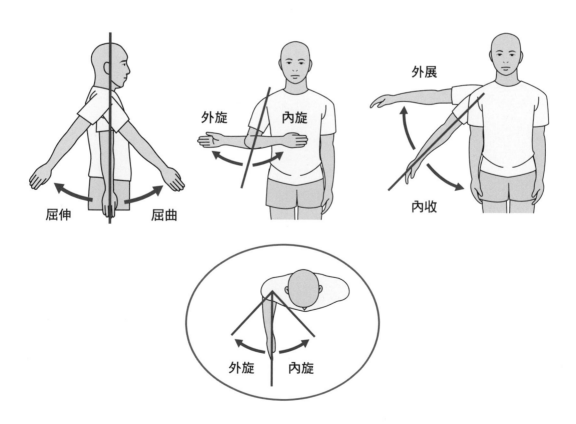

● 手肘、前臂

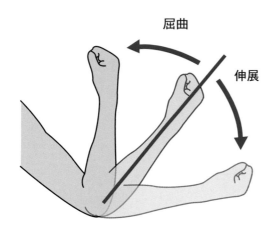
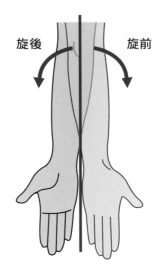

屈曲

伸展

旋後　　旋前

● 骨盆、臀部

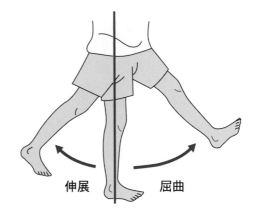

外展

伸展　　屈曲

內收

―― 何謂ROM ――

Range of motion的簡稱，意思是各關節在進
行運動時的運動範圍。
當身體受到傷害時，ROM就會受到限制，且可
能會出現關節攣縮的情況。主要原因包含了肌
肉的攣縮、骨頭的病變、運動不足等。

● 手部

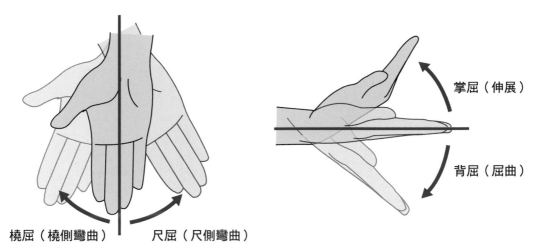

橈屈（橈側彎曲）　　　尺屈（尺側彎曲）

掌屈（伸展）

背屈（屈曲）

● 膝蓋

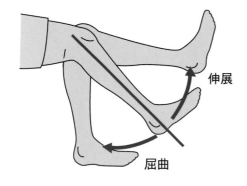

伸展

屈曲

● 足部

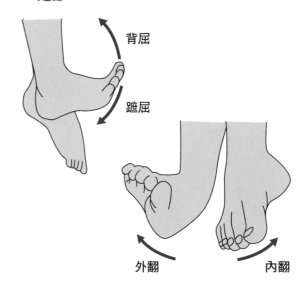

背屈

蹠屈

外翻　　　　　　　內翻

關節可動範圍運動的目的

● 預防／改善廢用性肌肉萎縮所造成的攣縮情況。
● 藉由活動關節來使關節功能變得正常。
● 預防／改善肌肉的縮短。
● 改善日常生活活動能力等。

頭部、頸部的肌肉

頭部的肌肉

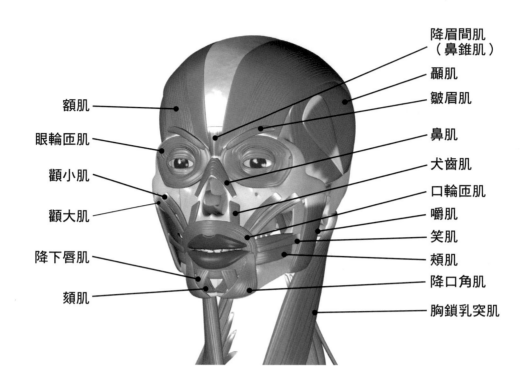

額肌
眼輪匝肌
顴小肌
顴大肌
降下唇肌
頦肌

降眉間肌（鼻錐肌）
顳肌
皺眉肌
鼻肌
犬齒肌
口輪匝肌
嚼肌
笑肌
頰肌
降口角肌
胸鎖乳突肌

頸部的肌肉

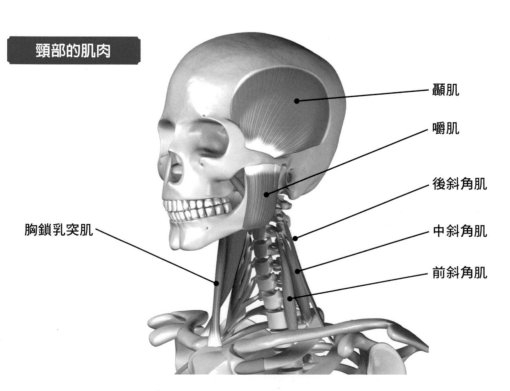

胸鎖乳突肌

顳肌
嚼肌
後斜角肌
中斜角肌
前斜角肌

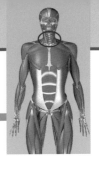

胸鎖乳突肌、前斜角肌

胸鎖乳突肌 斜向地通過顧部,有許多淋巴隱藏在此肌肉下方。

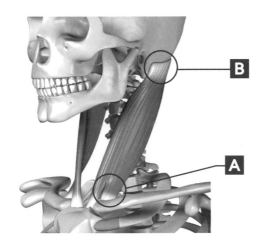

［**支配神經**］ 副神經、頸神經叢

A 起點
胸骨柄上緣、鎖骨的內部3分之1

B 終點
顳骨的乳突

主要功能

讓頭部斜向地朝向反方向迴旋。在固定頭部時,會作為呼吸肌,發揮作用

ADL

進行在躺臥狀態下抬起頭等動作時會發揮作用。

※ADL:Activities of Daily Living,日常生活活動。

前斜角肌 位於頸椎的正面部分。手臂神經與動脈/靜脈會通過此肌肉以及中斜角肌之間。

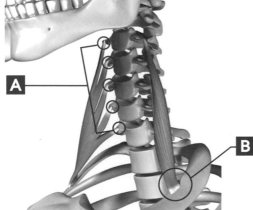

［**支配神經**］ 頸神經叢

A 起點
C3~C7頸椎的橫突前結節

B 終點
第1肋骨的斜角肌結節

主要功能

抬起T1、第1肋骨

ADL

協助進行激烈運動時的吸氣。

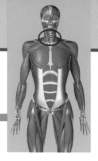

中斜角肌、後斜角肌

| **中斜角肌** | 位於頸椎正面，能夠將第1肋骨往上拉，協助吸氣。 |

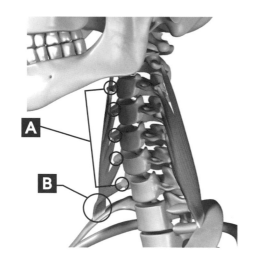

[**支配神經**] 頸神經叢

A 起點
　　C2～C6頸椎的橫突

B 終點
　　第1肋骨的鎖骨下動脈溝後方

主要功能

抬起T1、第1肋骨

ADL

用力吸氣時，會打開胸腔，協助吸氣。

| **後斜角肌** | 能夠將第2肋骨往上拉，協助呼吸運動。大概有超過3成的人沒有。 |

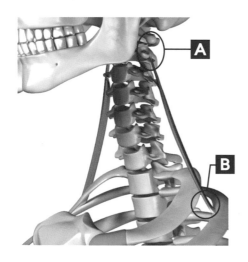

[**支配神經**] 頸神經叢

A 起點
　　C4～C6頸椎的橫突後結節

B 終點
　　第2肋骨的頂面

主要功能

抬起T2、第2肋骨

ADL

用力吸氣時，會打開胸腔，協助吸氣。進行腹式
呼吸時，也會發揮作用。

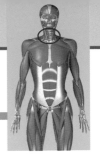

嚼肌、顳肌

嚼肌　在咀嚼肌當中，位於最外層。用來關閉下頜。

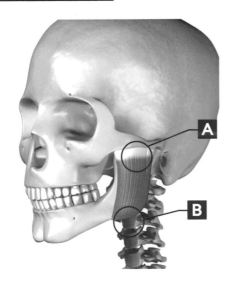

［**支配神經**］三叉神經的第三分支（下頜神經）

A 起點
　淺部為從顴弓前部到中部。深部為顴弓中部到後部。

B 終點
　下頜骨外側

主要功能

抬起下頜、關閉頜骨、咬東西。

ADL

說話時，以及咀嚼、吞嚥食物時會發揮作用。

咀嚼肌

| 嚼肌 | 顳肌 | 內側翼狀肌 | 外側翼狀肌 |

顳肌　4塊大型咀嚼肌之一。在關閉下頜時（咬緊牙根）能發揮作用。

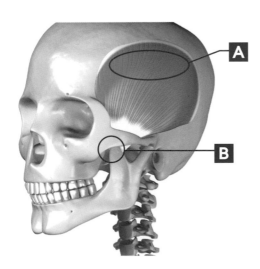

［**支配神經**］三叉神經的第三分支（下頜神經）

A 起點
　顳骨的顳窩、顳肌膜的內側

B 終點
　下頜骨的下頜枝的喙狀突

主要功能

抬起下頜、關閉頜骨。

ADL

在關閉下頜、吞嚥食物時發揮作用。

外側翼狀肌、內側翼狀肌

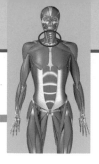

外側翼狀肌　主要在張口時發揮作用。在磨碎東西時也能發揮作用。

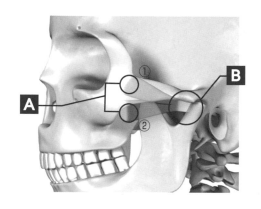

［支配神經］　三叉神經的第三分支（下頜神經）

A 起點
　①上頭　蝶骨的大翼
　②下頭　上頜骨的翼突外側板

B 終點
　下頜骨的翼肌凹

主要功能

讓下頜伸向前方。打開頜骨。

ADL

在左右地活動頜骨、咀嚼食物時發揮作用。

內側翼狀肌　主要在閉口時發揮作用。在咀嚼東西時也能發揮作用。

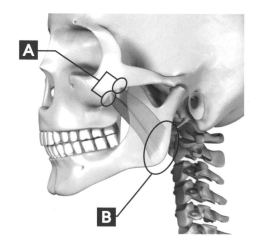

［支配神經］　三叉神經的第三分支（下頜神經）

A 起點
　蝶骨翼狀突、上頜骨結節

B 終點
　下頜骨內側面的翼肌粗隆

主要功能

抬起下頜、關閉頜骨。

ADL

用來讓下頜骨往前活動、咀嚼食物。

眼部肌肉

用來活動眼部肌肉的肌肉叫做「外眼肌」。位於眼球外側的眼球移動肌有6種。眼球往各個方向運動時，這些肌肉並不是獨自地收縮，而是會互相配合。另外，也可以把提上眼瞼肌視為外眼肌。

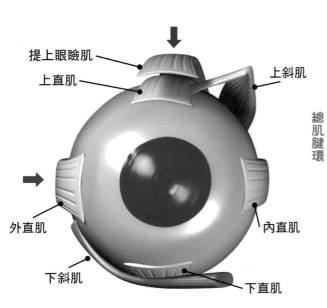

提上眼瞼肌
上直肌
上斜肌
外直肌
內直肌
下斜肌
下直肌

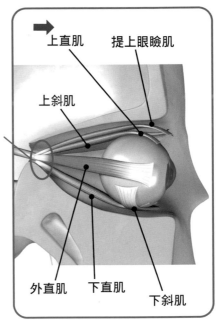

上直肌　提上眼瞼肌
上斜肌
總肌腱環
外直肌　下直肌　下斜肌

起點與終點

- 除了下斜肌以外，起點皆為總肌腱環，終點皆為眼球結膜下的鞏膜（眼白）。
- 提上眼瞼肌的起點為視神經管的眼眶頂面，終點則是上眼瞼以及上眼瞼板的上緣。

主要功能

- **上直肌**　往上動。
- **下直肌**　往下動。
- **內直肌**　往鼻（內）側動。
- **外直肌**　往耳（外）側動。
- **上斜肌／下斜肌**　外展
- **提上眼瞼肌**　將上眼瞼抬起，打開眼睛。

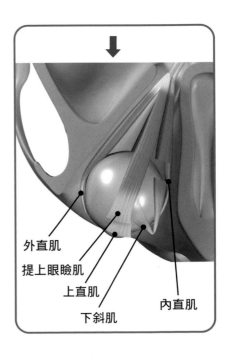

外直肌
提上眼瞼肌
上直肌
下斜肌
內直肌

上肢帶、肩關節的肌肉

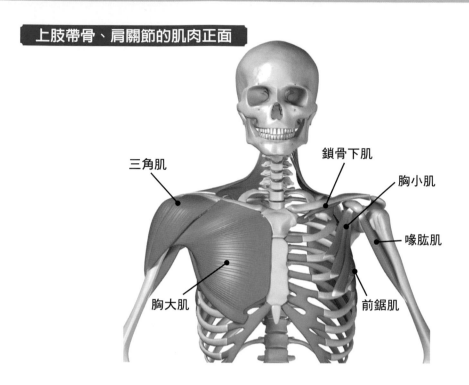

上肢帶骨、肩關節的肌肉正面

三角肌

鎖骨下肌

胸小肌

喙肱肌

胸大肌

前鋸肌

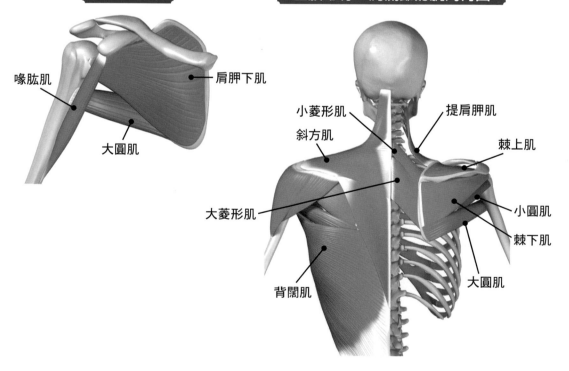

肩部背面

喙肱肌

肩胛下肌

大圓肌

上肢帶骨、肩關節的肌肉背面

小菱形肌

斜方肌

提肩胛肌

棘上肌

大菱形肌

小圓肌

棘下肌

背闊肌

大圓肌

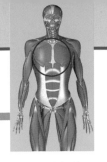

前鋸肌、胸小肌

前鋸肌

以鋸齒狀的方式附著在肋骨上，所以因而得名。在做揮出直拳等動作時，會大幅移動，所以也被稱為「拳擊肌」。

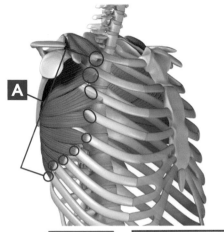

內側

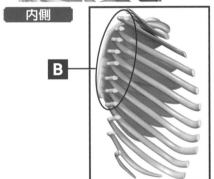

[**支配神經**] 長胸神經

A 起點

第1～第8（9）肋骨的外側面中央部位

B 終點

肩胛骨的內側緣肋骨面

主要功能

肩胛骨的外展（前進）、肋骨上舉

ADL

深呼吸時，肋骨會被此肌肉往上拉，使人能夠用力吸氣（肋骨上舉）。

胸小肌

被胸大肌包覆住，像是隱藏了起來。會與胸大肌一起構成腋窩（腋下的凹陷處）的前壁。

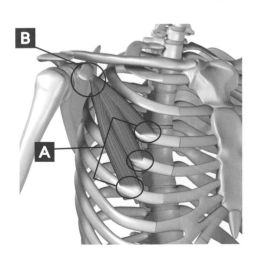

[**支配神經**] 胸肌神經

A 起點

第3～第5肋骨的正面

B 終點

肩胛骨的鳥喙突

主要功能

肩胛骨的下壓／向下迴旋、肋骨上舉

ADL

用來活動肩胛骨。深呼吸時，會和前鋸肌一起將肋骨抬起。

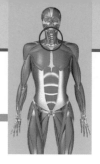

鎖骨下肌、提肩胛肌

鎖骨下肌 位於鎖骨下方的小肌肉，無法進行觸診。被鎖胸筋膜所包覆。

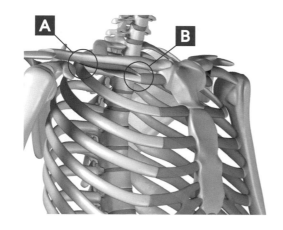

[支配神經] 鎖骨下肌神經

A 起點
　第1肋骨頂面的肋軟骨接合處

B 終點
　鎖骨中央的下窩

主要功能

肩關節的內旋

ADL

用來穩定胸鎖關節，讓肩胛骨的動作變得流暢。

提肩胛肌 胸鎖乳突肌與斜方肌之間的深層肌肉。此肌肉能夠將肩胛骨往上方與內側拉，且能與小菱形肌一起讓肩膀聳起。

[支配神經] 背肩胛神經

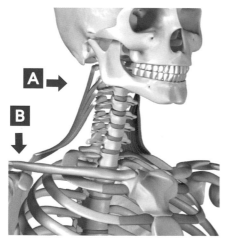

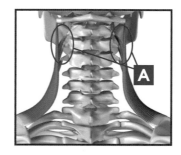

A 起點
　C1～C4頸椎
　的橫突

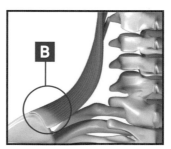

B 終點
　肩胛骨的上角
　／內側緣的上
　部

主要功能

肩胛骨的上舉、向下迴旋

ADL

把單肩包掛在肩膀上時，會承受負荷的肌肉之一。會導致頸部與肩膀的疼痛與痠痛。

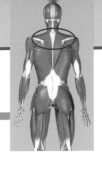

小菱形肌、大菱形肌

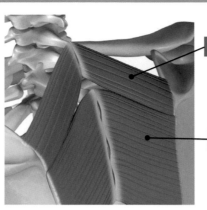

小菱形肌

大菱形肌

| 小菱形肌 | 被斜方肌覆蓋的輕薄菱形肌。在聳肩時，會與提肩胛肌一起發揮作用。 |

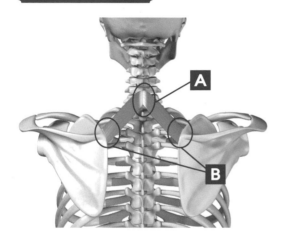

［**支配神經**］ 背肩胛神經

Ａ 起點
　　C6～C7頸椎的棘突

Ｂ 終點
　　肩胛骨的內側緣上部

主要功能

肩胛骨的後退、上舉、向下迴旋

ADL

能夠讓肩胛骨後退、向下迴旋、把東西拉到眼前時，會發揮作用。

| 大菱形肌 | 附著在小菱形肌下方。支配神經與小菱形肌相同，很難區分。 |

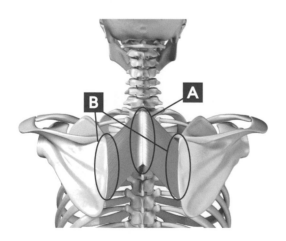

［**支配神經**］ 背肩胛神經

Ａ 起點
　　T1～T4胸椎的棘突

Ｂ 終點
　　肩胛骨的內側緣下部

主要功能

肩胛骨的後退、向下迴旋

ADL

能夠讓肩胛骨後退、向下迴旋。把東西拉到眼前時，會發揮作用。

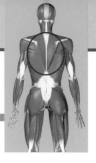

斜方肌、胸大肌

起點為後頸，占據了背部淺層肌肉上半的大部分。從後方看時，形狀類似天主教的主教所戴的帽子因而得名。大致可以分成上部、中部、下部。

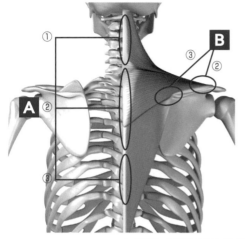

[**支配神經**] 副神經、頸神經叢

A 起點
　　①上部：枕骨、項韌帶
　　②中部：T1～T6胸椎的棘突、棘上韌帶
　　③下部：T7～T12胸椎的棘突、棘上韌帶

B 終點
　　①上部：鎖骨的外側部
　　②中部：肩胛骨的肩峰、肩胛棘
　　③下部：肩胛骨的肩胛棘

主要功能

上部：肩胛骨的後退、上舉、向上迴旋
中部：肩胛骨的後退
下部：肩胛骨的後退、下壓、向上迴旋

ADL

拿取重物時能將肩胛骨固定在肋骨上，避免肩胛骨落下。此肌肉會成為肩膀痠痛的原因。

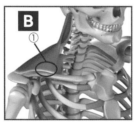

胸大肌

透過胸部表層的強壯肌肉來形成胸板。乳房位於此胸大肌膜之上。只要進行鍛鍊，男性的胸板就會變厚，女性則會藉此來豐胸。

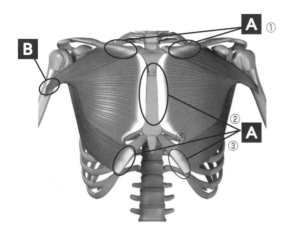

[**支配神經**] 外胸神經、內胸神經

A 起點
　　①鎖骨內側2分之1
　　②胸肋部：胸骨、第2～第6肋骨的肋軟骨
　　③腹部：腹外斜肌的腱膜

B 終點
　　肱骨的大結節脊

主要功能

肩胛骨的內收、內旋、屈曲、水平屈曲

ADL

進行揮拳、投球等動作而將手臂向前揮時，會發揮重要作用。

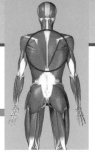

背闊肌、三角肌

背闊肌

從背部下方3分之2處分布到胸部外側部的大片肌肉。用來讓手臂連接腰部與骨盆。與大圓肌一起構成腋窩後緣的輪廓。

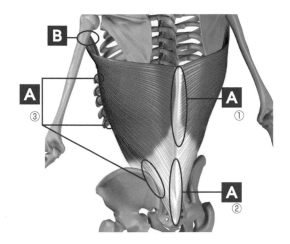

[支配神經] 胸背神經

A 起點

①T6（7）胸椎～L5腰椎的棘突

②薦骨的棘突

③髂嵴的第9～第12肋骨棘上韌帶

B 終點

肱骨的小結節脊

主要功能

肩胛骨的伸展（向後上舉）、內收、內旋

ADL

透過手臂來將自己的身體往上拉時會發揮作用。是會引發五十肩的重要部位。人體會因為五十肩而變得無法做出萬歲動作。

三角肌

用來決定人體肩膀大致構造的肌肉。此肌肉變得發達後，肩膀就會隆起。會包覆整個肩膀，終點位於肱骨，能夠保護肩關節。

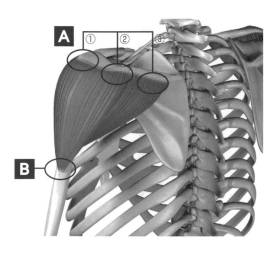

[支配神經] 腋神經

A 起點

①前部：鎖骨的外側端3分之1

②中部：肩胛骨的肩峰

③後部：肩胛骨的肩胛棘下緣

B 終點

肱骨的三角肌粗隆

主要功能

前部：肩關節的屈曲、內旋

中部：肩關節的外展

後部：肩關節的外旋、伸展

ADL

將物品拿到頭上時，以及在將手放下的狀態下提著東西時，會發揮作用。

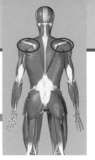

棘上肌、棘下肌

棘上肌

在肩旋板（肩迴旋肌）當中，會承受最多負荷，容易損傷。試著摸摸肩胛棘上部，就摸得到。

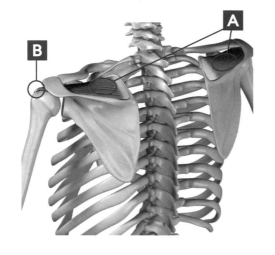

［**支配神經**］ 肩胛上神經

A **起點**
　　肩胛骨的棘上窩內側

B **終點**
　　肱骨的大結節上端

主要功能

肩關節的外展

ADL

舉起手臂時會發揮作用。進行投擲棒球等動作時，如果舉得太高的話，就有可能會受傷。

肩旋板	棘上肌	棘下肌	肩胛下肌	小圓肌

棘下肌

身為肱骨的外旋肌，最為強而有力，對於肩關節後方的穩定度來說，是很重要的肌肉。

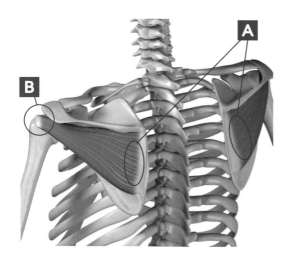

［**支配神經**］ 肩胛上神經

A **起點**
　　肩胛骨的棘下窩

B **終點**
　　肱骨的大結節

主要功能

肩關節的外旋、伸展

ADL

手臂放鬆地往下擺，以及將整個手臂扭向外側時，會發揮作用。

小圓肌、大圓肌

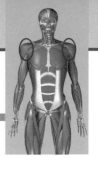

小圓肌

能夠協助棘下肌,這兩種肌肉會同時發揮作用。

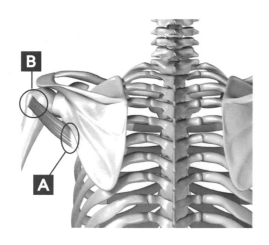

[支配神經] 腋神經

A 起點
肩胛骨背面的外側緣

B 終點
肱骨的大結節後部

主要功能

肩關節的內收、伸展、外旋

ADL

將手臂轉向外側,以及將橫向伸直的手臂往後拉時,會發揮作用。

大圓肌

由於作用與終點位置都和背闊肌相同,所以被稱為「背闊肌的小幫手」。

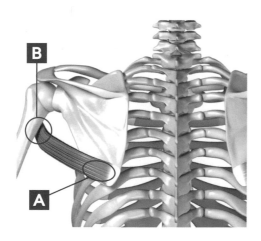

[支配神經] 肩胛下神經

A 起點
肩胛骨背面的外側緣、下角

B 終點
肱骨的小結節

主要功能

肩關節的伸展(向後上舉)、內旋、內收

ADL

筆直地前後揮動手臂時,以及女性在穿內衣時,會發揮作用。

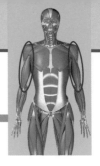

肩胛下肌、喙肱肌

肩胛下肌 附著在肩胛骨內側，作用為透過關節面來固定肱骨與肩胛骨。

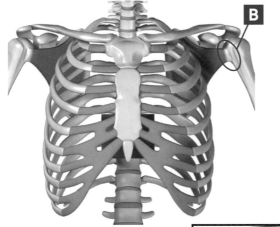

[**支配神經**] 肩胛下神經

A 起點
　肩胛骨的肩胛下窩

B 終點
　肱骨的小結節

主要功能

肩關節的內旋

ADL

轉動手臂，以及把手伸進後方的口袋時，會發揮作用。

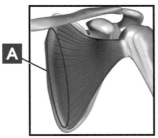

喙肱肌 屬較小的肌肉，支配神經與肱二頭肌相同，會形成肱二頭肌的一部分。

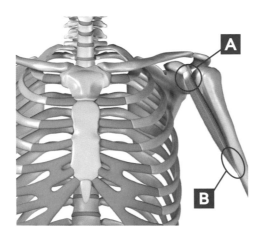

[**支配神經**] 肌皮神經

A 起點
　肩胛骨的鳥喙突

B 終點
　肱骨的中央內側緣

主要功能

肩關節的屈曲、內收

ADL

進行推門把等動作時，會發揮輔助性的作用。

上臂、前臂、手部的肌肉

上臂、前臂、手部的肌肉正面

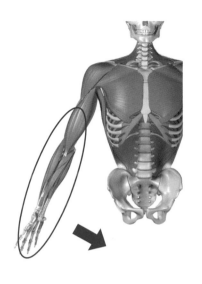

上臂、前臂、手部的肌肉背面

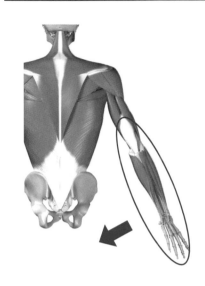

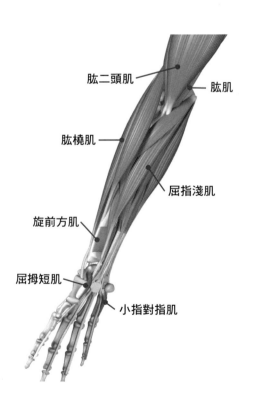

肱二頭肌

肱肌

肱橈肌

屈指淺肌

旋前方肌

屈拇短肌

小指對指肌

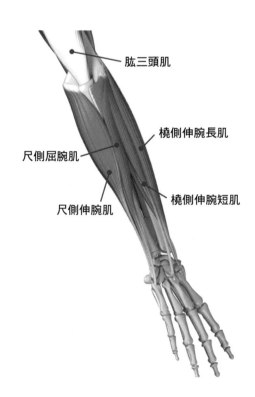

肱三頭肌

橈側伸腕長肌

尺側屈腕肌

橈側伸腕短肌

尺側伸腕肌

肱二頭肌、肱三頭肌

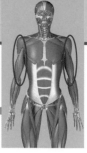

肱二頭肌　如同其名，肌腹位於上臂，長、短頭的起點皆為肩胛骨，是跨越肩關節與肘關節的雙關節肌。此肌肉以能用來呈現出隆起的肌肉而為人所知。

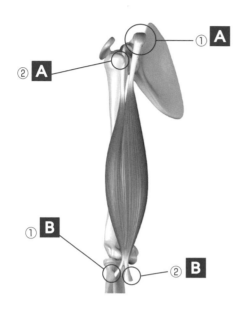

［**支配神經**］肌皮神經

A 起點
- ①長頭　肩胛骨的盂上結節
- ②短頭　肩胛骨的鳥喙突

B 終點
- ①長頭　橈骨粗隆
- ②短頭　經由肱二頭肌腱膜，到達前臂筋膜

主要功能

長頭：肘關節的屈曲、前臂的旋後
短頭：肘關節的屈曲、前臂的旋後

ADL

彎曲手臂，以及將東西拉向自己時，會發揮作用。常用於打開冰箱等日常生活的動作。

肱三頭肌　由3條肌頭所構成，只有長頭附著在肩胛骨上，是跨越肩關節與肘關節的雙關節肌。在伏地挺身伸展手肘時，此肌肉會發揮很大的作用。

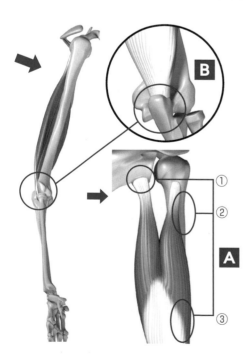

［**支配神經**］橈神經

A 起點
- ①長　頭　肩胛骨的關節下結節
- ②外側頭　肱骨背面
- ③內側面　肱骨中～下部的背面

B 終點
- 尺骨的鷹嘴突

主要功能

肘關節的伸展

ADL

伸長手臂、推東西、敲打太鼓時，會發揮作用。

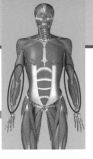

肱肌、肘肌

肱肌

由於附著在尺骨上，所以能夠讓肘關節變得穩定，持續保持彎曲。由於被肱二頭肌包覆，所以很難確認其存在。

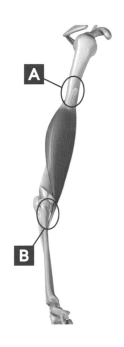

［**支配神經**］肌皮神經

A **起點**
　　肱骨的遠側3分之2處的正面

B **終點**
　　尺骨的粗隆

主要功能

肘關節的屈曲

ADL

彎曲前臂時，以及將筷子拿到嘴邊時，會發揮作用。

肘肌

用來協助肱三頭肌伸展手肘的小塊肌肉。可以使關節囊變得緊張，肌肉在伸展時，能藉此來避免關節囊被捲入關節中。

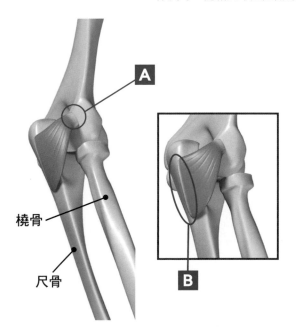

橈骨

尺骨

［**支配神經**］橈神經

A **起點**
　　肱骨的外上髁背面

B **終點**
　　尺骨的鷹嘴突外側面

主要功能

肘關節的伸展

ADL

協助肱三頭肌運作。

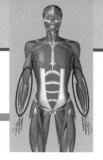

肱橈肌、旋前圓肌

用來構成前臂的外側部分的形狀。由於兩個附著部分會離開手肘，且具備槓桿作用，所以此屈肌既強壯又有效率。

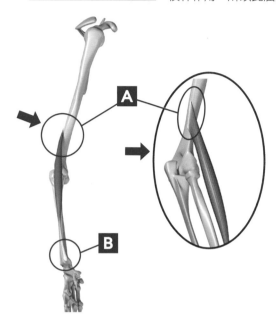

[支配神經] 橈神經

A 起點
　肱骨上髁脊下部

B 終點
　橈骨的莖突

主要功能

肘關節的屈曲、前臂的旋前（從旋後位置轉回到中間位置）

ADL

主要在轉動前臂（轉動手部），以及彎曲手肘時發揮作用。

旋前圓肌

是一種尺寸與旋後肌相同的深肌，能夠讓前臂做出旋前動作。打高爾夫球或網球時，造成肘關節痛的原因就是此肌肉使用過度。

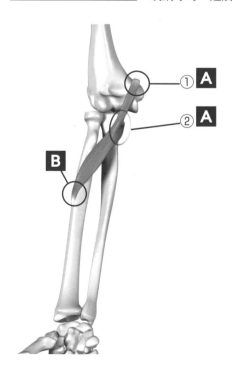

[支配神經] 正中神經

A 起點
　①淺頭：肱骨的內上髁
　②深頭：尺骨的喙狀突

B 終點
　橈骨的中央外側面

主要功能

前臂的旋前

ADL

進行從寶特瓶內倒出液體等動作時會發揮作用。

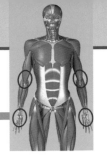

旋後肌、旋前方肌

旋後肌

輔助肱二頭肌的旋後功能。雖然能讓前臂進行旋後動作,但由於肌肉較小,所以其力量並不大。

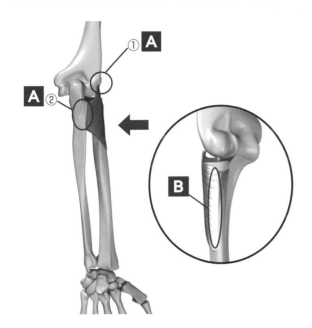

[**支配神經**] 橈神經

A 起點
　①肱骨的外上髁
　②尺骨的旋後肌脊
　附著在環狀韌帶、側副韌帶上

B 終點
　橈骨的近端外側面

主要功能

前臂的旋後

ADL

用於依照順時針方向施力時,以及關上瓶蓋時等情況。

旋前方肌

附著在前臂正面的肌肉,呈平坦的長方形或菱形。用手進行細膩的工作時,以及讓前臂進行旋前動作時,此肌肉會變得緊張。

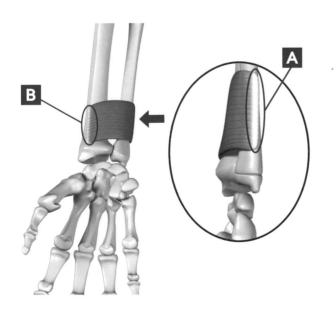

[**支配神經**] 正中神經

A 起點
　尺骨正面的遠端4分之1處

B 終點
　橈骨正面的遠端4分之1處

主要功能

前臂的旋前

ADL

轉動、打開瓶蓋時,以及投手投出噴射球(註:一種變化球)時,會發揮作用。

橈側屈腕肌、尺側屈腕肌

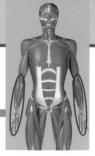

橈側屈腕肌

在手腕的屈曲肌當中，是最強壯的肌肉。不過，若使用過度的話，就會成為導致內上髁與肘關節發生異常的主要原因。被稱作高爾夫球肘。

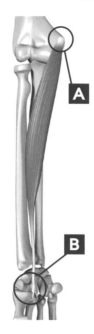

［支配神經］ 正中神經

A 起點
　　肱骨的內上髁

B 終點
　　第2、第3掌骨基部正面

主要功能

手腕關節的掌屈、橈屈

ADL

於依照順時針方向施力時，及關上瓶蓋時等情況。

尺側屈腕肌

在手腕的屈曲肌當中，是位於最內側的肌肉。此肌肉發生異常時，會導致內上髁炎與肘關節異常。

［支配神經］ 尺神經

A 起點
　　①肱骨的內上髁
　　②尺骨鷹嘴突／背面上部

B 終點
　　豌豆骨、豆掌韌帶、第5掌骨的基部

主要功能

手腕關節的背屈、尺屈

ADL

從小指側將手腕前方部分往上拉時發揮作用。

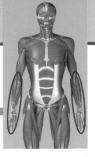

掌長肌、屈指淺肌

掌長肌 做握拳動作時，手腕上最明顯的肌腱就是掌長肌的肌腱。進行握手等動作時，掌長肌能夠保護位於掌腱膜下方的血管與神經。

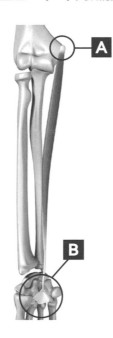

［支配神經］ 正中神經

A 起點
肱骨的內上髁

B 終點
手腕的屈肌支持帶、掌腱膜

主要功能

手腕關節的掌屈、手肘的微屈曲

ADL

彎曲手腕（手腕的屈曲與手肘的微屈曲）。
握東西時，會發揮很大作用。

屈指淺肌 前臂屈肌中最大的肌肉。手指的彎曲只由此肌肉與屈指深肌來負責。

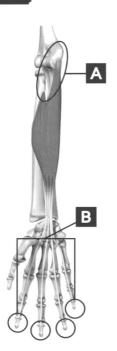

［支配神經］ 正中神經

A 起點
肱骨的內上髁、尺骨的喙狀突、橈骨外側

B 終點
第2～第5指骨的遠節指骨基部的掌側

主要功能

第2～第5指關節的屈曲（PIP關節）、手腕關節的掌屈

ADL

握東西時，會發揮很大作用。

橈側伸腕長肌、橈側伸腕短肌

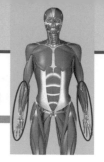

橈側伸腕長肌

屬於手腕的伸肌，也能做出橈屈動作。如果肌肉的動作因為此肌肉斷裂或挫傷而變得不順暢的話，內側就會產生疼痛。

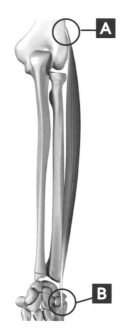

[支配神經] 橈神經

A 起點
　　肱骨的外上髁

B 終點
　　第2掌骨的基部背側

主要功能

手腕關節的背屈、橈屈

ADL

抓住東西往上舉，以及進行網球中的反手擊球動作時，會發揮很大作用。

橈側伸腕短肌

與橈側伸腕長肌一起形成前臂的外側緣。此肌肉也被視為網球肘的原因。

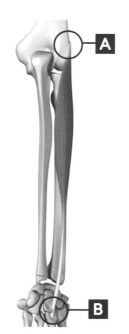

[支配神經] 橈神經

A 起點
　　肱骨的外上髁

B 終點
　　第3掌骨的基部背面

主要功能

手腕關節的背屈、橈屈

ADL

此肌肉的起點部分一旦受傷，就會引發名為網球肘的疼痛症狀。

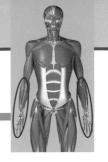

尺側伸腕肌、伸小指肌

尺側伸腕肌

細長的肌肉。會與尺側屈腕肌一起發揮作用,讓手腕進行內收運動。此肌肉的異常會引發內上髁炎與肘關節異常。

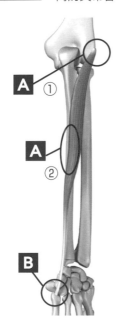

［**支配神經**］ 橈神經

A 起點
　①肱骨頭:肱骨的外上髁
　②尺骨頭:尺骨的後緣中央4分之2處

B 終點
　第5掌骨的基部背面

主要功能

手腕關節的背屈、尺屈

ADL

揉製麵包或烏龍麵的麵團時,會發揮作用。

伸小指肌

協助指伸肌整體進行伸展。

［**支配神經**］ 橈神經

A 起點
　肱骨的外上髁

B 終點
　第5指(小指)的中節/遠節指骨基部

主要功能

小指的伸展、外展

ADL

能夠立起小指,做出打勾勾的動作。

189

伸拇長肌、外展拇長肌

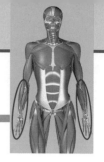

伸拇長肌

斜向地通過前臂後方部分的細長肌肉。

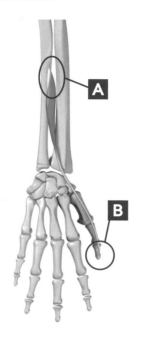

[**支配神經**] 橈神經

A 起點
　前臂骨間膜、尺骨的中央側面

B 終點
　第1指（拇指）背側的遠節指骨底部

主要功能

拇指的伸展（IP／MP關節）

ADL

與讓拇指離開食指（拇指外展）有關。如果過度使用的話，也可能會引發腱鞘炎。

外展拇長肌

在拇指的伸肌群中，屬於較為強健的肌肉。不僅與拇指的外展有關，也和手腕關節的外展有關。

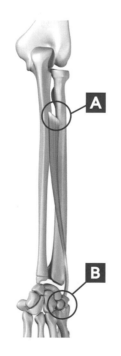

[**支配神經**] 橈神經

A 起點
　橈骨與尺骨的背面、骨間膜

B 終點
　第1指與掌骨基部外側

主要功能

拇指的外展、伸展

ADL

能夠讓第1指（拇指）離開手掌部分（外展）

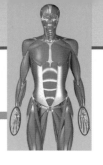

拇對指肌、小指對指肌

拇對指肌　與屈拇短肌一起形成拇指球（拇指根部的隆起）。

手掌側▶

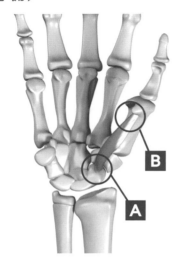

［**支配神經**］ 正中神經

A 起點
　　大多角骨結節、屈肌支持帶
B 終點
　　第1指（拇指）掌骨的橈側緣

主要功能

拇指的對掌運動、屈曲

ADL

抓住東西與拿東西時，會發揮重要作用。

小指對指肌　用來構成小指球的隆起。協助第5指（小指）做出靠近拇指的動作。

手掌側▶

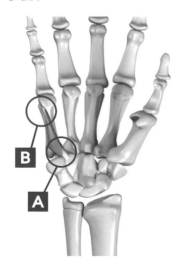

［**支配神經**］ 尺神經

A 起點
　　鈎骨、屈肌支持帶
B 終點
　　第5掌骨的尺側緣

主要功能

小指的的對掌運動

ADL

用手掌撈水、握手時，會發揮作用。

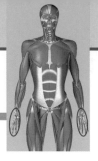

伸拇短肌、屈拇短肌

伸拇短肌 細長的肌肉，能夠協助伸拇長肌。

手背側▶

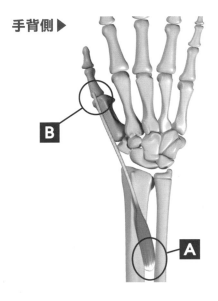

［支配神經］ 橈神經

A 起點
　　橈骨背面、骨間膜
B 終點
　　第1指（拇指）近節指骨基部的背側

主要功能

拇指的伸展（MP關節）、外展

ADL

會引發拇指腱鞘炎的肌肉之一

屈拇短肌 手掌橈側的大隆起，會形成拇指球。

手背側▶

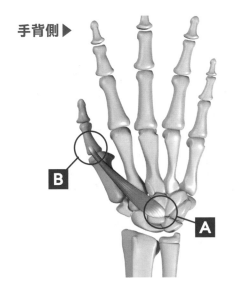

［支配神經］ 淺部：正中神經、深部：尺神經

A 起點
　　①淺頭：屈肌支持帶
　　②深頭：大／小多角骨
B 終點
　　經由橈側的種子骨到達拇指的近節指骨基部

主要功能

拇指的屈肌（MP關節）

ADL

握住球棒或球拍的動作時，會發揮很大的作用。

軀幹的肌肉

軀幹肌肉的正面

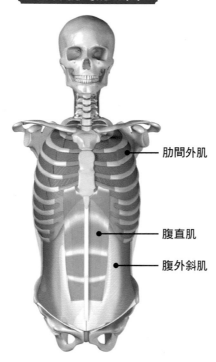

肋間外肌

腹直肌

腹外斜肌

軀幹肌肉的背面

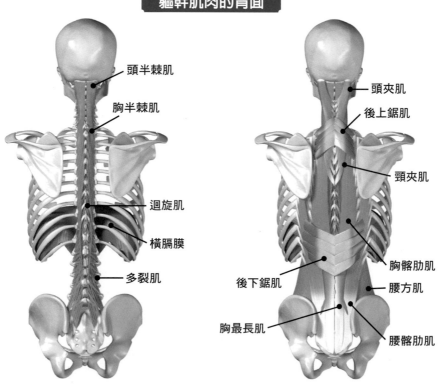

頭半棘肌

胸半棘肌

迴旋肌

橫膈膜

多裂肌

頭夾肌

後上鋸肌

頸夾肌

後下鋸肌

胸最長肌

胸髂肋肌

腰方肌

腰髂肋肌

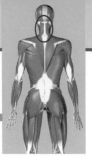

頭夾肌、頸夾肌

位於棘突、項韌帶之間，被菱形肌與斜方肌所包覆。若是枕下區的肌肉的話，則會位於外側。

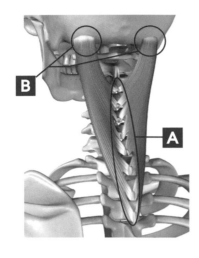

［**支配神經**］ 頸神經

A 起點
　　C7頸椎、T1～T3胸椎的棘突、項韌帶

B 終點
　　顳骨乳突、枕骨的上項線

主要功能

頭部的伸展、側屈、迴旋

ADL

發揮輔助作用，讓包含頭頸部在內的脊椎的動作變得順暢。

頸夾肌 附著在位於頭夾肌深層部位的枕下區上。位於外側層。

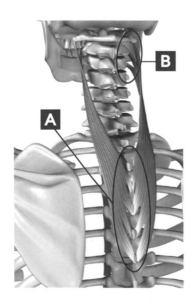

［**支配神經**］ 頸神經

A 起點
　　T3～T6胸椎的棘突、棘上韌帶

B 終點
　　C1～C3頸椎的橫突後結節

主要功能

頭／頸部的伸展、側屈、迴旋

ADL

與頭夾肌一起讓頸部往後仰，或是倒向正側面時，會發揮作用。

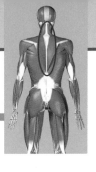

頸棘肌、胸棘肌

頸棘肌 此肌肉位於豎脊肌的最內層,從頸部分布到胸部。

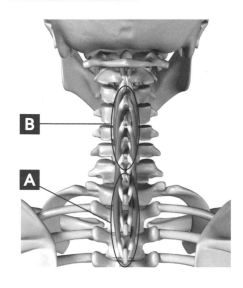

［支配神經］ 頸神經

A 起點
　　C5（6）頸椎、T1／T2胸椎的棘突
B 終點
　　C2～C4頸椎的棘突

主要功能

頸椎的伸展、迴旋

ADL

能夠保護脊柱、脊髓神經。屬於豎脊肌之一。頸棘肌的異常會導致脊柱側彎或疼痛。

胸棘肌 此肌肉位於豎脊肌的最內層,從上部腰椎分布到下部胸椎。其作用為,在生活中,讓脊柱流暢地活動。

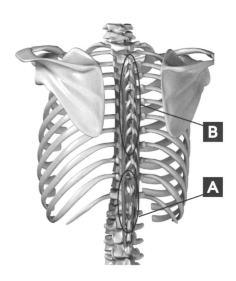

［支配神經］ 胸神經、腰神經

A 起點
　　L1～L2腰椎、T11～T12胸椎的棘突
B 終點
　　T2～T8胸椎的棘突

主要功能

脊柱的伸展、迴旋

ADL

屬於豎脊肌之一。胸棘肌會保護脊柱以及脊髓神經。

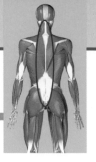

頸最長肌、胸最長肌

頸最長肌

位於半棘肌上部、髂肋肌下部附近的豎脊肌之一。此肌肉能讓從頸部到胸部的脊椎維持穩定，保持正常彎度。

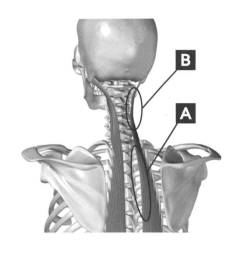

［**支配神經**］ 頸神經、胸神經

A 起點
    T1～T5胸椎的橫突

B 終點
    C2～C5（6）頸椎的橫突後結節

主要功能

頸椎的伸展、側屈

ADL

用來保護脊柱、脊髓神經的豎脊肌之一。此肌肉的異常會導致頸部、背部的疼痛或肩膀痠痛。

● **豎脊肌：棘肌、最長肌、髂肋肌這3種肌肉，從顱骨分布到骨盆的肌肉的總稱。**

胸最長肌

位於髂肋肌下部，屬於豎脊肌之一。用來維持正確姿勢。此肌肉的異常會導致胸部、腰部的疼痛或肩膀痠痛。

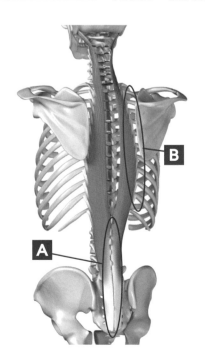

［**支配神經**］ 胸神經、腰神經

A 起點
    薦骨的背面、L1～L5腰椎的橫突

B 終點
    所有肋骨的肋角與肋骨結節之間、
    胸椎橫突、L1～L3副突

主要功能

脊柱的伸展、側屈

ADL

此肌肉的作用為，讓從薦骨分布到胸腰部的脊椎維持穩定。

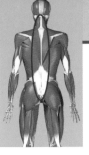

胸髂肋肌、腰髂肋肌

胸髂肋肌是位於髂肋肌的胸部部分的肌肉。也是位於在脊骨上隆起的豎脊肌最外側的肌肉之一。活動脊柱時,會發揮作用。

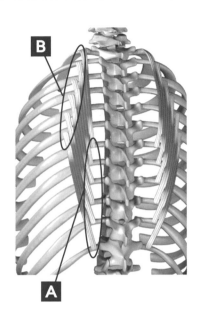

［**支配神經**］ 胸神經

A 起點
第7～第12肋角內側

B 終點
第1～第6肋骨的肋角

主要功能

胸椎的伸展、側屈

ADL

用來維持脊柱的彎度,保持正確姿勢。進行步行等日常動作時,會發揮作用。

腰髂肋肌
豎脊肌之一,範圍為從薦骨到肋骨的下部與中央部分。位於最外側。活動脊柱時,會發揮作用。

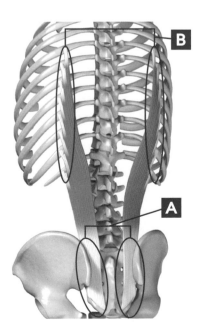

［**支配神經**］ 胸神經、腰神經

A 起點
髂嵴、薦骨的背面

B 終點
第6～第12肋骨的肋角下緣

主要功能

腰椎的伸展、側屈

ADL

用來維持脊柱的彎度,保持正確姿勢。進行步行等日常動作時,會發揮作用。

頭半棘肌、頸半棘肌

頭半棘肌　屬於後頸肌群的深層肌肉（inner muscle）。作用比頭棘肌來得強。

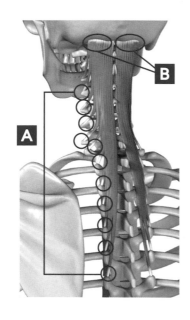

［**支配神經**］ 頸神經

A 起點
　　C7頸椎、T1～T6胸椎的橫突、C4～C6頸椎
　　的關節突

B 終點
　　枕骨的上項線與下項線之間

主要功能

頭部的伸展、迴旋

ADL

讓頭部後仰時，會發揮作用，而且動作既流暢又強而
有力。也能確實地保護脊骨、脊椎。

頸半棘肌　屬於後頸肌群的深層肌肉（inner muscle）。長肌束具備很強的彎曲力，
較短的肌束則能夠發揮迴旋作用。

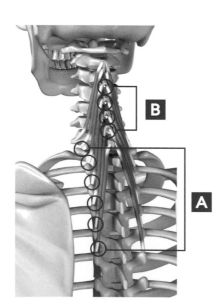

［**支配神經**］ 頸神經、胸神經

A 起點
　　T1～T5（6）胸椎的橫突

B 終點
　　C2～C5頸椎的棘突

主要功能

頸椎的伸展、迴旋

ADL

在橄欖球、美式足球、摔角等運動中，進行列陣爭球
或擒抱動作時，會發揮作用。也能確實地保護脊骨及
脊椎。

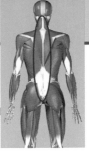

胸半棘肌、多裂肌

胸半棘肌

屬於後頸肌群的深層肌肉（inner muscle）之一。由於位在脊柱的上半部，所以被稱作半棘肌。

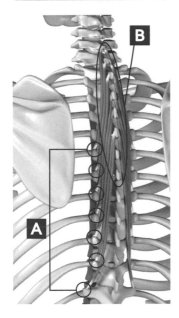

［支配神經］ 頸神經、胸神經

A 起點
　　T6（7）〜T11（12）胸椎的橫突

B 終點
　　C5〜C7頸椎、T1〜T4胸椎的棘突

主要功能

脊柱的伸展、迴旋

ADL

往上看與往後看時，會發揮作用。另外，和頸半棘肌一樣，能夠保護脊骨及脊椎。

多裂肌

位於比豎脊肌、半棘肌更深層的部分，屬於橫突群的一部分。用來形成軀幹的4種肌肉為腹膜肌、骨盆底肌、橫膈膜、多裂肌。多裂肌也是這些肌肉的其中之一。

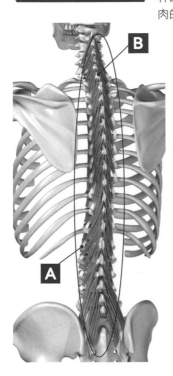

［支配神經］ 頸神經、胸神經、腰神經

A 起點
　　C4〜C7頸椎的關節突、胸椎的橫突、腰椎、
　　薦骨、髂骨

B 終點
　　從起點到第2〜4椎骨上段的所有棘突

主要功能

脊柱的迴旋、伸展、側屈

ADL

在各種運動中，讓姿勢與脊柱保持穩定。

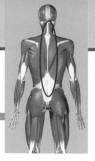

迴旋肌、肋間外肌

迴旋肌　屬於小型肌群，位於橫突肌群的最深層。

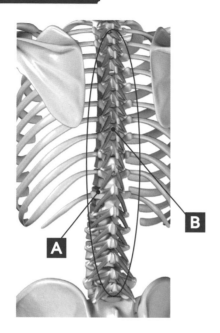

［**支配神經**］ 頸神經、胸神經、腰神經

A 起點
　　脊椎骨的橫突

B 終點
　　相鄰的1塊（2塊）椎骨上方的棘突

主要功能

脊柱的迴旋

ADL

維持姿勢，讓脊柱保持穩定。

肋間外肌　在肋軟骨形成纖維性的膜。會形成胸部的肌肉，讓肋骨與脊椎骨相連。

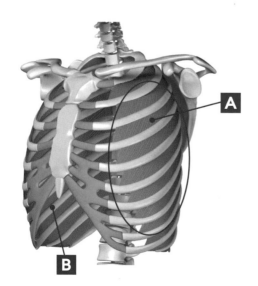

［**支配神經**］ 肋間神經

A 起點
　　第1～11肋骨上段部分的下緣

B 終點
　　第2～12肋骨下段部分的上緣

主要功能

在吸氣時，能夠抬起肋骨、擴大胸腔。

ADL

能夠維持穩定的吸氣狀態。另外，進行激烈運動時，會發揮很大的作用。

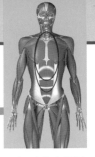

肋間內肌、腰方肌

肋間內肌　與肋間外肌同樣都是纖維性的膜。會與肋間外肌等部位，一起形成胸部的肌肉。

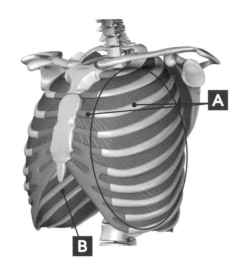

[**支配神經**]　肋間神經

A 起點
　　第1～11肋骨的內側邊緣／肋軟骨

B 終點
　　第2～12肋骨下段部分的上緣

主要功能

呼氣時，讓肋骨間進行收縮。

ADL

下壓肋骨，縮小胸廓，呼出氣體。

腰方肌　與豎脊肌相同，皆為位於腰椎的胸腰腱膜前部的長方形肌肉。

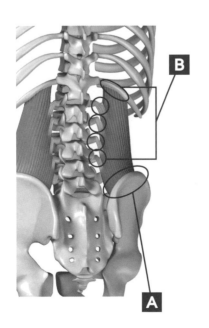

[**支配神經**]　胸神經、腰神經

A 起點
　　髂嵴、髂骨韌帶

B 終點
　　第12肋骨、L1～L4腰椎的橫突

主要功能

腰椎的屈曲／側屈、第12肋骨的下壓

ADL

讓身體朝向側面彎曲，以及撿東西時，會發揮作用。

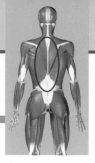

後上鋸肌、後下鋸肌

後上鋸肌 隱藏在斜方肌下方的四角形扁平肌肉。能夠讓肋骨與脊椎骨相連。

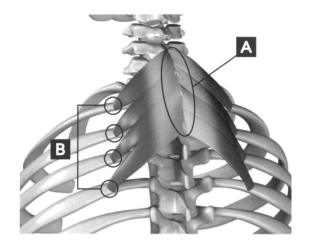

［**支配神經**］ 肋間神經

A 起點
　　C7頸椎、T1～T3胸椎棘突
B 終點
　　第2～第5肋骨上緣

主要功能

吸氣時的肋骨上舉。

ADL

抬起第2～第5肋骨，協助吸氣。

後下鋸肌 位於胸部到腰部之間的肌肉，能夠讓肋骨與脊椎骨相連。

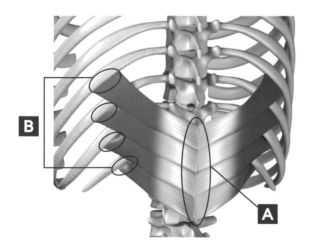

［**支配神經**］ 肋間神經

A 起點
　　T11～T12胸椎、L1～L2腰椎的棘突
B 終點
　　第9～第12肋骨的下緣

主要功能

呼氣時的肋骨下壓。

ADL

抬起第9～第12肋骨，協助呼氣。

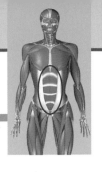

腹外斜肌、腹內斜肌

腹外斜肌　位於側腹肌的最外層,後部肌纖維束被背闊肌所包覆。

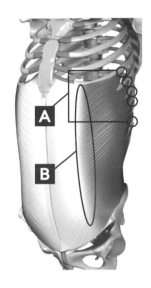

［**支配神經**］ 肋間神經

A 起點
　　第5～第12肋骨外側

B 終點
　　髂骨外唇、鼠蹊韌帶、腹直肌鞘前層

主要功能

軀幹的屈曲、側屈、反向迴旋

ADL

幫助排便、排尿,使內臟變得穩定。最適合用來進行縮腹運動。

腹內斜肌　位於腹橫肌的淺層,被腹外斜肌所覆蓋。

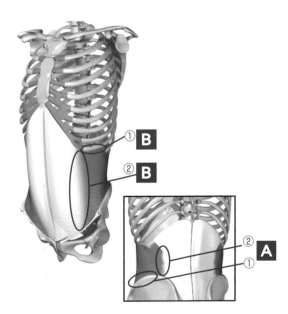

［**支配神經**］ 肋間神經、腰神經

A 起點
　　①髂嵴
　　②胸腰筋膜深層

B 終點
　　①第10～第12肋骨
　　②腹直肌鞘

主要功能

能讓軀幹進行彎曲、側彎、同側迴旋動作。

ADL

協助進行排便、排尿、打噴嚏以及分娩等動作。

腹橫肌、橫膈膜

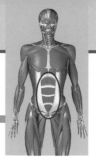

能夠與腹外斜肌、腹內斜肌一起提昇腹內壓。

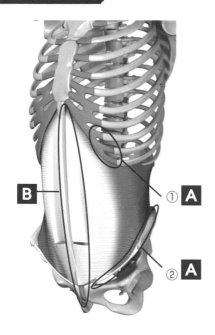

［**支配神經**］ 肋間神經、髂腹下神經、
　　　　　　 髂腹股溝神經

A **起點**
　　①第7～第12肋軟骨、腰筋膜
　　②髂嵴、鼠蹊韌帶
B **終點**
　　劍突、白線、恥骨

主要功能

提昇腹內壓

ADL

協助排便、排尿，使內臟保持穩定。

橫膈膜 負責腹式呼吸的主要呼吸肌。只要往下壓胸廓就會打開，能充分地吸氣。

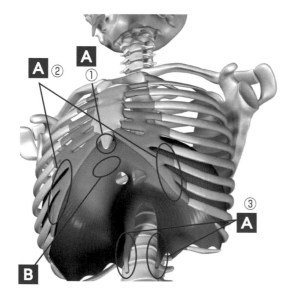

［**支配神經**］ 橫膈神經

A **起點**
　　①胸骨部　劍突背面
　　②肋骨部　第7～第12肋骨／肋軟骨的內側
　　③腰椎部　L1～L3腰椎的內側與外側
B **終點**
　　中心腱

主要功能

腹式呼吸的主要呼吸肌

ADL

在呼吸運動中，吸氣時會發揮作用。以協助排
便、排尿。

下肢帶、大腿的肌肉

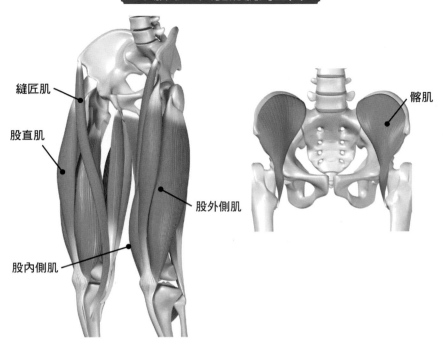

縫匠肌

股直肌

股外側肌

股內側肌

髂肌

下肢帶、大腿的肌肉背面

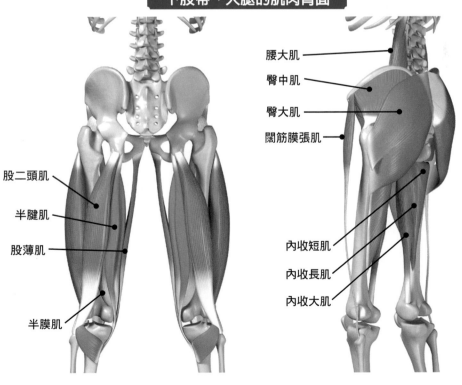

股二頭肌

半腱肌

股薄肌

半膜肌

腰大肌

臀中肌

臀大肌

闊筋膜張肌

內收短肌

內收長肌

內收大肌

髂肌、腰大肌

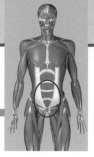

髂肌

位於髂骨內側面的三角狀肌。用來保護腸道等內臟，進行腹肌運動時，能夠發揮作用。用來讓髖關節彎曲的主要肌肉。

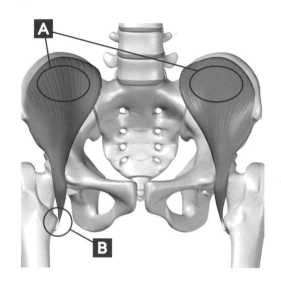

［**支配神經**］ 腰神經叢、股神經

A **起點**
　　髂骨的髂窩
B **終點**
　　股骨的小轉子

主要功能

髖關節的屈曲／外旋、脊柱的屈曲

ADL

在進行爬樓梯、走路等抬腳動作時，以及維持腳部姿勢時，會發揮作用。

腰大肌

與髂肌一樣，是用來讓髖關節彎曲的主要肌肉。用來保持正確姿勢的重要肌肉。被稱作髖關節的深層肌肉。

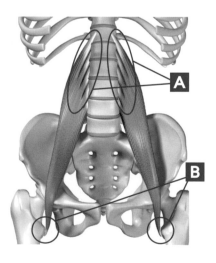

［**支配神經**］ 腰神經叢

A **起點**
　　T12胸椎、L1～L5腰椎橫突
B **終點**
　　股骨的小轉子

主要功能

髖關節的屈曲／外旋、脊柱的屈曲

ADL

增強此肌肉能夠有效預防臥床不起與代謝症候群。

| 髂腰肌 | 髂肌 | 腰大肌 | 腰小肌 |

腰小肌、臀大肌

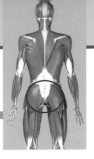

腰小肌

位於腰大肌前部的肌肉。與髖關節的彎曲無關，而是用來協助脊柱進行彎曲。由於沒有獨特功能，所以有約一半的人缺乏此肌肉。

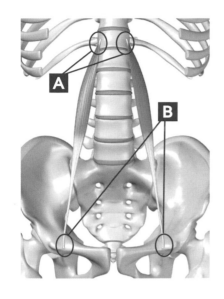

［支配神經］ 腰神經叢

A 起點

　　T12胸椎、L1腰椎的外側面

B 終點

　　髂恥隆起與附近的肌膜

主要功能

協助脊柱的屈曲

ADL

由於此肌肉沒有附著在脊柱上，所以其作用就只是把腳抬起。

臀大肌

人體中最重的肌肉。雖然在走路時，不太會動，但在進行跑步、攀登等會讓髖關節進行伸展、外旋的動作時，就會發揮作用。

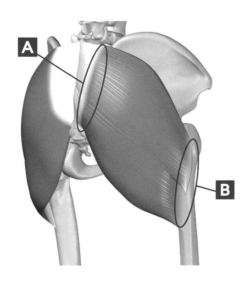

［支配神經］ 下臀神經

A 起點

　　髂骨臀後線、薦骨、尾骨背面邊緣、
　　薦結節韌帶

B 終點

　　闊筋膜的髂脛束、股骨的臀肌粗隆

主要功能

髖關節的伸展、外旋

ADL

從坐下狀態站起身時，以及進行跑步、跳著走、跳躍等運動時，會發揮作用。

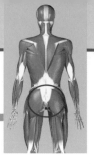

臀中肌、臀小肌

臀中肌　除了上外側部以外，都被臀大肌覆蓋。肌腹兼具結實的肌膜。

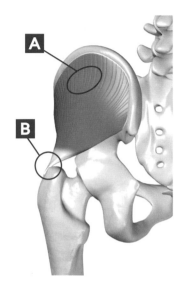

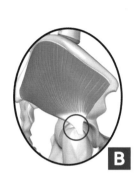

［**支配神經**］　上臀神經

A 起點
　　髂骨翼外側的臀前線與臀後線之間

B 終點
　　股骨的大轉子外側面

主要功能

髖關節的外展、內旋

ADL

走路時可防止骨盆朝向非重心腳（沒有接觸地面的腳）落下，讓骨盆保持穩定狀態。

臀小肌　在臀大肌深處，位於比臀中肌更裡面的就是呈現扇形的臀小肌。用來讓髖關節進行輕微的外展、內旋動作。

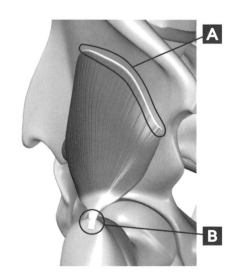

［**支配神經**］　上臀神經

A 起點
　　髂骨翼外側的臀外線與臀下線之間

B 終點
　　股骨的大轉子

主要功能

髖關節的外展、內旋

ADL

協助臀中肌。若臀小肌、臀中肌的力量很弱的話，就無法穩定地單腳站立。與步行動作有很大關聯。

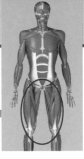

闊筋膜張肌、梨狀肌

闊筋膜張肌

位於臀中肌前方的大腿外側部，呈現肌膜狀。大腿外側部會將大腿肌肉包覆住。

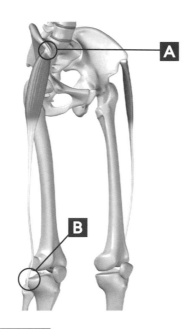

［**支配神經**］ 上臀神經

A 起點
　　髂骨的髂骨前上棘、髂嵴

B 終點
　　經由髂脛束到達脛骨外側上緣

主要功能

大腿的屈曲、外展、內旋

ADL

協助大腿的運動，在走路時，能夠讓腳筆直地往前伸出。

梨狀肌

呈西洋梨狀的肌肉。與髖關節的動作有很大關聯。

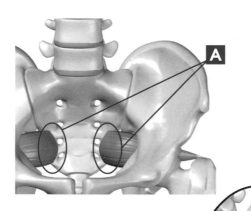

［**支配神經**］ 坐骨神經叢

A 起點
　　薦骨正面、髂骨坐骨大切跡

B 終點
　　股骨的大轉子前端

主要功能

髖關節的外旋

ADL

進行蛙式游泳等運動的腳部動作時，會發揮作用。可能會成為坐骨神經痛的原因。

背面

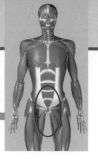

股方肌、內收大肌

呈方形的平坦厚肌。在深層外旋六肌中，是很強健的肌肉。

背面

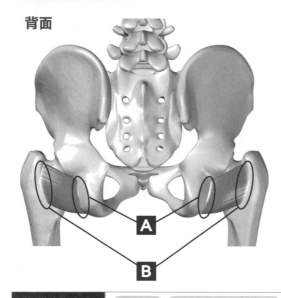

［**支配神經**］ 薦神經叢

A 起點
坐骨的坐骨結節

B 終點
股骨的轉子間嵴

主要功能

髖關節的外旋

ADL

蛙式游泳等運動的腳部動作時會發揮作用。

深層外旋六肌	梨狀肌	閉孔外肌／閉孔內肌	孖上肌／孖下肌	股方肌

內收大肌 在內收肌群中是最大且最強健的肌肉。與女性相比，男性的肌肉較硬。

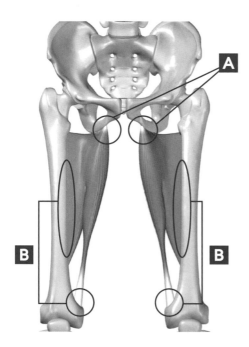

［**支配神經**］ 淺部：脛神經、深部：閉孔神經

A 起點
恥骨下支、坐骨結節

B 終點
股骨的粗線內側唇、內收肌結節

主要功能

髖關節的內收、伸展

ADL

進行騎馬與蛙式游泳等運動的腳部動作時，會發揮作用。

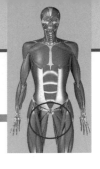

內收長肌、內收短肌

內收長肌

在內收肌群中，位於前方恥骨肌的下部。能拉住兩邊的大腿使其閉合。

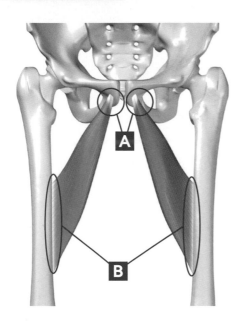

[**支配神經**] 閉孔神經

A 起點
　　恥骨聯合以及恥骨脊

B 終點
　　股骨的粗線內側中央3分之1

主要功能

髖關節的內收、屈曲、內旋

ADL

此肌肉一旦退化，就可能會導致大腿內側的鬆弛或O型腿。

內收短肌

與內收長肌、內收大肌一起運作。負責拉動兩邊大腿。

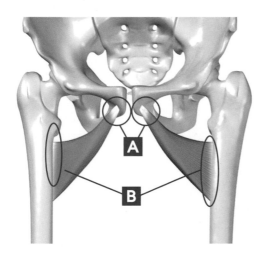

[**支配神經**] 閉孔神經

A 起點
　　恥骨的恥骨下支

B 終點
　　股骨的粗線內側唇上部3分之1

主要功能

髖關節的內收、屈曲、內旋

ADL

在運動中進行橫向移動時，會發揮作用。

閉孔外肌、閉孔內肌

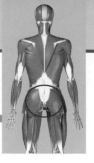

位於髖關節的大腿外旋肌。同時也是位於最深層的脆弱內收肌。

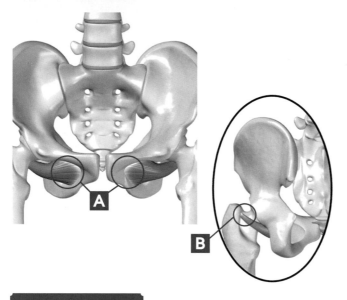

［支配神經］ 閉孔神經

A 起點
　　恥骨的閉孔緣、閉膜的外側

B 終點
　　股骨的轉子窩

主要功能

髖關節的外旋

ADL

在走路時，能用來保持姿勢。

閉孔內肌

在深層外旋六肌當中，是最為強健的肌肉。與髖關節的外旋有關聯。

背面

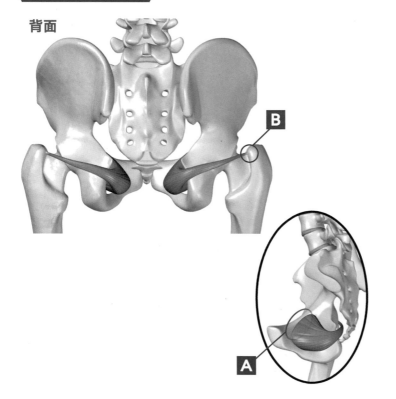

［支配神經］ 薦神經

A 起點
　　坐骨／恥骨的閉孔緣、
　　閉膜的內側

B 終點
　　股骨的大轉子或轉子窩

主要功能

髖關節的外旋

ADL

進行蛙式游泳等運動的腳部
動作時，會發揮作用。

212

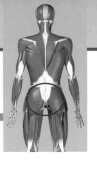

孖上肌、孖下肌

| **孖上肌** | 髖關節的外旋肌，位於梨狀肌與閉孔內肌之間。 |

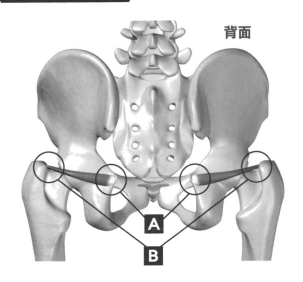

背面

［支配神經］薦神經叢

A **起點**
坐骨的坐骨棘

B **終點**
股骨的大轉子的轉子窩

主要功能

髖關節的外旋

ADL

從機車或自行車等交通工具上下來時，會發揮作用。

| **孖下肌** | 位於閉孔內肌下部的小型肌肉，用來輔助閉孔內肌。 |

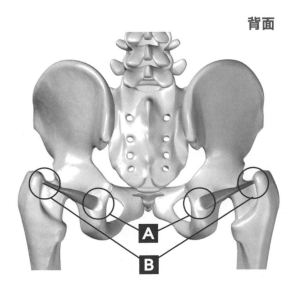

背面

［支配神經］薦神經叢

A **起點**
坐骨的坐骨結節

B **終點**
股骨的大轉子的轉子窩

主要功能

髖關節的外旋

ADL

投擲棒球及揮棒時，會發揮作用。

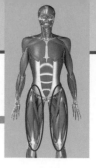

股直肌、股中間肌

| 股直肌 | 在股四頭肌中，是最重要的肌肉。屬於跨越髖關節與膝關節的雙關節肌。 |

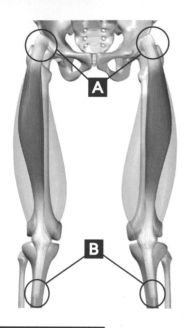

［支配神經］ 股神經

A 起點
　　髂骨的髂骨前下棘、髖臼的上緣

B 終點
　　脛骨粗隆

主要功能

膝關節的伸展、髖關節的屈曲

ADL

從跪坐狀態站起身時，或是在步行時，用來讓膝蓋
進行伸展。

| 股中間肌 | 位於股四頭肌中央。髖關節在屈曲時，能發揮作為膝關節伸肌的作用。 |

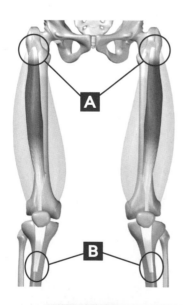

［支配神經］ 股神經

A 起點
　　股骨的骨幹正面

B 終點
　　脛骨粗隆

主要功能

膝關節的伸展

ADL

負責穩定髖關節，讓膝蓋保持伸直姿勢。

| 股四頭肌 | 股直肌 | 股中間肌 | 股外側肌 | 股內側肌 |

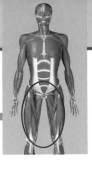

股外側肌、股內側肌

股外側肌 大腿前外側部的肌肉部分。坐下時,能控制下肢的動作。

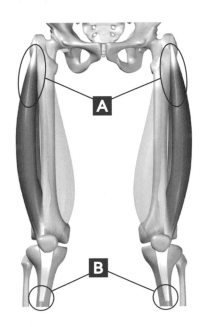

[支配神經] 股神經

A 起點
　　股骨的粗線外側唇、大轉子外側面、臀肌粗隆
B 終點
　　脛骨粗隆

主要功能

膝關節的伸展

ADL

在走路時,能讓膝蓋保持伸直姿勢。

股內側肌 位於大腿前內側部的肌肉。在膝關節的螺旋回返運動(註:screw-home movement。膝蓋完全伸展時,脛骨會對股骨產生輕微的外旋運動)中,當角度位於10~20度之間時,此肌肉會發揮最大的作用。

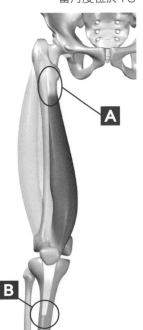

[支配神經] 股神經

A 起點
　　股骨的粗線內側唇
B 終點
　　脛骨粗隆

主要功能

膝關節的伸展

ADL

進行爬樓梯、從坐下狀態起身等動作時,會發揮作用。也具備保持平衡的作用,能讓人順利地坐下。

215

縫匠肌、股薄肌

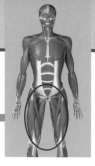

縫匠肌　　人體中最長的帶狀肌肉。髖關節與膝關節的雙關節肌。

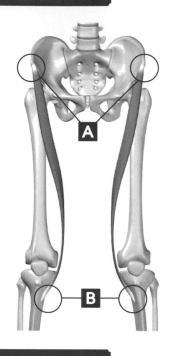

［**支配神經**］　股神經

Ａ 起點
　　髂骨的髂骨前上棘

Ｂ 終點
　　脛骨粗隆的內側面

主要功能

髖關節的屈曲／外展／外旋、膝關節的屈曲

ADL

盤坐時，能夠協助股四頭肌

股薄肌　　分布於大腿內側的細長肌肉，是內收肌群中唯一的雙關節肌。

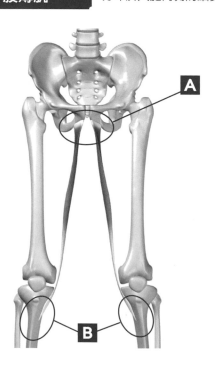

［**支配神經**］　閉孔神經

Ａ 起點
　　恥骨聯合的外側緣

Ｂ 終點
　　脛骨粗隆上部的內側面

主要功能

髖關節的內收、膝關節的屈曲、下肢的內旋

ADL

雙膝彎曲跪坐時，以及進行騎馬、蛙式游泳等運
動時，會發揮作用

股二頭肌、恥骨肌

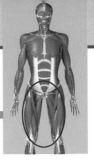
股二頭肌　由長頭、短頭這2條肌頭所構成，也叫做外側腿後腱肌群。
只有短頭與一個關節的屈曲有關。

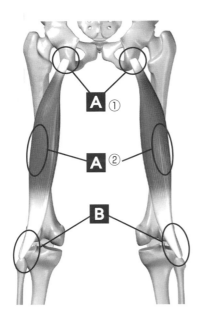

[**支配神經**] 長頭：脛神經
　　　　　　短頭：腓總神經

A 起點
　　①長頭：坐骨的坐骨結節
　　②短頭：股骨的粗線外側唇
B 終點
　　腓骨的腓骨頭

主要功能

髖關節的伸展／外旋、膝關節的屈曲

ADL

用來使髖關節保持穩定。

恥骨肌　內收肌群中位於最高處的方形肌肉。

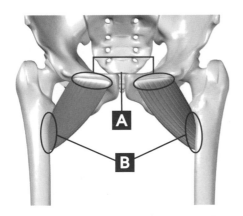

[**支配神經**] 閉孔神經、股神經

A 起點
　　恥骨的恥骨梳
B 終點
　　股骨的恥骨線

主要功能

協助髖關節的內收、屈曲

ADL

筆直地行走時，會發揮作用。

腿後腱肌群	股二頭肌	半膜肌	半腱肌

半膜肌、半腱肌

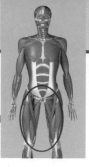

半膜肌　被稱為內側腿後腱肌群。運作時，會和半腱肌產生密切關聯。

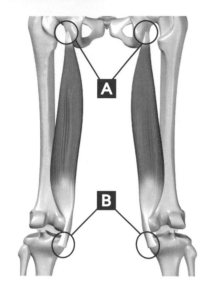

［**支配神經**］　脛神經

A 起點
　　坐骨的坐骨結節

B 終點
　　脛骨內髁

主要功能

髖關節的伸展／內旋、膝關節的屈曲／內旋

ADL

在行走時，腳往前跨出後，此肌肉會發揮作用，避免軀幹彎曲。

半腱肌　細長的肌肉，與半膜肌一樣，被稱為內側腿後腱肌群。短跑選手的此肌肉很發達。

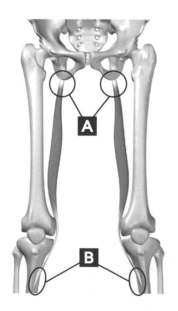

［**支配神經**］　脛神經

A 起點
　　坐骨結節

B 終點
　　脛骨的上部內側面

主要功能

髖關節的伸展／內旋、膝關節的屈曲／內旋

ADL

在盤坐或跪坐狀態下做出起身動作時，會發揮作用。

腓腸肌、比目魚肌

腓腸肌 很強壯的肌肉，被稱為小腿面的「小腿肚」。會延伸到腳後跟，與比目魚肌一起形成阿基里斯腱。

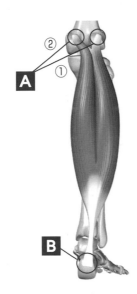

［**支配神經**］ 脛神經

A 起點
　①外側頭：股骨外上髁
　②內側頭：股骨內上髁

B 終點
　跟骨結節

主要功能

足部關節的蹠屈、膝關節的屈曲

ADL

踮腳尖與跑跳時，會發揮很大作用。

比目魚肌 位於腓腸肌內側，大部分區域被腓腸肌包覆住。最後會成為阿基里斯腱，附著在腳後跟上。

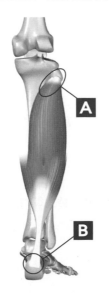

［**支配神經**］ 脛神經

A 起點
　脛骨背面的比目魚肌線、腓骨頭、
　腓骨背面上部

B 終點
　跟骨結節（終點肌腱為阿基里斯腱）

主要功能

足部關節的蹠屈

ADL

筆直地站立時，能用來支撐小腿。進行競走、馬拉松等運動時，會成為很重要的肌肉。

小腿三頭肌 腓腸肌 比目魚肌

蹠肌、膕肌

蹠肌　位於腓腸肌與比目魚肌之間的細長肌肉。據說此肌肉會逐漸退化。

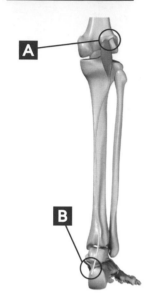

［**支配神經**］ 脛神經

A 起點
　　股骨外上髁

B 終點
　　阿基里斯腱內側緣

主要功能

足部關節的蹠屈

ADL

輔助腓腸肌與比目魚肌。

膕肌　位於膝關節內側的小型扁平肌。作用為，輔助內側腿後腱肌群。

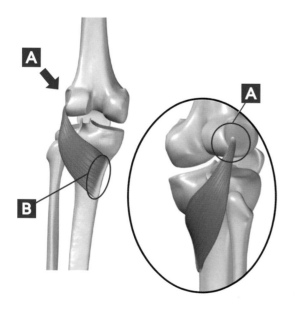

［**支配神經**］ 脛神經

A 起點
　　股骨的外上髁

B 終點
　　脛骨的上部背面

主要功能

膝關節的屈曲

ADL

彎曲膝蓋時，能用來輔助後十字韌帶。

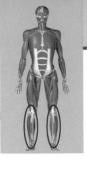

腓骨長肌、腓骨短肌、第三腓骨肌

腓骨長肌

位於小腿正面的長條狀肌肉，也是會最常接觸到的肌肉。
會以外皮肌的形式來發揮作用。

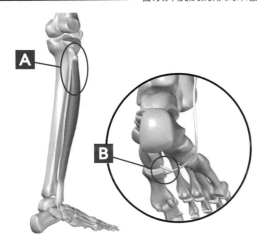

［支配神經］ 淺腓神經

A 起點
　腓骨的外側面上部、腓骨頭
B 終點
　內側楔骨、第1蹠骨的基底部

主要功能

足部關節的外翻、蹠屈

ADL

想要增強此肌肉的話，就要赤腳行走，讓體重集中
於腳的內側。能用來維持足弓。

腓骨短肌

進行外翻動作時的主動肌，能夠保持腳底的縱向弧度。

［支配神經］ 淺腓神經

A 起點
　腓骨的下部外側面
B 終點
　第5蹠骨的基底部

主要功能

足部關節的外翻、蹠屈

ADL

在凹凸不平的道路上行走時，會發揮很大作用。

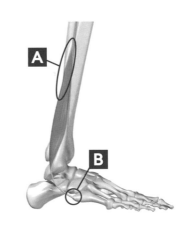

第三腓骨肌

伸趾長肌的某些部分會形成分支，此部位叫做第三腓骨肌。

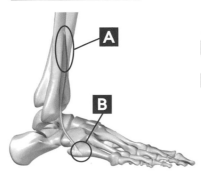

［支配神經］ 深腓神經

A 起點
　腓骨的正面下部
B 終點
　第5蹠骨的基底部

主要功能

足部關節的背屈、外翻

ADL

能讓人一邊在左右傾斜的表面上保
持平衡，一邊站得很直。

221

脛前肌、脛後肌

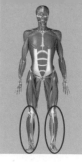

脛前肌

位於小腿正面的長條肌肉，也是會最常接觸到的肌肉。
在負責足部關節的背屈動作的肌肉中，最為強壯。

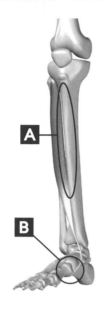

[**支配神經**] 深腓神經

A 起點
　脛骨的外側面、小腿骨間膜

B 終點
　內側楔骨、第1蹠骨的基底部

主要功能

足部關節的背屈、內翻，以維持腳底弧度

ADL

在滑雪與溜冰等需採取前傾姿勢來行走的運動
中，當重量施加在腳部外側時，此肌肉就會發揮
很大作用。

脛後肌

通過小腿中心，被屈趾長肌所覆蓋的深層肌肉。與脛前肌、伸趾長肌一起
引發的炎症叫做前脛骨症候群。

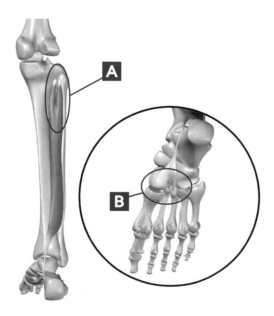

[**支配神經**] 脛神經

A 起點
　脛骨／腓骨的背面

B 終點
　舟狀骨、3塊楔骨、骰骨、
　第2～第4蹠骨基部

主要功能

足部關節的內翻、蹠屈。

ADL

進行踮腳尖、騎自行車等動作時，會發揮作用。

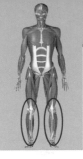

伸趾長肌、屈趾長肌

伸趾長肌

用來保持與蹠屈肌和背屈肌之間平衡的重要肌肉。
伸趾長肌的下外側會形成幾個分支，且被稱作第三腓骨肌。

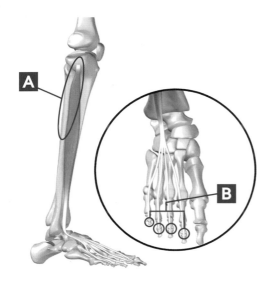

[支配神經] 深腓神經

A 起點
　　脛骨外側面、腓骨前緣、小腿骨間膜
B 終點
　　第2～第5腳趾中、遠節趾骨的背面

主要功能

第2～第5腳趾的伸展（MP、PIP關節）

ADL

在進行爬樓梯等動作時，會發揮輔助作用，讓
腳尖能順利抬起。

屈趾長肌

位於脛骨後方，隱藏在腓腸肌與比目魚肌等主要肌肉之下。在腳底部分，
會分支成4根遠節趾骨。

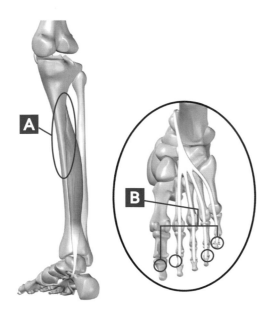

[支配神經] 脛神經

A 起點
　　脛骨背面的中央部
B 終點
　　第2～第5趾的遠節趾骨基部

主要功能

第2～第5趾的屈曲（DIP關節）

ADL

進行登山、競技體操中的平衡木動作等運動時，
會發揮作用。

伸足拇長肌、屈足拇長肌

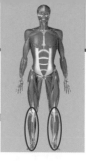

伸足拇長肌

從腓骨中央延伸出來的腹肌會被兩側的肌肉覆蓋，最後一直延伸到母趾的底部。

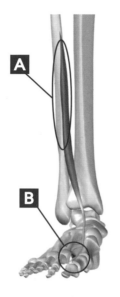

［支配神經］ 深腓神經

A 起點
　　腓骨以及小腿骨間膜的正面
B 終點
　　第1趾（拇趾）遠節趾骨的背面

主要功能

拇趾的伸展（IP關節）

ADL

在爬樓梯時，會發揮輔助作用，讓腳尖能夠順利抬起。

屈足拇長肌

位於小腿三頭肌深處的強健深層肌。能夠避免拇趾外翻。

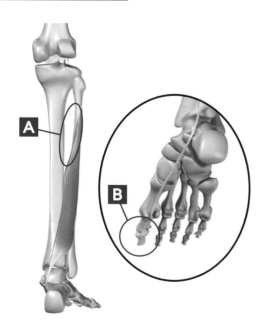

［支配神經］ 脛神經

A 起點
　　腓骨的背面下部
B 終點
　　第1趾（拇趾）的遠節趾骨基部

主要功能

拇趾的屈曲（IP關節）

ADL

在走路時會發揮作用。進行跑步、跳躍等動作時，會與其他肌肉一起發揮作用。

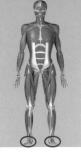
伸足拇短肌、屈足拇短肌

伸足拇短肌　由於是附著在骨頭上的梭形肌，所以能直接讓拇趾進行伸展（MP關節）。

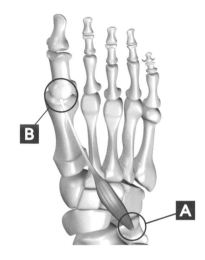

[支配神經] 深腓神經

A 起點
　　跟骨的背面
B 終點
　　第1趾（拇趾）的近節趾骨基部

主要功能

拇趾的伸展（MP關節）

ADL

一旦過度使用肌腱，此處就容易引發腱鞘炎。

屈足拇短肌　被外展足拇肌所覆蓋的深層肌肉。

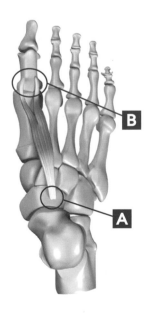

[支配神經] 外蹠神經、內蹠神經

A 起點
　　骰骨、楔骨
B 終點
　　第1趾的近節趾骨基部的兩側

主要功能

拇趾的屈曲（MP關節）

ADL

與屈足拇長肌一起讓各拇趾的屈曲程度取得平衡。

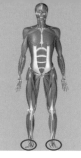

外展小趾肌、外展足拇肌

外展小趾肌 位於足外側緣的淺層肌肉。會製造出足部外側緣的隆起。

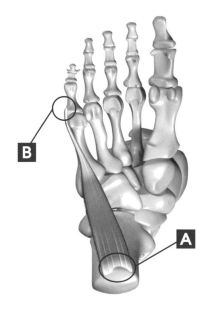

［**支配神經**］ 外蹠神經

A 起點
跟骨結節、內側隆起

B 終點
第5趾（小趾）的近節趾骨基部外側

主要功能

小趾的外展、屈曲

ADL

維持足部的外側縱向弧度

外展足拇肌 位於拇趾的內側（足底的淺層），用來固定第1蹠骨頭。

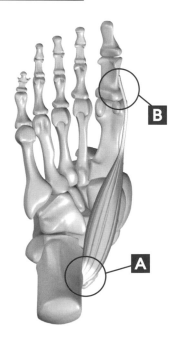

［**支配神經**］ 內蹠神經

A 起點
跟骨的隆起、屈肌支持帶、足底筋膜

B 終點
拇趾近節趾骨的內側

主要功能

拇趾的外展

ADL

用來保持足部的內側縱向弧度

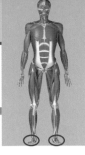

伸趾短肌、屈趾短肌

伸趾短肌 與伸足拇短肌、背側骨間肌相同，屬於會通過腳背的肌肉。負責第2～第4趾的伸展。

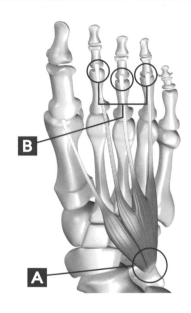

[支配神經] 深腓神經

A 起點
　　跟骨的背側

B 終點
　　第2～第4趾的伸趾長肌肌腱

主要功能

第2～第4趾的伸展

ADL

只要背屈，就會產生圓形隆起。與踮腳尖這個動作有關。

屈趾短肌 在足部肌肉中，位於足底的最表層／中央區域，被足底筋膜所覆蓋。

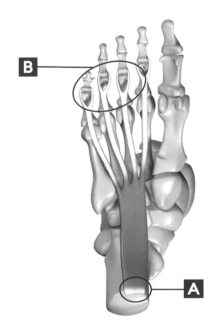

[支配神經] 內蹠神經

A 起點
　　跟骨內側結節以及足底筋膜

B 終點
　　第2～第5趾的中節趾骨

主要功能

第2～第5趾的屈曲（PIP關節）

ADL

此肌肉一旦變弱，就會出現名為「爪形足」的症狀。此症狀會使外側腳趾產生變形。

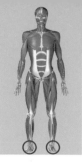

蚓狀肌、蹠方肌

蚓狀肌　與蹠方肌同樣位於中央層的小塊肌肉,難以進行觸診。

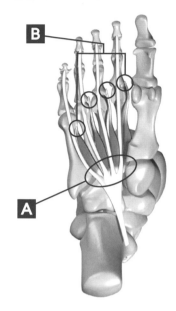

［支配神經］ 外蹠神經、內蹠神經

A 起點
　　屈趾長肌肌腱

B 終點
　　第2～第5趾的伸趾長肌肌腱

主要功能

第2～第5趾的屈曲(MP關節)

ADL

在日常生活中,進行用腳趾尖夾住東西、在把腳趾伸直的狀態下,只彎曲根部等動作時會發揮作用。

蹠方肌　位於足外側緣的深層的肌肉。擁有內、外側頭這2個頭。

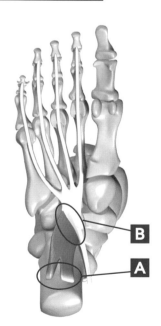

［支配神經］ 外蹠神經

A 起點
　　跟骨底面的外側緣、內側緣

B 終點
　　屈趾長肌肌腱

主要功能

輔助屈趾長肌

ADL

也叫做屈足輔助肌。此肌肉一旦變弱,就會引發肌筋膜疼痛症候群。

第 5 章

循環系統、淋巴系統

循環系統的構造與功能

用來讓血液與淋巴液等體液在全身各處循環的器官叫做循環系統。循環系統大致上可以分成「血管系統」與「淋巴系統」。

■ 全身的血管與其功能

血液會以心臟為中心，在全身各處進行循環，把養分、激素、氧氣等人體所需的物質運送到各組織，並從細胞與組織中把以二氧化碳為首的廢物運走，發揮很重要的作用。以成年人來說，血液的量占了體重的12分之1～13分之1（約8%）。血管是用來把血液運送到人體各處的通道，從心臟離開的血管會分支成「主動脈」、「動脈（中小型動脈）」、「細動脈」、「微血管」，且遍及身體的各個角落。相反地，流經全身各處後，最後回到心臟的血管則叫做靜脈。

全身的血液循環

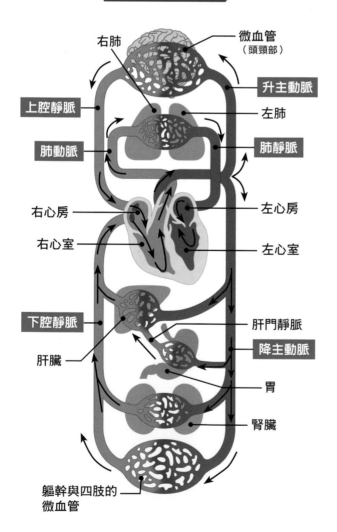

右肺　微血管（頭頸部）
升主動脈
上腔靜脈　左肺
肺動脈　肺靜脈
右心房　左心房
右心室　左心室
下腔靜脈　肝門靜脈
降主動脈
肝臟　胃
腎臟
軀幹與四肢的微血管

■ 循環系統的構造

讓血液在全身循環的血液系統，是由血管與心臟所構成。血管包含了動脈、靜脈、微血管。心臟則扮演著將血液運送出去的幫浦角色。血液會在血管內移動，只有特定物質能夠通過微血管壁，進行氣體交換。動脈與靜脈會透過細小的微血管來相連，打造出封閉的「封閉血管系統」。用來讓血液從心臟流出的動脈（主動脈與肺動脈）叫做「動脈系統」，讓血液流向心臟的靜脈（上／下腔靜脈、肺靜脈）則叫做「靜脈系統」，這些血管會反覆地產生分支，最終形成微血管，分布在全身各處。另外，當微血管進行會合，形成靜脈後，又會再次產生分支，被2條微血管夾住的血管叫做「門靜脈」。

■ 血液的2種循環路徑

血液循環能讓從心臟出發的血液在體內循環,而且分成「體循環」與「肺循環」這2種路徑。血液會一邊交互地在這2種路徑中進行循環,一邊將必要的能量運送給身體,回收不需要的物質。

◆ 體循環

此循環的目的為,讓血液在全身循環,將氧氣和養分運送給細胞,回收不需要的二氧化碳與廢物。含氧量豐富的動脈血會從心臟的左心室出發,一邊產生分支,一邊被運到分布於全身各處的動脈,接著通過位於末梢的微血管,進行氣體交換後,這次微血管會聚集起來,逐漸形成很粗的靜脈,含氧量很少的靜脈血會通過此處,回到右心房。血液從心臟出發,然後再次回到心臟,這樣就是一次體循環,約需花費20秒。

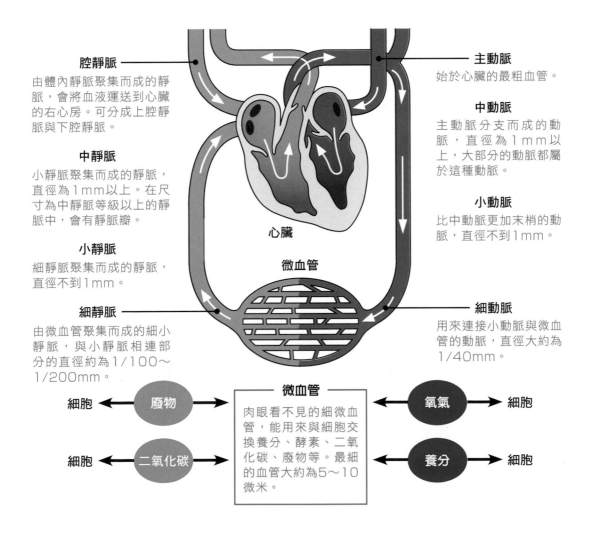

腔靜脈
由體內靜脈聚集而成的靜脈,會將血液運送到心臟的右心房。可分成上腔靜脈與下腔靜脈。

中靜脈
小靜脈聚集而成的靜脈,直徑為1mm以上。在尺寸為中靜脈等級以上的靜脈中,會有靜脈瓣。

小靜脈
細靜脈聚集而成的靜脈,直徑不到1mm。

細靜脈
由微血管聚集而成的細小靜脈,與小靜脈相連部分的直徑約為1/100～1/200mm。

心臟

微血管

主動脈
始於心臟的最粗血管。

中動脈
主動脈分支而成的動脈,直徑為1mm以上,大部分的動脈都屬於這種動脈。

小動脈
比中動脈更加末梢的動脈,直徑不到1mm。

細動脈
用來連接小動脈與微血管的動脈,直徑大約為1/40mm。

細胞 ← 廢物 → 細胞 ← 氧氣 → 細胞

微血管
肉眼看不見的細微血管,能用來與細胞交換養分、酵素、二氧化碳、廢物等。最細的血管大約為5～10微米。

細胞 ← 二氧化碳 → 細胞 ← 養分 → 細胞

◆ 肺循環

　此循環的目的為，進行「氣體交換（參閱P.298）」，讓在全身各處循環後已消耗掉氧氣的血液吸收氧氣，排出二氧化碳。從體循環返回心臟後，靜脈血會從右心房移動到右心室，接著經過肺動脈後，被送到左右兩邊的肺部內，在此處，血液會在肺泡與將肺泡包圍起來的微血管之間進行氣體交換。血液從肺泡中吸收氧氣，並排出二氧化碳後，就會離開左右兩邊的肺部，經由肺靜脈，回到左心房，然後再次從左心室出發，被運送到全身各處。1次肺循環所需的時間約為4～6秒。在肺循環中，缺少氧氣的靜脈血會從心臟出發，經過「肺動脈」，經由「肺靜脈」返回心臟時，就會成為含氧量豐富的動脈血，這與體循環的動／靜脈血的流動有很大差異。

體循環與肺循環的路徑差異

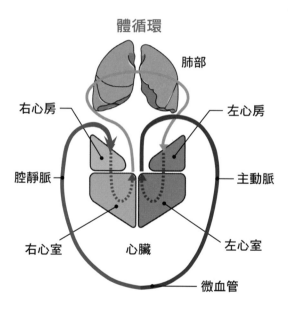

體循環

左心室 ➡ 主動脈 ➡ 微血管 ➡ 腔靜脈 ➡ 右心房

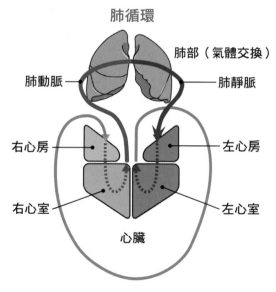

肺循環

右心室 ➡ 肺動脈 ➡ 肺靜脈 ➡ 左心房

脊椎動物的心臟構造的差異

魚類	兩棲類	爬蟲類	哺乳類、鳥類
1心房1心室	2心房1心室	2心房2心室（不完整）	2心房2心室
全都是靜脈	在心室中，靜脈與動脈混雜在一起。	心室雖然不完整，但會被區隔開來。	靜脈與動脈不會混雜在一起。

血管的構造

　用來讓血液流動的血管的壁，是由「內膜」、「中膜」、「外膜」這3層所構成。在動脈與靜脈中，由於血流的壓力不同，所以在構造上，兩者也有差異。動脈的中膜較發達且厚實，具有彈性，相對地，靜脈的中膜較薄，彈性也較低。

■ 血管的構造與特徵

　無論動脈或靜脈，基本的血管壁都是由內膜、中膜、外膜這3層所構成。內膜由內皮細胞與基底膜所構成，中膜由血管平滑肌所構成，外膜則是由疏鬆結締組織所構成。疏鬆結締組織則是由纖維母細胞、膠原纖維、彈性纖維等所組成。隨著血管從身體中心往末端逐漸變細，各層構造也會逐漸變薄，在中途，由平滑肌所構成的中膜會消失，在微血管內，外膜也會消失，變成只剩內皮細胞與基底膜。

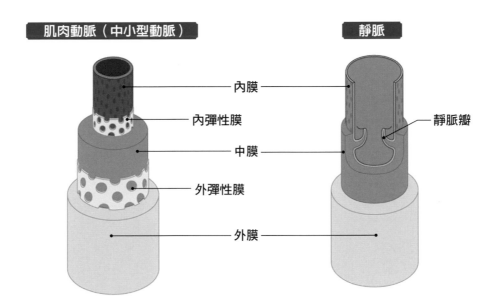

◆ 肌肉動脈（中小型動脈）

　中型的動脈叫做肌肉動脈，中膜的平滑肌細胞很發達。內膜與中膜之間有名為內彈性膜的彈性纖維層，中膜與外膜之間則有外彈性膜。與彈性動脈相比，肌肉動脈中的彈性纖維非常少。中膜的平滑肌之所以很發達，是為了將血液運送到末梢部位。

◆ 靜脈

　由於內壓比動脈低，而且不需要調整血流，所以雖然同樣由3層所構成，但在整體上比動脈薄。因為內膜與中膜特別薄，所以外膜是最厚的。另外，在內膜中，到處都會形成半月狀的「靜脈瓣」，其作用為，即使內壓很低，血液也不會逆流。在下肢部分，靜脈瓣的數量特別多。

■ 微血管的構造與特徵

　　動脈會反覆地產生分支，逐漸變細，最細的部分就是微血管。微血管的直徑為5～10微米，勉強能讓紅血球通過。雖然這種粗細程度肉眼看不見，但微血管會如同網眼般地遍布在全身的組織內，形成「微血管網」。微血管可分成「連續性微血管」、「竇狀微血管」、「通透性微血管」這3種類型。

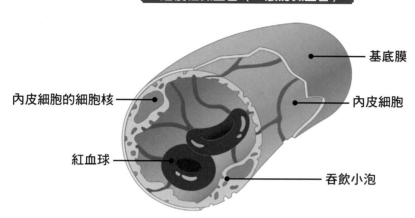

連續性微血管（一般的微血管）

基底膜

內皮細胞的細胞核

內皮細胞

紅血球

吞飲小泡

　　內皮細胞會毫無空隙地覆蓋內壁，外側則有基底膜。一般的微血管被稱作連續性微血管。由於微血管的壁只由內皮細胞這一層所構成，非常薄，所以液體與物質變得容易出入，能夠藉此來進行氣體交換、養分的運送、廢物的回收。

竇狀微血管

基底膜不相連，
空隙很多。

內皮細胞的相連情況缺乏連貫性，會產生比通透性微血管大的開孔。

通透性微血管（窗型微血管）

內皮細胞的連接處是連貫的，沒有空隙，跟連續性微血管一樣。

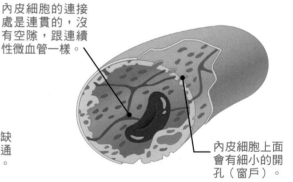

內皮細胞上面會有細小的開孔（窗戶）。

　　內皮細胞的連接處是不連貫的，有許多開孔，基底膜也是不連貫的。在肝竇狀隙等處存在很多這種微血管，蛋白質等較大的分子也能通過。

　　雖然內皮細胞之間的連接處沒有縫隙，但到處都有小開孔，連結處也不緊密。在腎臟的腎小球與內分泌腺等處會看到這種微血管。

血液成分與血液的功能

　　血液大致上可以分成，名為血漿的液體成分，以及由紅血球、白血球、血小板所構成的細胞（血球）成分。這些成分各自具備著獨特的功能，故在血液中，能夠發揮維持生命所需的各種作用。

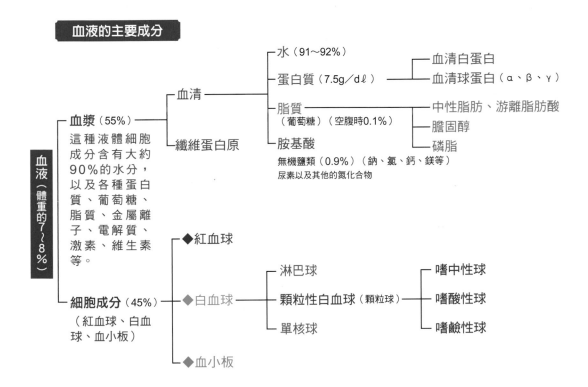

血液的主要成分

◆ 紅血球

　　占據了大部分的細胞成分（約96%），含有具備紅色素的血紅素。全身的數量多達20～25兆個。紅血球沒有細胞核，所以能夠輕易地改變形狀，通過狹窄的微血管內腔。

◆ 白血球

　　細胞內有細胞核，除了血液以外，也存在於淋巴結、脾臟、全身的組織中。可以分成顆粒球、淋巴球、單核球這3種類型，顆粒球還可以再分成「嗜中性球」、「嗜酸性球」、「嗜鹼性球」。在血液中，嗜中性白血球約占白血球的60～70%，其次為淋巴球，占了20～30%。

◆ 血小板

　　骨髓中有一種名為「巨核細胞」的細胞。血小板就是巨核細胞的細胞質的一部分，因此沒有細胞核，形狀也不固定，比一般細胞來得小。

■ 血液的各種功能

　　血液會將氧氣與養分運送到全身各處，並回收二氧化碳與廢物，將其運往排泄器官。氧氣會和紅血球中的血紅素結合，大部分的二氧化碳會形成重碳酸鹽離子（HCO3-），3分之2會溶於血漿，3分之1會溶於紅血球中，然後被運送走。此外，血漿中的白蛋白在維持血液滲透壓與搬運各種物質方面，會發揮重要作用。另外，白血球具備保護身體的免疫作用，能夠對抗入侵人體的細菌與病毒等。除此之外，藉由讓溫暖的血液流到全身各處，就能維持體溫，而且血液也能調整體內的水分、鹽分、礦物質等的量。

體溫調整功能

透過血管的收縮來減少血液流動，避免體內的熱能流到體外，或是透過皮膚來排出不要的熱能。

輸送功能

進行氣體交換，把氧氣運送到各組織中，以呼氣的方式來排出二氧化碳。

恆定性的調整

讓血液的滲透壓（濃度）、鈉以及鉀等維持在一定的程度。另外，也能調整體液的量維持在某種程度。

凝固、免疫功能

血液的血小板能夠讓血液凝固，修復傷口。透過白血球（巨噬細胞），能夠對抗來自外部的細菌、病毒等。

◆ 血液的凝固原理

血管一旦因為受傷等而破裂,流出的血液就會開始凝固,把傷口堵住。血液凝固原理可以分成,血小板結合在一起,堵住傷口的「初級止血(primary hemostasis)」,以及纖維蛋白原(fibrinogen)這種凝血因子轉換成纖維蛋白(fibrin)後,再讓血液凝固的「次級止血(secondary hemostasis)」。

血液的凝固原理

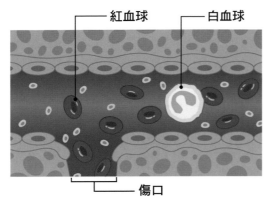

紅血球　　白血球　　　傷口

Ⅰ 當血管受傷,血液滲出到血管外時,周圍的血管壁就會收縮,使血流速度變慢。

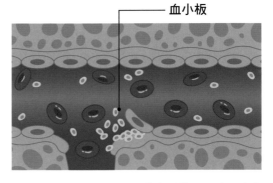

血小板

Ⅱ 血小板與空氣接觸後,就會活化。同時,也會引發連鎖反應,使名為凝血因子的蛋白質持續不斷地活動。

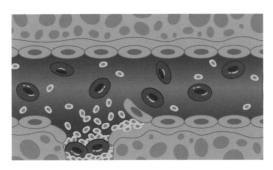

Ⅲ 血小板會透過凝血因子的作用而結合,並製造血小板血栓,進行止血。光靠血小板無法堵住傷口時,血漿中的纖維蛋白原會被分解成纖維狀的纖維蛋白凝塊。

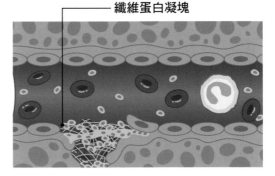

纖維蛋白凝塊

Ⅳ 在血小板血栓的周圍,纖維蛋白凝塊也會將紅血球捲入其中,製造出血凝塊,發揮完整的止血作用。

血紅素的構造

在紅血球中,「血紅素」的數量約有2億8000萬個之多。血紅素由4個亞基所組成,該亞基則是由含有鐵的色素(血基質)和珠蛋白這種蛋白質所構成。血紅素的重要作用為,讓氧氣遍及全身各處。

α鏈　　　鐵原子

β鏈

心臟的構造與功能

對於維持生命不可或缺的心臟會發揮幫浦功能,將血液送往全身。心臟的尺寸約為一個拳頭大。心臟由「心肌」所構成,心肌雖然是橫紋肌(隨意肌),但卻具備平滑肌(不隨意肌)般的作用。心臟周圍被3層「心包(心包膜)」所包覆,能夠維持心臟的激烈運動。

■ 心臟的構造

在胸廓內,心臟位於被左右肺部包圍的胸部中央,稍微偏左。上緣與第3肋軟骨相連,下緣的左端則連接第5肋軟骨。大小與拳頭差不多。在重量方面,男性為280~340g,女性為230~280g。上方的圓形部分叫做「心底」,大型血管會出入於此處。而朝向左下方的略尖部分叫做「心尖」。

由於連接心底與心尖的軸會朝左斜下方傾斜50~60度,所以從正面觀看時,右心房與右心室看起來位於前方,左心房與左心室看起來則隱藏在後方。透過左右的心房與心室,心臟會發揮幫浦功能,將血液送往全身。另外,心臟的表面分布著用來將養分運送給心臟的「冠狀動脈」。

心臟的正面

上腔靜脈
升主動脈
右肺動脈
左肺動脈
右肺靜脈
左肺靜脈
心包
左冠狀動脈
冠狀溝

背面

左肺靜脈
右肺靜脈
下腔靜脈

心底部
左心房
右心房
左心室
右心室
心尖部

■ 心包的構造

　　心臟會被也稱為心包膜的「心包」所包覆。透過心包，就能將心臟與其他器官隔開。心包是由「漿膜心包」與「纖維心包」這2種膜所構成的雙層構造。用來包覆心臟外側的是強韌的纖維心包。纖維心包由堅硬的結締組織所構成，富有彈性。漿膜心包黏附在纖維心包的背面，能增強膜的強度，這2片膜會形成「體壁圍心膜」。

　　另外，漿膜心包會在主動脈等血管處折回，包覆心肌表面，形成「內臟圍心膜」。在已形成袋狀的內臟圍心膜與體壁圍心膜之間，會形成名為「心包腔」的空間。此處含有從心包分泌出來的少量心包液（漿液）。此心包腔與心包液能夠減緩心臟在反覆舒張與收縮時所產生的衝擊。

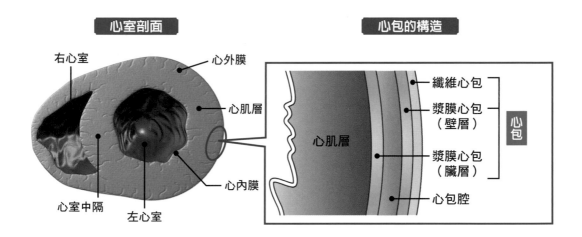

◆ 心外膜

　　屬於漿膜心包的臟層，是附著在心臟表面的漿膜心包，擁有很薄的單層上皮組織。用來供應心臟養分的冠狀動脈會通過此處。心外膜表面也經常出現很發達的脂肪組織。

◆ 心肌層

　　由心肌所構成的厚層，佔據了心壁的大部分空間。雖然心肌與骨骼肌同樣都是橫紋肌，但卻與消化器官的壁等平滑肌一樣，屬於不隨意肌，無法依照自己的意志來活動。另外，心房的肌層是由淺層與深層所構成的2層構造，心室的肌層則由外層、中層、內層這3層所構成，心室的肌層比心房來得厚。

◆ 心內膜

　　可以分成，由單層扁平上皮所構成的內皮，以及由纖維母細胞、膠原纖維、彈性纖維等所構成的結締組織。而用來引發心臟跳動的心臟電傳導系統的纖維也會通過此處。心臟的瓣膜是由心內膜發展而成。

心房與心室的構造

在心臟內，左右兩邊都各有2個房間，也就是用來讓血液流入的心房與用來送出血液的心室。心房與心室之間有名為「僧帽瓣」（左）與「三尖瓣」（右）的「右房室瓣」，左心室與動脈之間有「主動脈瓣」，右心室的出口則有「肺動脈瓣」，這4個瓣膜能夠防止血液逆流。

■ 心臟的4個房間

心臟的內部被名為心肌的肌肉分成上下左右4個房間。上面2個房間叫做「心房」，下面2個房間則叫做「心室」。在房間的牆壁方面，心室比心房來得厚，而且左心房、左心室的壁會比右心房、右心室來得厚。連接主動脈的左心室的厚度為1～1.2公分，右心房的厚度最薄，約為3公厘。

從全身各處返回心臟的血液，會經由上腔靜脈與下腔靜脈進入右心房，然後從右心室出發，流到左右兩邊的肺動脈後，再被運送到肺部。另一方面，從肺部返回心臟的血液，會經由左右肺部中的各2條靜脈（總共4條），進入左心房，通過左心室後，會從升主動脈出發，經過主動脈弓，進入降主動脈後，再被運送到全身各處。

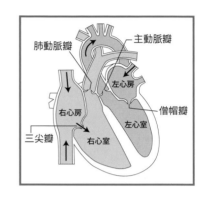

心臟的內部

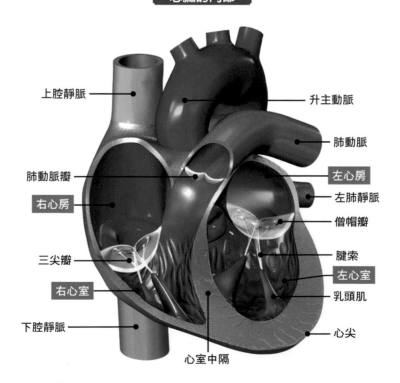

■ 心臟的4個瓣膜的收縮與舒張

　　在心臟中，血液會朝著一定方向來流動，從靜脈側流向動脈側，而且有4個用來防止逆流的瓣膜。心臟會藉由進行收縮與鬆弛（舒張），來防止血液逆流。

①心臟的橫切面（收縮期）

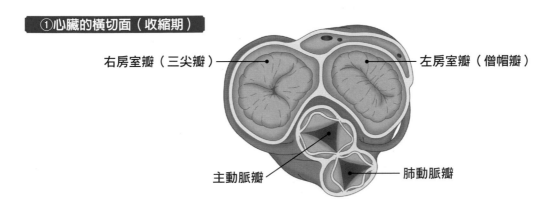

右房室瓣（三尖瓣）　　　左房室瓣（僧帽瓣）

主動脈瓣　　　肺動脈瓣

②心臟的橫切面（舒張期）

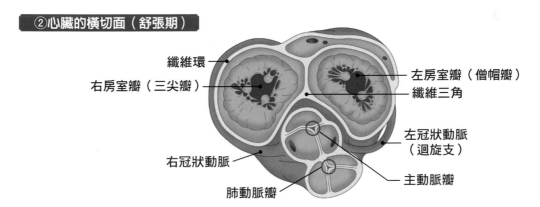

纖維環　　　左房室瓣（僧帽瓣）

右房室瓣（三尖瓣）　　　纖維三角

　　　左冠狀動脈（迴旋支）

右冠狀動脈　　　主動脈瓣

肺動脈瓣

◆ 左右兩邊的房室瓣

　　位於心房與心室之間的瓣膜叫做房室瓣，左房室瓣叫做僧帽瓣（二尖瓣），右房室瓣叫做三尖瓣。當心房收縮時，心室側的房室瓣會打開，將血液送進心室。當心室收縮，並將血液送到動脈時，房室瓣會閉合，防止血液逆流回心房。此時，乳頭肌也會一起收縮，「腱索（帶狀結締組織）」會支撐房室瓣，確實地將瓣膜關閉。另外，由於僧帽瓣的瓣膜前端（瓣尖）會一分為二，而且形狀很像基督教的主教所戴的帽子，所以因而得名。由於右房室瓣的瓣葉有3片，所以被稱為三尖瓣。

◆ 動脈瓣

　　在心室的出口方面，在從左心室通往主動脈的出口，有「主動脈瓣」，在從右心室通往肺動脈的出口，則有「肺動脈瓣」。這2個動脈瓣都各有3片半月狀的半月瓣，能夠避免送往動脈的血液逆流回心室。當心室收縮，內壓提昇時，動脈瓣就會打開，將心室內的血液送到動脈（①收縮期）。當心室鬆弛時，動脈瓣就會關閉，防止動脈中的血液逆流（②舒張期）。

心臟電傳導系統與心臟跳動的原理

■ 心臟電傳導系統

　　心肌進行收縮，將血液推向動脈，透過心肌的舒張，心臟會接收來自靜脈的血液。心臟的運動叫做「心跳」。心跳會以一定的節奏反覆進行，1分鐘內大約會進行60～80次。心跳的起點是位於右心房的上腔靜脈開口部附近的「竇房結」。即使沒有接收其他刺激，這種「興奮刺激的傳導」還是會自動地讓電刺激（電子信號）產生，使心臟跳動，且被稱作「心臟電傳導系統」。

◆ 心臟電傳導系統的流程

　　從「竇房結」傳送出來的刺激會被傳遞到左右兩邊的「心房」，右心房、左心房大致上會同時收縮。接著，電刺激從「房室結」出發，經過「希氏束」，傳遞到心室後，就會分支成左右「束」。然後，會形成「柏金氏纖維」，產生更細微的分支，以網眼狀的方式包覆左右心室內壁。電刺激一旦傳送過來，右心室和左心室就會同時收縮。

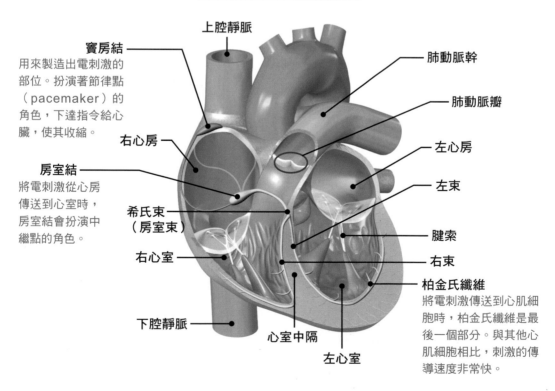

心臟電傳導系統的構造

上腔靜脈

竇房結
用來製造出電刺激的部位。扮演著節律點（pacemaker）的角色，下達指令給心臟，使其收縮。

肺動脈幹

肺動脈瓣

右心房

左心房

房室結
將電刺激從心房傳送到心室時，房室結會扮演中繼點的角色。

左束

希氏束
（房室束）

腱索

右心室

右束

左心室

柏金氏纖維
將電刺激傳送到心肌細胞時，柏金氏纖維是最後一個部分。與其他心肌細胞相比，刺激的傳導速度非常快。

下腔靜脈

心室中隔

左心室

● 竇房結 ➡ 心房 ➡ 房室結 ➡ 希氏束／左右束／柏金氏纖維 ➡ 心室

■ 心跳的原理與心跳週期

心肌有規律地反覆收縮與舒張的運動叫做「心跳」。在1次的心跳中，心房與心室從收縮到舒張的過程叫做「心跳週期」。心跳週期可以分成5個階段。

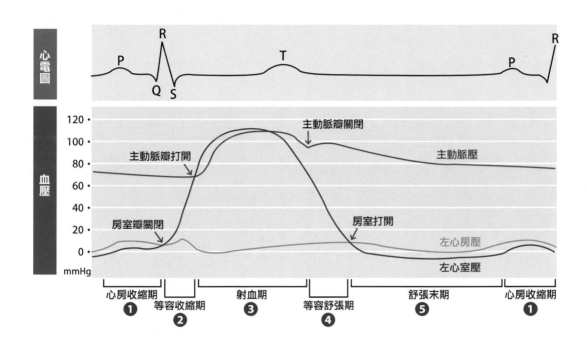

◆ 心電圖與心跳週期的關係

心電圖是測量心臟所產生的微弱電流後，以波形的形式來呈現的圖。在呈現心臟的活動時，心電圖會成為非常重要的工具。在心電圖與心跳週期的波浪形的關係中，從R的頂點到T波的終點附近是心室的收縮期，從T波終點附近到下一個R波則相當於心室的舒張期。

● P波

當心房興奮時（收縮）會出現。

● QRS波

當心室興奮時（收縮）會出現。

● T波

出現於從心室的興奮到恢復期（舒張）之間。心肌一旦出現障礙，T波就會出現異常。

透過心電圖檢查可以了解的資訊

藉由觀察波形，就能了解「收縮節奏是否有出現紊亂」、「心肌是否有出現血液供應不足的缺血情況」，並藉此來得知心律不整、缺血性心臟病、心臟肥大、心房顫動等疾病。

■ 心跳週期的5個階段

　心跳週期可以分成，心室進行收縮時的「收縮期」，以及進行鬆弛時的「舒張期」。收縮期可以再分成「心房收縮期」、「等容收縮期」、「射血期」，舒張期則可以分成「等容舒張期」、「舒張末期（快速充盈期）」，總共分成5個階段。

❶心房收縮期

　竇房結所產生的電刺激從右心房壁傳到左心房的心肌後，心房會開始收縮。血液從心房被推到心室，已傳遞到右心房室心肌的刺激，會傳給位於心室中隔附近的房室結。

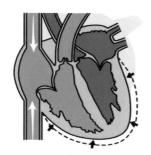

❷等容收縮期

　藉由心臟電傳導系統，刺激從房室結出發，傳送到左右心室的心肌，心室開始收縮。由於心室內壓變得比心房內壓高，房室瓣會被關閉，各動脈的瓣膜也會保持關閉狀態，所以血液不會流動。

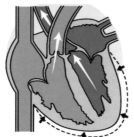

❸射血期

　動脈瓣膜打開，心室內的血液被推到主動脈內。只要心室持續地收縮，導致內壓上昇，各動脈的瓣膜就會打開，血液會一口氣被推射出去。

❹等容舒張期

　心室結束收縮，透過心肌的鬆弛，心室的內壓會下降。結果，雖然動脈瓣被關閉，但是當心室內壓仍比心房內壓高時，房室瓣就不會打開，心室內的血液不會移動。

❺舒張末期（快速充盈期）

　只要心室內壓變得比心房內壓低，房室瓣就會打開，血液會開始流入心室。電刺激再次產生，開始下一個週期。

心臟的血管

　　左右成對的「冠狀動脈」會從主動脈的起始部位出現。透過冠狀動脈，可以提供豐富的氧氣與養分給負責送出血液的心臟。冠狀動脈會經過心外膜的結締組織中，靜脈血會聚集在位於背面的「冠狀竇」，然後流入右心房。

■ 何謂冠狀動脈！

　　不斷地持續跳動的心臟，是一種經常需要很多能量的器官。因此，負責提供氧氣與養分給心臟的血管是獨立的，其名為冠狀動脈。在冠狀動脈中，主動脈離開左心室後不久，就會在主動脈瓣的正上方附近產生分支，形成左冠狀動脈與右冠狀動脈。

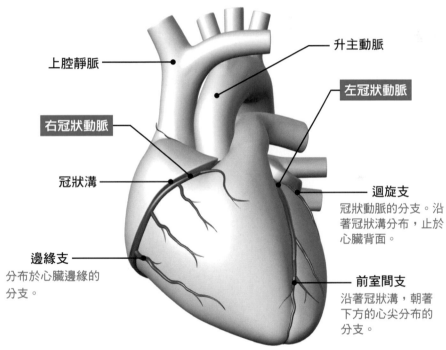

心臟的正面（冠狀動脈）

上腔靜脈

升主動脈

右冠狀動脈

左冠狀動脈

冠狀溝

迴旋支
冠狀動脈的分支。沿著冠狀溝分布，止於心臟背面。

邊緣支
分布於心臟邊緣的分支。

前室間支
沿著冠狀溝，朝著下方的心尖分布的分支。

◆ 左冠狀動脈

　　比右冠狀動脈稍微粗一點。位於心臟的正面，可以分成「前室間支」與「迴旋支」。前室間支會沿著相當於右心室與左心室交界的前室間溝往下移動。迴旋支則會沿著用來區隔心房與心室的冠狀溝，從左前方繞到後方。之後，左前室間支會一邊產生細微的分支，一邊分布在以心臟左側為中心的區域。

◆ 右冠狀動脈

　　沿著冠狀溝，從右前方繞到後方，形成通過後室間溝的後室間支，分布在右心房、右心室以及左心室的背面。

■ 何謂冠狀靜脈！

　　平均每1分鐘約有250毫升的血液會流入冠狀動脈，相當於心臟所輸出的血液量的3～4％。與其他靜脈相比，回到心臟的靜脈的含氧量非常少，但心臟所消耗的氧氣量卻占了全身氧氣消耗量的約1成之多。

　　這些血液的大部分，最後會聚集在位於背側的左房室間溝的「冠狀竇」，流入右心房。聚集在冠狀竇的靜脈包含了，心大靜脈、左心室後靜脈、心中靜脈等。有一部分的血液會不經由冠狀竇，直接流入右心房。

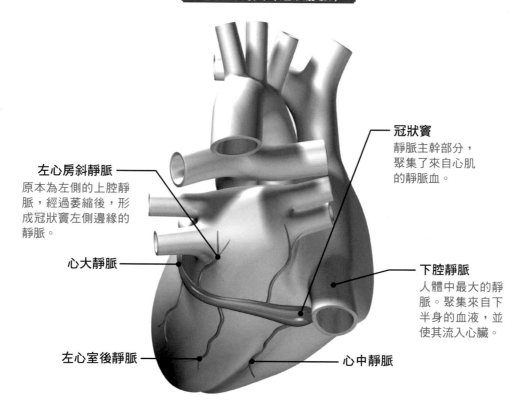

心臟的背面（冠狀靜脈）

冠狀竇
靜脈主幹部分，
聚集了來自心肌
的靜脈血。

左心房斜靜脈
原本為左側的上腔靜
脈，經過萎縮後，形
成冠狀竇左側邊緣的
靜脈。

心大靜脈

下腔靜脈
人體中最大的靜
脈。聚集來自下
半身的血液，並
使其流入心臟。

左心室後靜脈

心中靜脈

◆ 心大靜脈

　　起始於心尖處，會在前室間溝中一邊前進，一邊逐漸地變粗，然後沿著左房室間溝前進，流入冠狀竇。

◆ 心中靜脈

　　沿著後室間溝，與動脈的後降支一起流入冠狀竇。

◆ 左心室後靜脈

　　在左心室背面往上移動的靜脈，會在冠狀竇的開頭部位形成開口。

軀幹的動脈

　　以沿著脊椎分布的「降主動脈」為首，軀幹的動脈大多位於人體深處，且會扮演重要角色，提供養分給用來維持生命活動的內臟。所有的動脈都會透過從心臟左心室出發的主動脈，來產生分支。

■ 主動脈與其分支

　　主動脈從心臟的左心室出發後，會往上移動，產生分支，從主動脈弓變為頭臂動脈幹，分支成左總頸動脈與左鎖骨下動脈，然後往下移動，形成胸主動脈與腹主動脈，接著再分支成左右兩根總髂動脈，與下肢相連。胸主動脈會分支成食道脈、肋間動脈等，腹主動脈則會分支成腹腔動脈、腸繫膜上動脈、腸繫膜下動脈、腎動脈、精索動脈（或卵巢動脈）、腰動脈等。從主動脈弓出發的總頸動脈會供應養分給頭部與臉部，鎖骨下動脈會分支成腋動脈、肱動脈，到達上臂。另外，從右心室出發的肺動脈會進行肺循環，而且也是分布於軀幹部位的重要動脈。

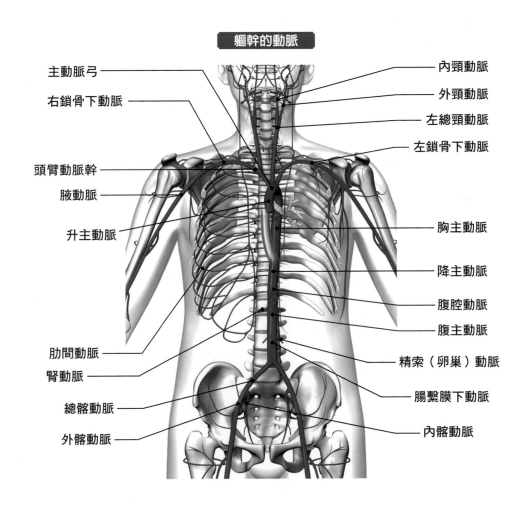

軀幹的動脈

主動脈弓　　　　　　　　　　　　　　內頸動脈
右鎖骨下動脈　　　　　　　　　　　　外頸動脈
　　　　　　　　　　　　　　　　　　左總頸動脈
　　　　　　　　　　　　　　　　　　左鎖骨下動脈
頭臂動脈幹
腋動脈
　　　　　　　　　　　　　　　　　　胸主動脈
升主動脈
　　　　　　　　　　　　　　　　　　降主動脈
　　　　　　　　　　　　　　　　　　腹腔動脈
　　　　　　　　　　　　　　　　　　腹主動脈
肋間動脈　　　　　　　　　　　　　　精索（卵巢）動脈
腎動脈
總髂動脈　　　　　　　　　　　　　　腸繫膜下動脈
外髂動脈　　　　　　　　　　　　　　內髂動脈

軀幹的靜脈

在大部分情況下，用來將血液送回心臟的靜脈，會沿著同名的動脈來分布。另外，根據分布位置，靜脈可以分成，通過皮下組織的「皮靜脈」、通過肌肉下方的「深靜脈」，以及用來連接皮靜脈與深靜脈的「穿通靜脈」。

■ 連接腔靜脈的奇靜脈系統

有2條很粗的靜脈附著在右心房的上下。上腔靜脈會收集來自頭部與上肢的血液，下腔靜脈則會收集來自內臟與下肢的血液，然後讓血液流入右心房。如同主動脈那樣，由於上下腔靜脈沒有直接相連，因此為了彌補這一點，此處會有3條名為「奇靜脈系統」的靜脈。「奇靜脈」始於右邊的腰升靜脈，會收集右半身胸部與腹部後壁的血液，然後流入上腔靜脈。「半奇靜脈」始於左邊的腰升靜脈，會在第8胸椎附近的高度與奇靜脈相連。「副半奇靜脈」會在左半身上部直接與奇靜脈會合。半奇靜脈與副半奇靜脈會一起形成用來連接上下腔靜脈的路徑。

軀幹的靜脈

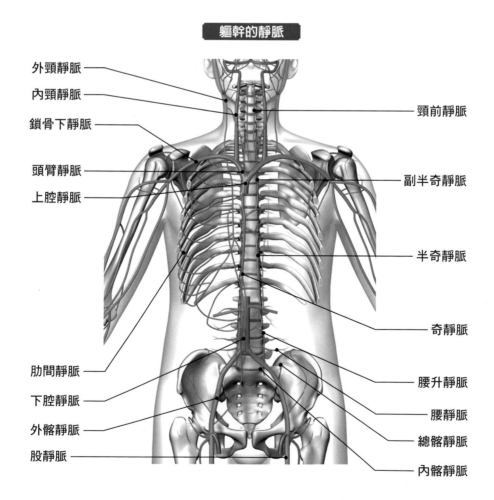

外頸靜脈
內頸靜脈
鎖骨下靜脈
頭臂靜脈
上腔靜脈
肋間靜脈
下腔靜脈
外髂靜脈
股靜脈

頸前靜脈
副半奇靜脈
半奇靜脈
奇靜脈
腰升靜脈
腰靜脈
總髂靜脈
內髂靜脈

頭部、頸部的動脈

■ 頭部、頸部的動脈的特徵

　　在頭頸部內循環的主要動脈是左右兩邊的「總頸動脈」，從這2條動脈中分支出來的動脈，會分布於腦部中。從鎖骨下動脈出發的椎動脈，以及從總頸動脈分支出來的「內頸動脈」，會形成細微分支，並提供養分給腦部。

　　椎動脈進入顱骨內後，左右兩邊的血管就會匯合，形成1條「腦底動脈」。在腦底的前方，內頸動脈主要會形成分支，進行循環。在後方，透過這條腦底動脈而產生的分支會繼續延伸，然後再次分枝成左右兩條血管，形成「後大腦動脈」。延伸到腦內前方的左右內頸動脈，會在名為「後交通動脈」的血管內相連。

◆ 總頸動脈與其分支

　　總頸動脈包含了，從主動脈弓直接分支出來的「左總頸動脈」，以及從始於主動脈弓的「頭臂動脈幹」分支出來的「右總頸動脈」。兩者皆會在甲狀軟骨上緣的高度分支成外頸動脈與內頸動脈。

　　內頸動脈往上通過氣管、食道的外側，進入顱骨內，分支成「眼動脈」後，會在蜘蛛膜下腔中分支成「後交通動脈」與「前脈絡叢動脈」，然後又會進一步地分支成「前大腦動脈」與「中大腦動脈」這2條很粗的終末分支，在腦部中循環。

頭部、頸部的動脈（剖面圖）

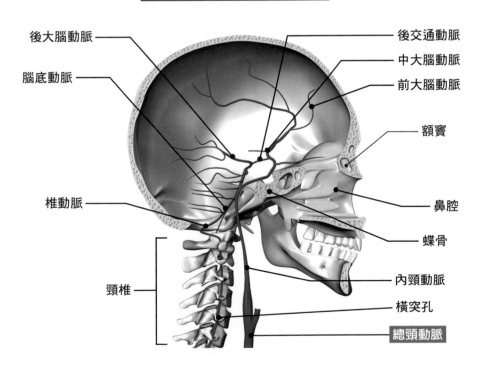

後大腦動脈　腦底動脈　椎動脈　頸椎　後交通動脈　中大腦動脈　前大腦動脈　額竇　鼻腔　蝶骨　內頸動脈　橫突孔　總頸動脈

頭部的靜脈

■ 頭部靜脈的特徵

頭部靜脈與四肢的其他靜脈不同，大部分的分布方式都是獨立的。另外，沒有用來防止血液逆流的瓣膜，也是頭部靜脈的重要特徵之一。

從頭部出發的大部分血液，以及通過臉部表層、頸部等處的血液，會收集來自用來覆蓋「硬膜竇」表面的靜脈的血液，流向內頸靜脈。因此，2條靜脈會與上肢血液所聚集的鎖骨下靜脈會合，形成頭臂靜脈，流入「上腔靜脈」返回右心房。

◆ 硬膜竇

頭部靜脈的特徵為「硬膜竇」的存在。在顱骨與硬腦膜之間，以及正中央區域的左右硬腦膜的閉合部分，有一部分區域會產生很大的空隙（竇），這些空隙被總稱為硬膜竇。硬膜竇的內側與血管一樣，被內皮細胞所覆蓋。在正中線下方，朝著內側突出的部位叫做「大腦鐮」。在硬膜竇中，除了位於大腦鐮上緣的「上矢狀竇」、位於下緣的「下矢狀竇」以外，還有橫竇、乙狀竇、海綿竇、岩上竇、岩下竇等。這些竇會將經過包覆著腦部表面的中小型靜脈後而聚集起來的血液，送到內頸靜脈。

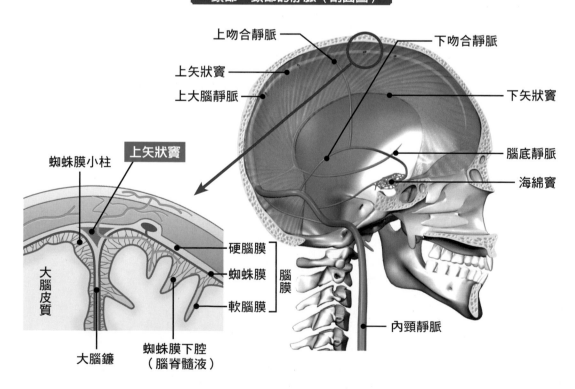

頭部、頸部的靜脈（剖面圖）

上吻合靜脈
上矢狀竇
上大腦靜脈
下吻合靜脈
下矢狀竇
腦底靜脈
海綿竇

上矢狀竇
蜘蛛膜小柱
大腦皮質
大腦鐮
蜘蛛膜下腔（腦脊髓液）
硬腦膜
蜘蛛膜
軟腦膜
腦膜
內頸靜脈

250

上肢、下肢的動脈

在上肢的動脈中，與腋動脈相連的肱動脈會分支成「橈動脈」、「尺動脈」、「前骨間動脈」。這3條動脈會再形成分支，分布於各處。下肢的動脈始於股動脈，會形成「膝下動脈」、「脛前動脈」、「脛後動脈」，連接足部的足背、足底動脈。

■ 上肢的動脈

朝向上肢方向的鎖骨下動脈會在鎖骨下緣附近更名為腋動脈，經過胸大肌的外側後，會被稱為「肱動脈」。此動脈會一邊往下經過肱骨的正面與肱二頭肌的後側，一邊在手肘處分支成通過拇指側的「橈動脈」與通過小指側的「尺動脈」。這兩條動脈，以及由尺動脈分支而成的「前骨間動脈」，總共3條動脈，會在手掌處再度會合，形成深、淺「掌動脈弓」，朝著5指方向的動脈會從此處產生分支。

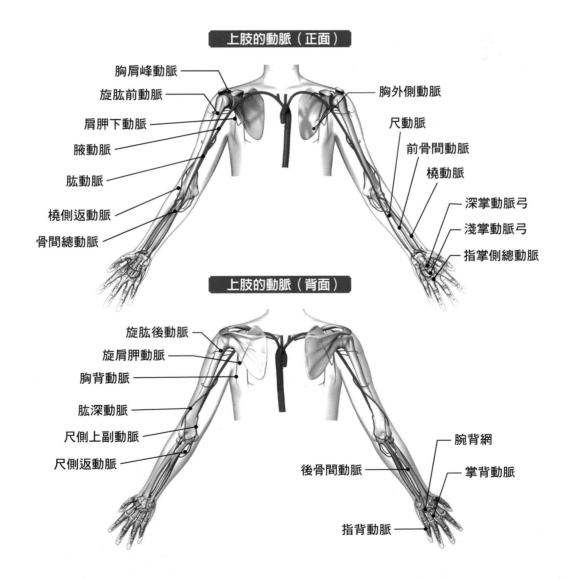

上肢的動脈（正面）

- 胸肩峰動脈
- 旋肱前動脈
- 肩胛下動脈
- 腋動脈
- 肱動脈
- 橈側返動脈
- 骨間總動脈
- 胸外側動脈
- 尺動脈
- 前骨間動脈
- 橈動脈
- 深掌動脈弓
- 淺掌動脈弓
- 指掌側總動脈

上肢的動脈（背面）

- 旋肱後動脈
- 旋肩胛動脈
- 胸背動脈
- 肱深動脈
- 尺側上副動脈
- 尺側返動脈
- 後骨間動脈
- 腕背網
- 掌背動脈
- 指背動脈

■ 下肢的動脈

　　下肢的動脈是由，始於「總髂動脈」的「股動脈」的分支所構成。股動脈會一邊形成分支，一邊通過內收肌管，形成「膕動脈」，然後再形成往下通過小腿正面的「脛前動脈」與往下通過小腿背後的「脛後動脈」，分支成足背・足底動脈。大腿部位的正面有「股動脈」，後面有由深股動脈分支出來的「穿通動脈」，而小腿正面有「脛前動脈」，後面則是會透過「脛後動脈」的分支來攝取養分。

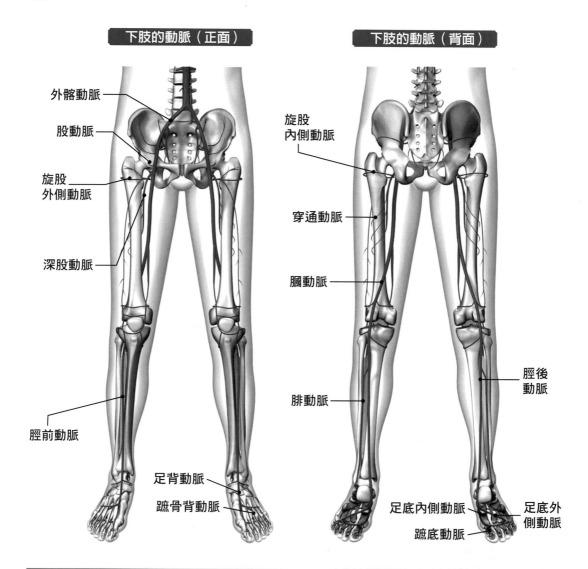

下肢的動脈（正面）

外髂動脈
股動脈
旋股
外側動脈
深股動脈
脛前動脈
足背動脈
蹠骨背動脈

下肢的動脈（背面）

旋股
內側動脈
穿通動脈
膕動脈
腓動脈
脛後
動脈
足底內側動脈
足底外側動脈
蹠底動脈

足部的動脈硬化

　　罹患間歇性跛行等步態障礙的人，如果對病情置之不理的話，就可能會惡化成心肌梗塞與腦中風等嚴重的疾病。長時間行走後，單腳會出現疼痛症狀的人，以及晚上會因為腳痛而睡不著的人，都要特別留意。

上肢、下肢的靜脈

■ 上肢的靜脈

　　橈靜脈與尺靜脈始於手掌的靜脈叢，會通過深、淺掌靜脈弓。兩者會在肘窩會合，形成「肱靜脈」流入「腋靜脈」。

　　另一方面，通過皮下的皮靜脈包含了「頭靜脈」與「肱內靜脈」，兩者皆始於手背靜脈網，會分別流入腋靜脈與肱靜脈。這2條靜脈位於手肘附近，會透過「肘正中靜脈」來進行聯繫。

上肢的靜脈（正面）

胸肩峰靜脈
頭靜脈
肱靜脈
肘正中靜脈
尺靜脈
鎖骨下靜脈
腋靜脈
胸外側靜脈
肩胛下靜脈（貴要靜脈）
橈靜脈
深掌靜脈弓
淺掌靜脈弓

上肢的靜脈（背面）

旋肱靜脈
肱內靜脈
副頭靜脈
掌背靜脈
手背靜脈網
指背靜脈

■ 下肢的靜脈

　　下肢的靜脈大致上會跟著同名的動脈來分布，其特徵為，由於距離心臟很遠，所以靜脈內的瓣膜特別多。另外，小腿內有名為「大隱靜脈」與「小隱靜脈」的大型皮靜脈。大隱靜脈始於足底靜脈網，往上通過大腿內側面後，會在股靜脈會合。小隱靜脈起始於足背靜脈網，往上通過小腿背面之後，在膕靜脈會合。

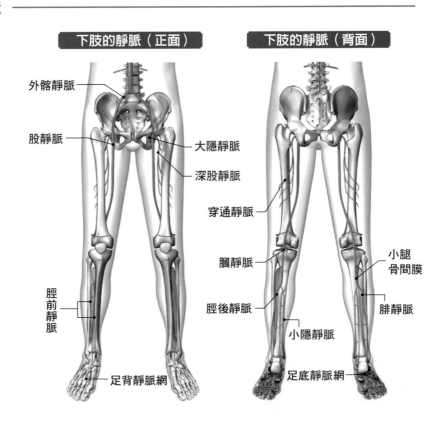

下肢的靜脈（正面）

外髂靜脈
股靜脈
大隱靜脈
深股靜脈
穿通靜脈
膕靜脈
脛前靜脈
脛後靜脈
足背靜脈網

下肢的靜脈（背面）

小腿骨間膜
腓靜脈
小隱靜脈
足底靜脈網

全身的淋巴系統的流動與功能

　　讓體液在人體內循環的「循環系統」，可以分成用來讓血液進行循環的「血管系統」，以及讓淋巴液在全身各處循環的「淋巴系統」。血液進行循環時會以心臟為中心，血管系統負責在人體內運送氧氣與養分。相較之下，在只會從微血管朝向心臟流動的淋巴系統中，淋巴液的作用為，回收廢物與多餘的水分，以及從細菌與異物的威脅中保護人體。

　　用來構成淋巴系統的是，遍布全身各處的淋巴管、在淋巴管中流動的淋巴液，以及位於淋巴管途中的淋巴結與「胸腺」、「脾臟」等淋巴組織。

全身的淋巴系統的流動

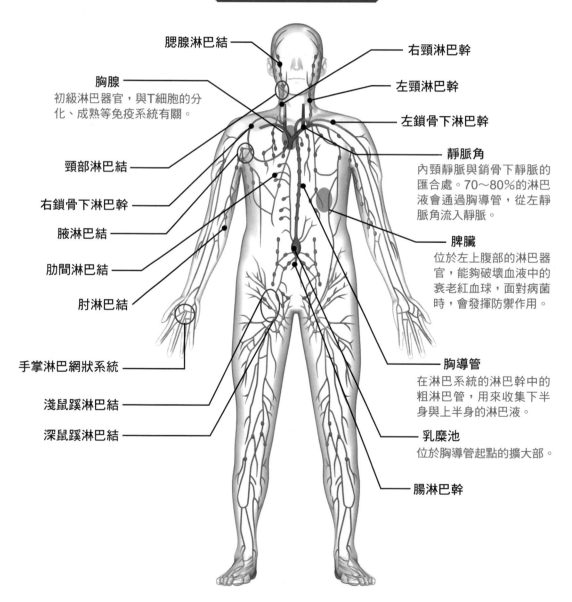

腮腺淋巴結

右頸淋巴幹

左頸淋巴幹

胸腺
初級淋巴器官，與T細胞的分化、成熟等免疫系統有關。

左鎖骨下淋巴幹

靜脈角
內頸靜脈與鎖骨下靜脈的匯合處。70〜80%的淋巴液會通過胸導管，從左靜脈角流入靜脈。

頸部淋巴結

右鎖骨下淋巴幹

腋淋巴結

脾臟
位於左上腹部的淋巴器官，能夠破壞血液中的衰老紅血球，面對病菌時，會發揮防禦作用。

肋間淋巴結

肘淋巴結

手掌淋巴網狀系統

胸導管
在淋巴系統的淋巴幹中的粗淋巴管，用來收集下半身與上半身的淋巴液。

淺鼠蹊淋巴結

深鼠蹊淋巴結

乳糜池
位於胸導管起點的擴大部。

腸淋巴幹

■ 淋巴管與防止逆流的瓣膜

分布於全身各處的淋巴管可以分成，位於比肌肉淺的肌膜上的「表層淋巴管（淋巴毛細管、前集合管、集合淋巴管）」，以及比肌肉深的肌膜下的「深層淋巴管」。這兩種淋巴管會一邊到處透過集合管來相連，一邊在最後透過胸導管與右淋巴幹（右鎖骨下淋巴幹與右頸淋巴幹）來流向靜脈。

用來讓淋巴液流動的是肌肉的收縮運動與動脈的跳動。因此，為了讓距離心臟很遠的腳部靜脈能夠借助小腿肚子肌肉的收縮與靜脈內的瓣膜（靜脈瓣）的力量來讓血液返回心臟，所以淋巴管與靜脈相同，到處都有瓣膜，防止淋巴液的逆流，讓淋巴液能流向身體中央。在非常細小的淋巴毛細管中，沒有這種瓣膜，要等到淋巴毛細管匯合成較粗的淋巴管後，才會出現。因此，如果透過肌肉收縮、動脈跳動、呼吸等方式所產生的壓力較小的話，淋巴液的流動就會停滯。運動不足之所以會導致浮腫，就是這個原因。

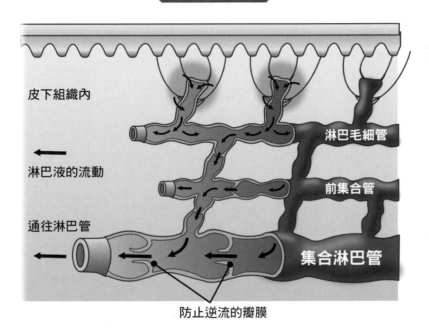

淋巴管的構造

皮下組織內

淋巴毛細管

淋巴液的流動

前集合管

通往淋巴管

集合淋巴管

防止逆流的瓣膜

◆ 淋巴液的流動路徑

淋巴液是由，從微血管的薄壁中漏出來的血漿成分，以及透過組織的新陳代謝而產生的廢物等所構成的組織液（間質液）。雖然大部分的組織液會再次被靜脈的微血管吸收，但約有1成的組織液會和粒子較大的蛋白質等物一起被「淋巴毛細管」吸收，形成淋巴液。然後，分布於皮下組織的淋巴管會與靜脈並肩前進，內臟附近的淋巴管則會與動脈並肩前進。這兩條淋巴管會反覆地匯合，逐漸變粗，最後，上半身右側的淋巴管會連接「右淋巴幹」，其餘部分則會連接「胸導管」，在由內頸靜脈和銷骨下靜脈匯合而成的「靜脈角」，流入靜脈。

淋巴毛細管
↓ 淋巴液
淋巴管
↓
右淋巴幹／胸導管
↓ 靜脈角
靜脈

◆ 淋巴毛細管與組織液

　　血液從微血管漏出時，由於紅血球和血小板因尺寸太大而無法通過細胞空隙，所以滲出的液體會呈現與血漿相同的淡黃色。此液體再加上組織的廢物等，就會構成「組織液（間質液）」。一部分的組織液會進入淋巴毛細管，形成「淋巴液」。因此，淋巴液中含有各種物質，像是蛋白質與礦物質等養分、細胞所排出的廢物、細菌與病毒等異物等。

　　而且，依照身體的部位，淋巴液的成分會有所差異。舉例來說，由於被小腸吸收的淋巴液中含有脂肪、脂肪酸、甘油等，會呈現乳白色，所以為了與其他淋巴液做出區分，也被稱作「乳糜」。淋巴管（乳糜管）位於小腸的絨毛中，用來吸收脂肪。在淋巴管中，乳糜是由脂肪與淋巴液混合而成的物質。位於作為淋巴幹的胸導管起點的擴大部叫做「乳糜池」。

淋巴結的構造與功能

　　散布在淋巴管各處的「淋巴結」是一種豆狀淋巴組織，大小約為2～20毫米。雖然各個淋巴結的尺寸很小，但淋巴結會過濾皮膚、肌肉、內臟等人體各個角落所收集到的淋巴液，並成為免疫功能的據點，保護身體，對抗細菌與病毒等異物。

　　據說人體內約有400～700個淋巴結，尤其是頭頸部的「腮腺淋巴結」、「頜下淋巴結」、「頸部淋巴結」、「腋淋巴結」、「膕窩淋巴結」、「鼠蹊淋巴結」等主要淋巴結，會沿著出入大血管周圍與內臟的血管聚集起來。

　　淋巴結中充滿了白血球之一的淋巴球與巨噬細胞等「免疫細胞」，流入淋巴液中的細菌、病毒、廢物、癌細胞等異物會在此處被過濾。像這樣地，通過淋巴結這個「關卡」後，只有經過淋巴球的免疫功能處理過的淋巴液會被靜脈回收，返回心臟。

淋巴結的構造

次級濾泡

輸入淋巴管

被膜

皮質
淋巴結的實質
表層部分，由
多種細胞和淋
巴竇所構成。

淋巴竇
會成為淋巴
液流動路徑
的縫隙。呈
現蜘蛛網狀
的構造。

初級濾泡

髓質
淋巴結的中心部位。

副皮膜

輸出淋巴管

淋巴管與淋巴結

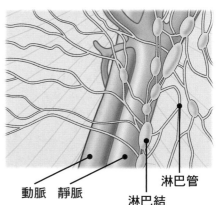

動脈　靜脈

淋巴結

淋巴管

淋巴組織

淋巴組織可以分成，像骨髓與胸腺那樣，與淋巴球的產生與分化有關的部分（初級淋巴組織），以及會發生免疫反應的場所（次級淋巴組織），像是淋巴結、扁桃腺、脾臟、腸道的培氏斑塊（Peyer's patch）等處。

■ 初級淋巴組織（骨髓、胸腺）

初級淋巴組織中有「骨髓」與「胸腺」。在骨髓中，淋巴球的B細胞會進行增殖和分化。在胸腺中，骨髓中所製造出來的未成熟淋巴球會增殖、分化成T細胞。在骨髓中製造出來的「造血幹細胞」會分化成骨髓幹細胞與淋巴幹細胞的前驅細胞，但不久後，只有會成為淋巴幹細胞當中的T細胞的細胞，才會往胸線移動，逐漸變得成熟，形成T細胞。

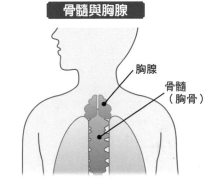

骨髓與胸腺

胸腺

骨髓（胸骨）

「胸腺」是呈現扁平三角形的器官，位於胸骨的背面、心臟的上前部。剛出生不久時，其重量約為10～15克，到了青春期時，重量會成長到30～40克，長大成人後，會逐漸退化，到了40幾歲時，會變為原本的50%。若是70幾歲的男性的話，胸腺會萎縮，只剩下不到巔峰時期的10%，並形成脂肪組織。

因此，胸腺一旦隨著年齡增加而變小的話，T細胞的製造能力也會下降，導致免疫力降低。

■ 次級淋巴組織（淋巴結、扁桃腺、脾臟、腸道）

在次級淋巴組織中，除了作為淋巴系統中樞的淋巴結以外，在身體各處，淋巴組織會對抗入侵體內的異物（抗原）。

在容易遭到空氣中的細菌與病毒入侵的喉嚨中，有「扁桃腺」。扁桃是許多淋巴組織群的總稱，包含了一般被稱作扁桃腺的腭扁桃體與腺樣體（咽扁桃體）、舌扁桃腺、耳咽管扁桃腺等。

脾臟是位於肋骨附近的器官，大小約為一個拳頭大。除了在嬰幼兒期製造血球（紅血球、白血球、血小板）以外，還有貯藏血液、破壞衰老的紅血球、為了製造新的紅血球而將鐵質運送到骨髓等各種作用。

另外，在聚集了60%以上的免疫細胞的小腸中，腸道上皮有個名為「培氏斑塊（Peyer's patch）」的構造，聚集了許多免疫系統，M細胞這種形狀特殊的細胞會將抗原帶進體內。

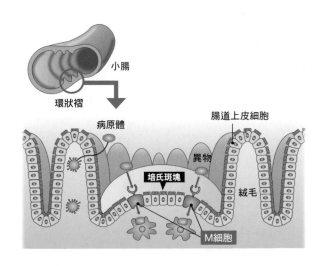

小腸的培氏斑塊的構造

小腸

環狀褶

病原體

培氏斑塊

M細胞

腸道上皮細胞

異物

絨毛

免疫機制

我們的身體中有一種名為恆定性（體內平衡）的功能，能讓人體內維持一定的環境。從細菌與病毒等威脅中保護身體的免疫功能也是其中之一。免疫的基本功能為，辨別自身的細胞（自體物質）與以細菌、病毒等抗原／抗體為首的異物（非自體物質）。免疫功能大致上可以分成「先天性免疫」與「後天性免疫」。

■ 先天性免疫

「先天性免疫」指的是，人類原本就具備的機制，也是最初的免疫功能。當細菌、病毒等非自體物質進入時，人體自然就會對該抗原產生反應。

第1階段為用來防止異物入侵的「黏膜免疫」，在容易成為入侵地點的皮膚、口、鼻、咽喉等處，會形成屏障。當異物突破黏膜免疫，進入體內時，就會進入第2階段。體內會發生以骨髓幹細胞為中心的免疫反應，開始展開攻擊。

具體來說，白血球中的「嗜中性球」、「巨噬細胞」、「樹突細胞」等免疫細胞會迅速地察覺到入侵人體的抗原，並吃掉抗原，將其消滅。此動作叫做「吞噬」，負責進行吞噬的細胞叫做吞噬細胞。由於吞噬細胞會無差別地吞噬入侵的異物，所以先天性免疫被稱作非特異性免疫。

吞噬完成後，巨噬細胞會分泌出一種用來在細胞之間傳遞訊息，且名為「細胞激素」的蛋白質，向嗜中性球尋求協助。如此一來，嗜中性球就會在血管內移動，吞噬抗原，但無法攻擊已經進入細胞內的抗原。此時，名為NK細胞（自然殺手細胞）的淋巴球就會把遭受感染的細胞整個破壞掉。如果透過巨噬細胞與NK細胞也無法完全消滅該抗原的話，就要仰賴作為免疫第3階段的「後天性免疫」。

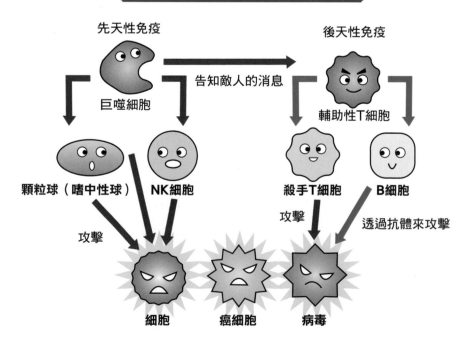

先天性免疫與後天性免疫的細胞作用

後天性免疫

後天性免疫是一種後續防衛系統,當相同種類的抗原入侵人體時,已經被記錄下來的免疫就會產生反應。

在後天性免疫中,吞噬掉抗原的樹突細胞會前往淋巴結,把抗原入侵人體的訊息告知輔助性T細胞(抗原呈現)。輔助性T細胞接收到抗原呈現的訊息後,就會進行增殖。接著,B細胞一旦進行抗原呈現後,就會分泌出細胞激素,B細胞會變化成漿細胞(抗體生成細胞),開始製造抗體。抗體指的是,與抗原結合的蛋白質的總稱。抗體位於血液的血漿中,是由也被稱作免疫球蛋白的「γ球蛋白」這種血漿蛋白所構成。另外,B細胞的一部分會成為記憶B細胞,記錄抗原的特徵,進行學習,當相同抗體入侵時,就能迅速地應對。人類之所以不易罹患曾得過的疾病,就是因為有後天性免疫這種機制。人們俗稱的「獲得免疫力」指的也就是後天性免疫。

◆ 細胞性免疫與體液免疫

後天性免疫不僅能夠製造抗體,還具備各種作用,像是消滅受感染的細胞與癌細胞等。這些作用大致上可以分成「細胞性免疫」與「體液免疫」。

● **細胞性免疫** 這種免疫反應不會製造抗體,免疫細胞本身會去攻擊異物。發揮作用時,會以殺手T細胞與巨噬細胞作為中心。

● **體液免疫** 藉由製造抗體來對抗異物的免疫反應。用來製造抗體的漿細胞的前身是B細胞。發揮作用時,會以B細胞與抗體為主。藉由讓不同機制的免疫功能進行合作,就能很有效率地消滅各種抗原。而且,只要透過細胞性免疫與體液免疫這2種免疫功能來消滅抗原,T細胞之一的抑制性T細胞就會抑制免疫細胞,讓免疫反應結束。

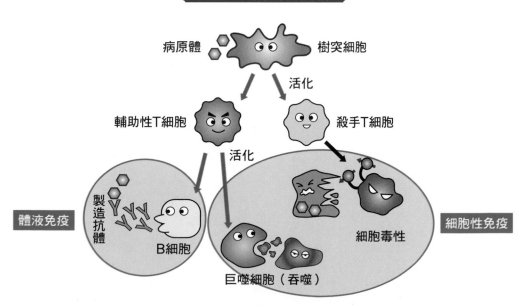

細胞性免疫與體液免疫

■ 免疫細胞

　目前所看到的這些免疫反應，都是由名為「白血球」的免疫細胞來負責。

　所有的白血球都是透過骨髓中的「造血幹細胞」這個細胞分化出來的。造血幹細胞會分化成「骨髓幹細胞」與「淋巴幹細胞」，骨髓幹細胞會分化成「顆粒球（嗜中性球、嗜酸性球、嗜鹼性球）」與「單核球（巨噬細胞、樹突細胞）」，淋巴幹細胞則會分化成「淋巴球（T細胞、B細胞、NK細胞）」。

免疫細胞的種類

造血幹細胞 → 白血球 / 紅血球

白血球 → 淋巴幹細胞 / 骨髓幹細胞

淋巴幹細胞 → B細胞（漿細胞）、T細胞（殺手T細胞、輔助性T細胞）、NKT細胞、NK細胞

骨髓幹細胞 → 單核球（樹突細胞、巨噬細胞）、顆粒球（嗜酸性球、嗜中性球、嗜鹼性球）

白血球數量的異常

　在免疫系統中，會發揮重要作用的是，位於血液中的「白血球」。因此，透過白血球的數值，可以在某種程度上掌握自身的免疫功能。

　健康檢查學會的白血球的標準值：正常值為3100～8400／μL。比標準值來得低時，會被視為免疫力低落，比標準值來得高時，就可能會是細菌感染、癌症、白血病。

◆ 免疫細胞的特徵

嗜中性球	顆粒球之一，占了白血球的一半以上。具備強大吞噬作用與殺菌能力的吞噬細胞，負責50～70%的吞噬工作。吞噬後的異物會透過位於體內的溶酶體中的水解酵素來分解／消化。據說，此細胞在血管內的壽命約為1天左右，只要離開血管後，就無法回來，吞噬病原體後就會死去並形成膿。
嗜酸性球	顆粒球之一，存在於呼吸器官與腸道等處，約占白血球的5%左右。屬於負責處理寄生蟲的吞噬細胞。發生過敏反應等時會增殖，也會成為異位性皮膚炎的原因。
嗜鹼性球	顆粒球之一，能夠協助嗜中性球與嗜酸性球進行移動。與嗜酸性球相同，能夠對抗寄生蟲，保護人體。會捕捉初期的癌細胞等，將其破壞。細胞內含有會導致發癢的組織胺，藉由分泌組織胺，就可能會引發過敏反應。
巨噬細胞（Macrophage）	由單核球分化而成的免疫細胞。Macro的意思是「大」，phage的意思則是「吞噬」，也被稱作「大食細胞」。嗜中性球主要會吞噬病原體，相較之下，巨噬細胞也會吞噬脂肪組織、異物、癌細胞、細胞的屍體等。皮下組織內有很多巨噬細胞，這些細胞會找出進入人體的異物，無差別地吞噬，將其消滅（非特異性吞噬）。
樹突細胞	與巨噬細胞相同，是由單核球分化而成。屬於「抗原呈現細胞」，能將入侵人體的異物的資訊傳達給T細胞。如同其名，細胞周圍有樹枝狀的突起。此細胞存在於鼻腔、肺部、胃部、腸道等處。雖然存在於各種組織與器官內，但也具備吞噬異物的功能。細胞壽命為數日～數個月。
NK細胞（自然殺手細胞）	由淋巴幹細胞分化而成的淋巴球之一。會一邊在體內循環，一邊確認體內是否有異常情況。一旦發現癌細胞或遭到病毒等感染的細胞，就會立刻獨自發動攻擊，將其破壞。由於天生就具備殺傷敵人的能力，所以因而得名。在先天性免疫中，扮演著很重要的角色。
B細胞	淋巴球之一，用來製造抗體的免疫細胞。在淋巴結內待命時，會捕捉入侵人體的抗原，把抗原呈現給輔助性T細胞。接收輔助性T細胞的指令，變化成用來製造抗體的漿細胞。是體液免疫的核心細胞，負責製造與分泌抗體。
漿細胞	藉由輔助性T細胞的刺激，B細胞就會逐漸成熟，成為漿細胞。是體液免疫的重要細胞，負責量產IgG與IgA等抗體，攻擊抗原。
記憶B細胞	透過位於細胞表面，且被稱作B細胞受體（BCR）的部分來辨識抗原，並製造抗體後，一部分會殘留在淋巴結等處，將抗體記錄下來。能夠存活數十年，當感染過的抗原再次入侵人體時，立刻就會變成能製造抗體的漿細胞，開始製造抗體，消滅抗原。
輔助性T細胞	接收來自樹突細胞與巨噬細胞的抗原呈現，製造出細胞激素等免疫活性物質等。扮演著有如指揮官的角色，能找出受感染的細胞，制定攻擊策略。大多分布在微血管與脾臟中，在淋巴結中占了60～70%。
殺手T細胞	接收來自樹突細胞的抗原呈現，是細胞的「殺手」，能夠纏住遭到病毒感染的細胞或癌細胞，將整個細胞消滅。也叫做「毒殺性T細胞」。
NKT細胞（自然殺傷T細胞）	被稱作第4個淋巴球，與先天性免疫與後天性免疫都有關聯。與T細胞和B細胞相比，雖然淋巴球中的含量較少，但在治療癌症時，會發揮重要作用。

■ 細胞死亡：細胞凋亡與細胞壞死

當細菌或病毒入侵體內，引發免疫反應時，細胞組織就會受損，導致細胞死亡，人體會藉由製造新的細胞來保持組織的恆定性。細胞死亡可以分成「細胞凋亡」與「細胞壞死」這2種。

◆ 細胞凋亡

細胞凋亡也被稱作「細胞計畫性死亡」或「受控制的細胞死亡」，是一種細胞會藉由自殺而死去的機制。引發細胞凋亡的細胞會縮小，形成名為凋亡小體的細胞碎片後，就會被巨噬細胞或嗜中性球等吞噬細胞吞噬／消滅。此機制的功能在於，適當地去除不需要的細胞，或是因受損而無法修復的細胞。

◆ 細胞壞死

細胞壞死是非計畫性的細胞死亡，被稱作「意外性細胞死亡」等。專家認為，細胞壞死的原因包含了，細胞內外環境的惡化、病原體所造成的細胞損傷等。細胞壞死一旦發生，細胞就會因膨脹而破裂，細胞中的消化酵素與「細胞激素」等會漏出來。如此一來，免疫細胞就會被視為「異物」，引起發炎反應，嚴重時可能會導致組織壞死。

細胞死亡的過程

何謂細胞激素（cytokine）

免疫細胞所分泌的細胞激素是一種如同激素（hormone）般的蛋白質。負責在細胞之間傳遞訊息，會藉由與特異性受體結合，來產生免疫反應的增加與抑制、細胞增殖、引導後天性免疫的分化等作用，對於保護人體不受異物威脅來說，是不可或缺的。細胞激素中含有白血球介素、趨化因子、干擾素、腫瘤壞死因子（TNF）等。

第 **6** 章

消化器官、呼吸器官

消化系統的構造與功能

　　為了組成身體，供給身體養分，我們會從食物中攝取營養，並藉此來維持生命。消化系統是與消化有關的器官，其作用為，將食物分解／吸收，攝取人體所需的物質，並且排出不需要的物質。

■ 消化系統的整體構造

　　身體無法直接將有營養的食物吸收到體內，必須將食物分解成胺基酸、單醣類、脂肪酸等小分子。此過程就是「消化」，將透過消化所形成的小分子當成營養來攝取，則是「吸收」。用來進行消化與吸收的消化道，會形成一條從口部連接到肛門的管道，全長約為9公尺之長。作為消化道的附屬器官，牙齒、舌頭、肝臟、胰臟等會構成消化系統。

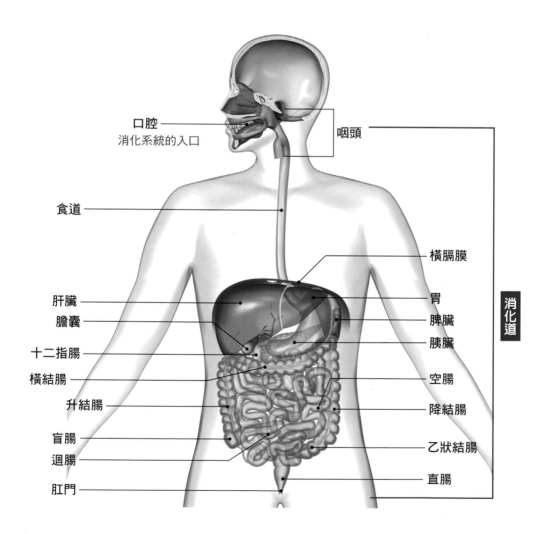

口腔
消化系統的入口

咽頭

食道

橫膈膜

肝臟

胃

膽囊

脾臟

胰臟

十二指腸

橫結腸

空腸

升結腸

降結腸

盲腸

乙狀結腸

迴腸

直腸

肛門

消化道

消化、吸收的原理

■ 機械性消化與化學性消化

◆ **機械性消化** 用牙齒將食物咬碎的咀嚼動作、胃腸道的運動等透過機械性力量來將食物變小的過程。也叫做物理性消化。

◆ **化學性消化** 透過胃液或膽汁等消化液所含有的消化酵素來進行分子層級的分解。

基本上,在咀嚼時,與食物混在一起的唾液中含有能夠分解澱粉的酵素,此酵素叫做「澱粉酶」,能夠協助澱粉的消化。另外,在胃部與腸道中,依照場所,有時候會同時進行2種消化方式,一邊進行化學性消化,一邊也透過胃腸道本身的運動來促進機械性消化,藉此來使消化過程變得更加順暢。

■ 消化與吸收的流程

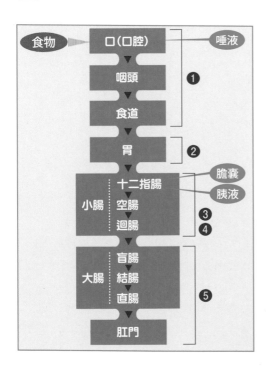

❶ 口腔內～食道口
在口腔內與唾液一起被咀嚼的食物,會透過吞嚥動作來進入體內,然後再藉由咽頭與食道的收縮與鬆弛來進入胃部。

❷ 胃
食物被送到胃部後,胃部會透過「蠕動運動」來進行用來磨碎食物的機械性消化,並透過含有鹽酸的胃液來進行化學性消化,花費約1～3小時來消化食物。在胃部內形成粥狀的食物,會從「幽門」逐漸被送往「十二指腸」。

❸ 十二指腸
從胃部送過來的食物,會與來自肝臟的膽汁,以及從含有各種酵素的胰臟中分泌的胰液混合,進行消化。脂質會在此處被乳化。

❹ 小腸
蛋白質會被分解成胺基酸,醣類則會被分解成單醣類,並透過絨毛來被人體吸收。通過小腸的時間約為3～4小時,唾液、胃液、膽汁、胰液等水分,多半也會在此處被吸收。

❺ 大腸～肛門
從食物纖維等沒有被消化吸收的食物殘渣中吸收水分,使其形成糞便。糞便會被儲存在直腸中,累積到某種程度後,就會被一併排出。

消化道的構造與功能

　　從口部到肛門這段長度約9公尺的食物通道叫做「消化道」。從食道到直腸，消化道都擁有共同的基本構造。食物從口部被送到胃部後，之所以能夠在蜿蜒曲折的小腸內移動，靠的也是以蠕動運動為首的消化道運動。

■ 消化道的構造

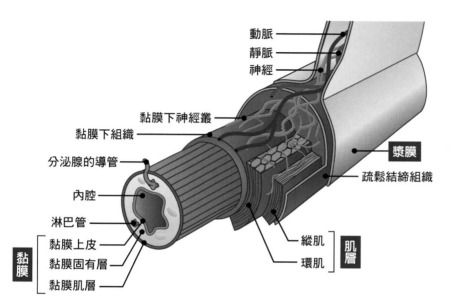

　　消化道壁由3層構造所構成，由內腔往外，依序為黏膜、肌層，以及用來包覆表面的漿膜或外膜。在黏膜與肌層之間，存在著由膠原纖維、血管以及神經所構成的「黏膜下組織」，黏膜下組織會連接黏膜與肌層。

動脈
靜脈
神經
黏膜下神經叢
黏膜下組織
分泌腺的導管
內腔
淋巴管
黏膜上皮
黏膜固有層
黏膜肌層
黏膜
漿膜
疏鬆結締組織
縱肌
環肌
肌層

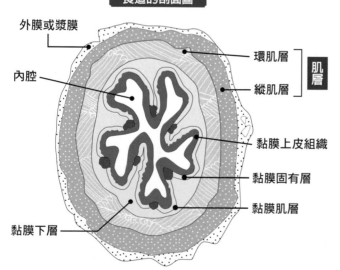

食道的剖面圖

外膜或漿膜
內腔
黏膜下層
環肌層
縱肌層
肌層
黏膜上皮組織
黏膜固有層
黏膜肌層

◆ 肌層

　　食道的肌層始於連接咽頭的骨骼肌，中途會夾雜平滑肌，從下部的三分之一處到直腸，是由平滑肌所構成。消化道的肌層是由分布於內側的「環肌層」，以及分布於外側，且和消化道長軸平行的「縱肌層」所組成，胃部內還有斜向地通過內側的斜肌，一共會形成3層結構。

■ 蠕動運動的原理 ─────────

　　食道會透過環肌與縱肌的收縮與鬆弛來將食物往前推。在這2種肌層中，環肌一旦收縮，該部分就會變細，縱肌一旦收縮，該部分則會變粗。因此，只要這2種肌肉連續進行收縮，食道內的食物就會被推向下方（遠側）。由於這種肌肉運動類似蚯蚓的動作，所以被稱為「蠕動運動」。不僅是食道，整個消化道都會進行此運動。

胃部的蠕動運動

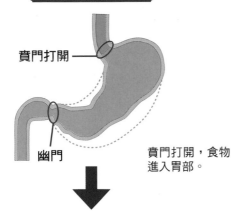

賁門打開

幽門

賁門打開，食物進入胃部。

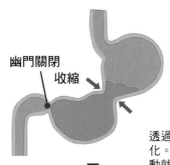

幽門關閉

收縮

透過蠕動運動來進行消化。只要靠近幽門，蠕動就會變得更加強烈。

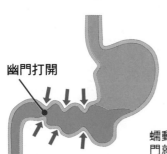

幽門打開

蠕動波抵達幽門後，幽門就會打開，內容物會逐漸送到十二指腸。

◆ 分節運動與擺動運動

　　內側的環肌每隔很短的間隔（分節）就會反覆收縮與鬆弛，此過程叫做「分節運動」。外側的縱肌反覆收縮與鬆弛的過程則叫做「擺動運動」。這兩種運動的作用都是為了攪拌／粉碎裡面的食物，並將其混合。在消化道內，這種機制能把用來讓食物移動的蠕動運動和分節運動或擺動運動組合在一起，更有效地消化食物，吸收養分。

胃部的分節運動

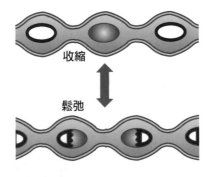

收縮

鬆弛

食物

肌肉會以很短的間隔反覆收縮與鬆弛，藉此就能將食物切斷，並使其混合。

口腔的構造與功能

　　口腔是消化器官的入口。口腔會分泌唾液這種消化液來將食物弄濕，接著用牙齒咀嚼，使食物變小，然後透過咽頭、食道，將食物送進胃部。口腔同時也能進行呼吸，發出聲音，是一種具備多種功能的器官。

■ 口腔的構造

　　口腔指的就是「口部」，包含口內的空間與嘴唇、牙齒、舌頭、腭部等周圍器官。口腔透過嘴唇（上唇、下唇）來與外界接觸，後方則透過懸雍垂來連接咽頭。

　　口腔側壁為臉頰，下方則是舌頭這個塊狀肌肉。藉由自在地運動，舌頭不僅能用來進食，在發聲方面，也能發揮很大作用。口腔的頂面被稱為腭部，內側3分之1是沒有骨頭的軟腭，進行「吞嚥」時，會將鼻後孔塞住，防止食物進入鼻腔。下方的齒列埋在可動性的下頜中，藉由活動下頜，就能透過上下齒列來咬碎食物，進行「咀嚼」。

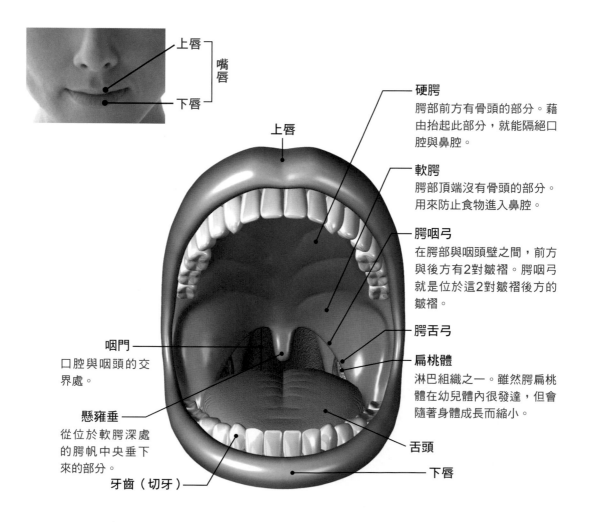

上唇 } **嘴唇**
下唇

上唇

硬腭
腭部前方有骨頭的部分。藉由抬起此部分，就能隔絕口腔與鼻腔。

軟腭
腭部頂端沒有骨頭的部分。用來防止食物進入鼻腔。

腭咽弓
在腭部與咽頭壁之間，前方與後方有2對皺褶。腭咽弓就是位於這2對皺褶後方的皺褶。

腭舌弓

扁桃體
淋巴組織之一。雖然腭扁桃體在幼兒體內很發達，但會隨著身體成長而縮小。

咽門
口腔與咽頭的交界處。

懸雍垂
從位於軟腭深處的腭帆中央垂下來的部分。

牙齒（切牙）

舌頭

下唇

■ 咀嚼與唾液腺

　　口腔內有腮腺、頜下腺、舌下腺這3種大唾液腺，此處所製造出來的唾液會經由管道，被分泌到口腔內，使咀嚼變得順暢。位於舌頭表面與黏膜上的小唾液腺，能夠不經由管線，直接透過唾液腺組織來將唾液分泌到口腔內，幫助咀嚼與吞嚥。

　　95%的唾液都是由大唾液腺所分泌，腮腺會分泌出清爽的漿液性唾液，頜下腺與舌下腺則會分泌出黏糊糊的黏液性唾液。唾液具備抗菌、殺菌、消化作用等各種功能。

　　另外，由於唾液中含有用來分解澱粉，且名為澱粉酶的消化酵素，所以只要長時間咀嚼含有澱粉的食物，就會感受到甜味。如同這樣，唾液也具備引出食物鮮味、刺激味覺的作用。

口腔的唾液腺

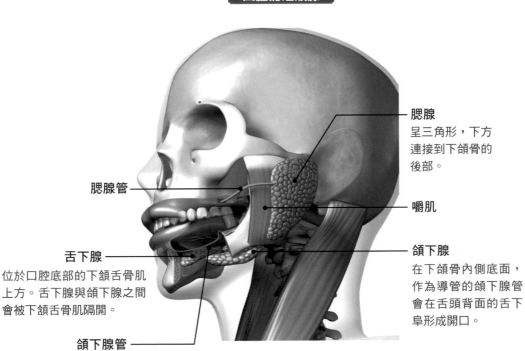

腮腺管

舌下腺
位於口腔底部的下頜舌骨肌
上方。舌下腺與頜下腺之間
會被下頜舌骨肌隔開。

頜下腺管

腮腺
呈三角形，下方
連接到下頜骨的
後部。

嚼肌

頜下腺
在下頜骨內側底面，
作為導管的頜下腺管
會在舌頭背面的舌下
阜形成開口。

〈咀嚼的好處〉

● 幫助消化吸收。

● 活化腦部功能。

● 藉由改善牙齦血液流動來預防牙周病等。

● 讓頜部與口部周圍的肌肉變得發達，改善咬字清晰度。

牙齒的構造

　　牙齒是口腔內用來咀嚼食物的器官。包含「智齒」在內，若全部長齊的話，成人會有分成4種類的32顆恆齒。齒冠（部）表面被堅硬的琺瑯質所覆蓋，主體是象牙質，齒根的表面則由牙骨質所構成。牙齒是人體內最堅硬的器官。

■ 齒列與種類

◆ 成人的牙齒

恆齒的齒列與種類

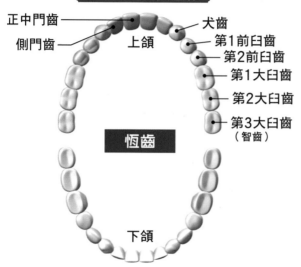

正中門齒
側門齒
上頜
犬齒
第1前臼齒
第2前臼齒
第1大臼齒
第2大臼齒
第3大臼齒
（智齒）

恆齒

下頜

包含「智齒」在內共有32顆

　　包含了門齒、犬齒、前臼齒、大臼齒這4種形狀各不相同的恆齒。每組8顆牙，從中央往上下左右排列成4組，這樣就能構成上下兩排齒列。各種牙齒都擁有適合用來咀嚼的形狀。前齒較薄的「門齒」適合用來咬斷食物。「犬齒」的前端很尖銳，宛如獠牙一般。「臼齒」的表面比較平坦，並有幾個隆起部分，適合用來磨碎食物。由於第3大臼齒會到20歲左右才長出來，所以被稱為「智齒」。在現代，終生都沒有長智齒的人也並不罕見。

◆ 兒童的牙齒

出生後7～8個月的乳齒

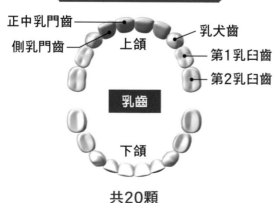

正中乳門齒
側乳門齒
上頜
乳犬齒
第1乳臼齒
第2乳臼齒

乳齒

下頜

共20顆

　　幼兒會在出生後7～8個月才開始長出乳齒。與從門齒到第2前臼齒這5顆恆齒對應，乳齒包含了正中乳門齒、側乳門齒、乳犬齒、第1／第2乳臼齒這5種，共20顆。在約6歲時，會長出第一顆恆齒「第1大臼齒」，大約在12歲前，乳齒會全部被恆齒取代。

■ 牙齒的組織

　　牙齒是由象牙質、琺瑯質、牙骨質這3種硬組織所構成，由於含有許多鈣質，所以成為人體中最堅硬的組織。

◆ **齒冠部**　　　在口腔內外露且呈現白色的部分。被琺瑯質包覆住。

◆ **牙根部**　　　埋在牙齦中的部分。透過牙槽骨來支撐牙齒。

◆ **象牙質**　　　位於琺瑯質、牙骨質內側的組織，用來構成牙齒的形狀。比牙骨質硬，比琺瑯質軟，組成成分中有約70%是鈣質。透過位於牙髓腔的造牙本質細胞，在成年後，也會持續形成象牙質。

◆ **琺瑯質**　　　包覆著齒冠（部）表面，是人體中最堅硬的乳白色半透明組織。用來製造此琺瑯質的造釉細胞，在牙齦中形成琺瑯質後，就會在牙齒長出前消失，所以無法像其他細胞那樣再生。

◆ **牙骨質**　　　將象牙質的牙根部包圍起來的組織。牙骨質占了牙齒的3分之2，會將埋在牙槽骨中的牙根表面包覆住。在這3種組織中，是最軟的硬組織。成分中有約60%是鈣質，構造與性質類似骨頭。透過從周圍的牙周膜延伸出來的「夏庇氏纖維（成骨纖維）」來連接牙槽骨，讓牙齒被固定在頜骨上。

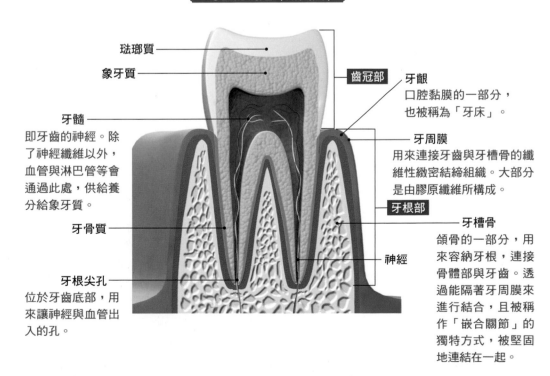

牙齒的構造（剖面圖）

琺瑯質
象牙質

牙髓
即牙齒的神經。除了神經纖維以外，血管與淋巴管等會通過此處，供給養分給象牙質。

牙骨質

牙根尖孔
位於牙根底部，用來讓神經與血管出入的孔。

齒冠部

牙齦
口腔黏膜的一部分，也被稱為「牙床」。

牙周膜
用來連接牙齒與牙槽骨的纖維性緻密結締組織。大部分是由膠原纖維所構成。

牙根部

牙槽骨
頜骨的一部分，用來容納牙根，連接骨體部與牙齒。透過能隔著牙周膜來進行結合，且被稱作「嵌合關節」的獨特方式，被堅固地連結在一起。

神經

咽喉的構造與功能

從鼻腔與口腔連接到食道上端的「咽頭」，以及連接咽頭的呼吸道的一部分「喉頭」，合稱為「咽喉」。咽頭是空氣與食物兩者的通道，在吞嚥經過咀嚼的食物時，會先把會厭關閉後，再將食物送往食道。喉頭是從會厭到氣管的部分，會成為空氣的通道。喉頭的一部分會有左右兩條皺褶狀的聲帶（參閱P.293）。

■ 咽頭的構造與功能

咽頭是消化道的一部分，從口腔深處連接到食道，同時也是通往喉頭的入口。喉頭會連接鼻腔與肺部。咽頭也是用來讓空氣通過的呼吸器官，且可以分成上、中、下3個部分。咽頭內有各種肌肉，會進行吞嚥與呼吸等獨特作用。

咽喉的構造

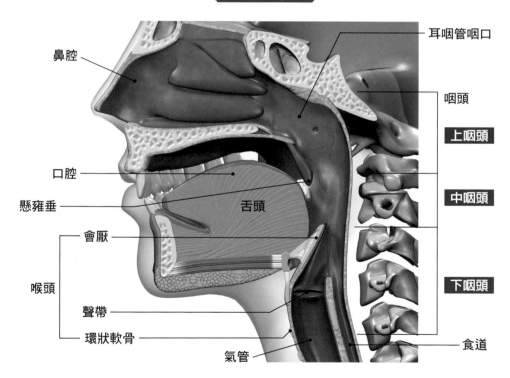

- 鼻腔
- 口腔
- 懸雍垂
- 會厭
- 喉頭
- 聲帶
- 環狀軟骨
- 氣管
- 舌頭
- 耳咽管咽口
- 咽頭
- 上咽頭
- 中咽頭
- 下咽頭
- 食道

◆ **上咽頭** 從鼻腔深處到腭部深處的部分。除了耳咽管咽口以外，周圍還有耳咽管扁桃腺、咽扁桃體等淋巴組織。

◆ **中咽頭** 將口部張大時，在口部深處所看到的部分。透過此部分，能將食物引向食道，同時還能讓空氣通過。

◆ **下咽頭** 位於喉嚨最深處，與食道相連的部分。負責吞嚥的功能，讓食物通過食道。

■ 吞嚥的原理

　　吞下東西的動作叫做「吞嚥」。在口腔內，經過咀嚼的食物會藉由吞嚥來通過咽頭，被送往食道。吞嚥分成3個階段，第1階段叫做口腔期，第2階段叫做咽部期，第3階段則叫做食道期。口腔期屬於依照意識來進行的隨意運動，而咽部期、食道期則是透過吞嚥中樞的作用，來進行的不隨意運動。

※一般來說，「吞嚥」這個動作包含了認知、準備期等階段，但狹義的「吞嚥」指的是下述這3個階段。

口腔期（第1階段）

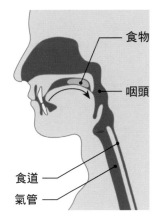

食物
咽頭
食道
氣管

咽部期（第2階段）

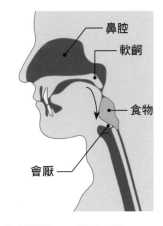

鼻腔
軟齶
食物
會厭

食道期（第3階段）

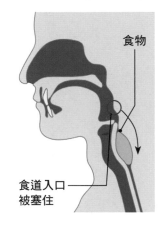

食物
食道入口被塞住

①口腔期　隨意運動

　　將載著經過咀嚼的食塊的舌頭拉向後方，把食塊送往咽頭。接著，舌根會阻斷咽頭與喉頭的聯繫，防止食塊逆流。

②咽部期　不隨意運動

　　將食塊從咽頭送往食道。軟齶會升起，將與鼻腔之間的通道塞住，會厭則會將喉頭蓋住，防止誤嚥，避免食塊進入氣管。

③食道期　不隨意運動

　　透過食道的蠕動運動來將食塊運送到胃部。透過蠕動運動，經過數秒到10秒左右，食塊就會被送到胃部。食道的入口會被塞住，防止逆流。

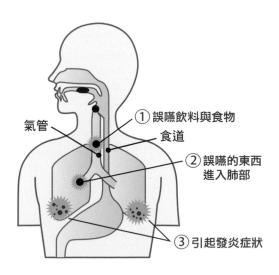

氣管
① 誤嚥飲料與食物
食道
② 誤嚥的東西進入肺部
③ 引起發炎症狀

◆ 何謂誤嚥

　　當咽頭周圍的肌肉因為年齡增長等因素而衰退時，就會容易發生吞咽障礙，像是飲料與食物或唾液進入氣管內的「誤嚥」等情況。即使發生誤嚥，一般也會反射性地咳嗽，將食塊吐出。不過，當飲料與食物成為異物，進入支氣管或肺部時，就可能會引發「吸入性肺炎」。另外，睡眠時，唾液進入氣管，也可能會成為誤嚥的原因。罹患吸入性肺炎時，不太會出現發燒、咳嗽、痰等症狀，而是會持續出現疲倦感或食慾不振等情況，容易誤以為是感冒，所以必須特別注意。

食道的構造與功能

食道始於喉頭的後側，往下經過胸部中央、氣管後方，通過心臟後方，貫穿橫膈膜，抵達胃部。食道是粗細約2公分，長度約25公分的管子，用來將食物運送到胃部。雖然其構造與其他消化道一樣，是由黏膜、肌層、外膜這3層所構成，但在消化道中，只有食道的內側被厚實的複層扁平上皮所包覆。複層扁平上皮的作用為，避免只經過咀嚼而且仍殘留食物形狀的食塊在通過食道時造成食道損傷。

■ 生理性狹窄處

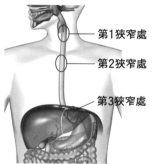

狹窄處的位置

第1狹窄處
第2狹窄處
第3狹窄處

在食道內，有3個會在中途變較細的部分，這叫做生理性狹窄處。在進食時，這三個地方的肌肉也不易擴大，而且容易堵塞，據說是食道癌的好發部位。

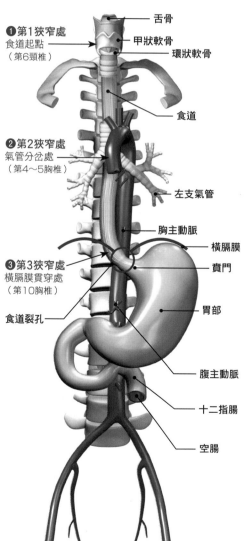

❶第1狹窄處
食道起點
（第6頸椎）

舌骨

甲狀軟骨

環狀軟骨

食道

❷第2狹窄處
氣管分岔處
（第4～5胸椎）

左支氣管

胸主動脈

橫膈膜

❸第3狹窄處
橫膈膜貫穿處
（第10胸椎）

賁門

食道裂孔

胃部

腹主動脈

十二指腸

空腸

❶ 第1狹窄處（食道起點）：
透過下咽頭來連接食道的部分。專家認為，此狹窄處是上括約肌（橫紋肌）的收縮所造成的。

❷ 第2狹窄處（氣管分岔處）：
主動脈弓與左支氣管和食道重疊，導致食道受到壓迫的部分。也被稱為主動脈狹窄。

❸ 第3狹窄處（橫膈膜貫穿處）：
此部分相當於貫穿橫膈膜的食道裂孔。

● 食道裂孔：在橫膈膜中，食道所通過的孔洞。胃部從食道裂孔離開，移動到橫膈膜上部的症狀叫做「橫膈裂孔疝氣」。

■ 食道的蠕動運動

　被咬碎的食物會透過吞嚥作用，從咽頭流向食道。食道不只是進入體內的飲料與食物在被運送到胃部的途中所經過的管子，透過食道本身的蠕動運動，食道能夠主動地將飲料與食物運送到胃部。

　在蠕動運動中，位於食道壁的環肌會從上方不斷地進行收縮，藉此來將飲料與食物推向胃部，進行搬運（Ⅰ～Ⅲ）。透過此運動，即使人是躺著的，或者是在倒立或無重力狀態下進食，食物也不會逆流，能夠順利抵達胃部。另外，用來保護食道內側的黏膜會分泌黏液，讓食物能順暢地通過食道。不過，這種黏液不含消化酵素。

食道的蠕動運動

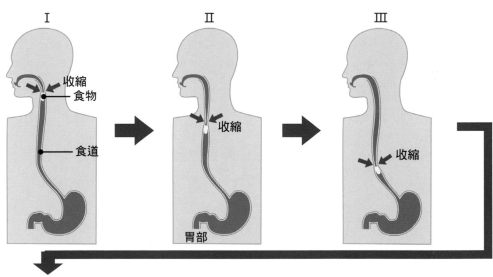

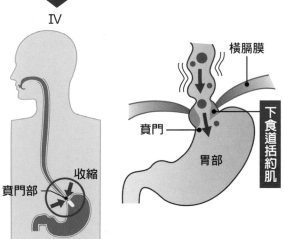

　當蠕動運動的刺激傳遞到食道下方（Ⅳ）時，位於食道與胃部交界處的肌肉「下食道括約肌」就會鬆弛，平常處於關閉狀態的賁門會反射性地打開，讓胃部接收食物。

胃的構造與功能

　　胃部位於上腹部的左側與橫膈膜下方，在消化道當中，是膨脹程度最大的器官。在空腹時，胃的容量據說為100毫升。進食後，則會變成1.2～1.5公升。據說，如果把肚子塞滿的話，會膨脹得更大。

■ 胃的構造

　　胃的入口是「賁門」，與食道相連，出口則是「幽門」，連接十二指腸。從賁門往左上隆起的部分叫做「胃底」，中央部分叫做「胃體」，從胃體朝幽門方向稍微變細的部分叫做幽門部。賁門與幽門是由括約肌所構成。

　　右側的較短邊緣是「胃小彎」，左側的較長邊緣則是「胃大彎」。胃與橫結腸之間有個名為「大網膜」的間膜，大網膜會從大彎往下垂，包覆腸子的正面。有許多脂肪塊會附著在大網膜上，伸長的膜的多餘部分會折回。名為「小網膜」的間膜則會從胃小彎中出現，附著在肝臟的肝門上。

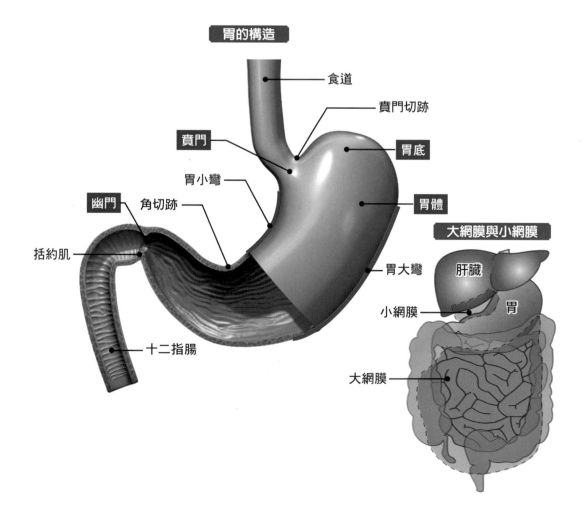

胃的構造

食道
賁門切跡
賁門
胃底
胃小彎
胃體
幽門　角切跡
括約肌
胃大彎
十二指腸

大網膜與小網膜

肝臟
小網膜
胃
大網膜

■ 胃的功能

　　胃部會暫時存放從食道運送過來的食物，透過蠕動運動與分節運動來將食物和胃液一起攪拌、消化，使其形成粥狀，然後再透過幽門，逐漸地將其送到十二指腸。停留時間會隨著食物種類而有所不同，醣類比較短，脂質與蛋白質比較長，平均約為2～4小時。

■ 胃壁的構造與功能

　　在胃壁中，由內側到外側的大致構造為黏膜、固有肌層、漿膜。

　　胃壁會分泌名為「胃蛋白酶原」的蛋白酶，以及具備殺菌作用與黏膜保護作用的3種黏液。藉由讓3種黏液均衡地發揮作用，胃壁就能一邊進行消化，一邊保護自身安全。

胃壁的構造（剖面圖）

- 表面黏膜細胞
- 胃黏膜上皮與固有層
- 黏膜肌層
- 黏膜下層
- 黏膜
- 漿膜
- 胃小凹
- 壁細胞
- 副細胞
- 主細胞
- 胃腺
- 斜肌
- 環肌
- 縱肌
- 固有肌層

◆ **黏膜**　　從內側依序為：黏膜下組織、黏膜肌層、黏膜固有層、黏膜上皮。在黏膜的表面上，可以看到無數個名為胃小凹的小凹陷，之間的間隔約為1公厘。用來分泌胃液的胃腺會在胃小凹形成開口。除了賁門部與幽門部以外，從胃底部到胃體部，都看得到胃腺。

◆ **固有肌層**　　由縱肌、環肌、斜肌這3層平滑肌所構成，會藉由反覆地收縮與鬆弛，來讓胃部活動，食物會與胃酸混合，形成黏液狀。

◆ **漿膜**　　由半透明結締組織所構成的堅固薄膜，用來包覆胃部的最外側。

小腸的構造與功能

　　小腸由「十二指腸」、「空腸」、「迴腸」所構成。若將成人的小腸拉直，長度可達6～7公尺。小腸的主要功能為吸收與運送養分，食物經過咀嚼後，會在胃部被消化，形成粥狀。透過蠕動運動，粥狀食物逐漸地慢慢通過十二指腸後，就會被運送到空腸、迴腸。

　　小腸的大部分區域為空腸與迴腸，除了十二指腸以外，前半段的約5分之2是空腸，剩下的5分之3則是迴腸。黏膜上有密集的「絨毛」，能夠很有效率地吸收經過消化的養分。

小腸的全貌

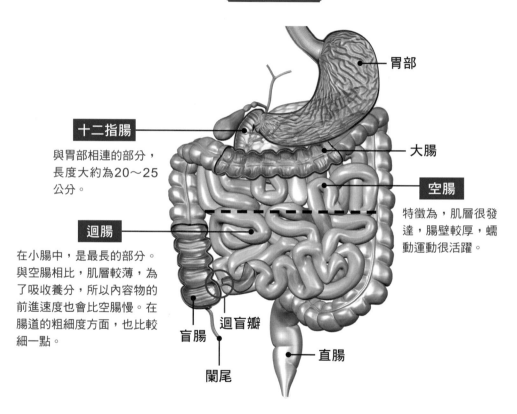

十二指腸

與胃部相連的部分，長度大約為20～25公分。

迴腸

在小腸中，是最長的部分。與空腸相比，肌層較薄，為了吸收養分，所以內容物的前進速度也會比空腸慢。在腸道的粗細度方面，也比較細一點。

盲腸　　迴盲瓣

闌尾

胃部

大腸

空腸

特徵為，肌層很發達，腸壁較厚，蠕動運動很活躍。

直腸

小腸與大腸的差異　　小腸與大腸被迴盲瓣區隔開來。

● **小腸**　　具備能很有效率地吸收養分的構造，消化所需時間約為2小時。雖然在十二指腸與小腸上部，腸內細菌非常少，但到了小腸下部後，乳酸菌的數量就會開始增加。

● **大腸**　　食物停留在大腸的時間約為12小時，有時也會停留較久，也可能會達到數日。「腸內細菌（腸道菌群）」的種類有數百種，數量超過100兆個。由於大腸內沒有氧氣，所以有很多像比菲德氏菌（雙歧桿菌）那樣討厭氧氣的絕對厭氧菌。

■ 十二指腸的構造與功能

◆ 構造

　　十二指腸與胃部的幽門相連，而且是小腸最前端的部分。據說，由於長度為「12根手指排在一起的長度」，所以因而得名。實際上，長度要再更長一點，而且呈現C字形彎曲，宛如將胰臟的胰頭部抱住。從靠近胃的部分，依序可以分成「上部（球部）」、「下降部」、「水平部」、「上升部」。上升部與空腸相連。

　　在與下降部左側、胰臟相連的部分中，從膽囊與胰臟延伸過來的「總膽管」與「胰管」會在此會合，並形成開口，由於周圍有許多小隆起，所以被稱為「十二指腸大乳頭（華特氏乳頭）」。

十二指腸的構造

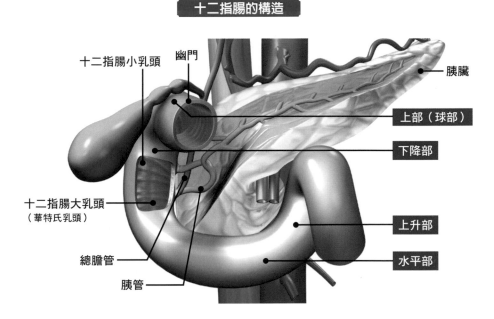

十二指腸小乳頭　幽門

胰臟

上部（球部）

下降部

十二指腸大乳頭
（華特氏乳頭）

上升部

總膽管

水平部

胰管

◆ 功能

　　由於從胃部送過來的內容物會與胃酸混合，形成強酸性，所以與幽門相連的上部容易因酸性物質而形成潰瘍。因此，為了避免腸道受損，十二指腸的十二指腸腺會分泌出鹼性的腸液來中和酸性物質，保護黏膜。在胃部經過消化而形成粥狀的食物，會在此處進一步地與胰液，以及能夠幫助脂肪消化的膽汁一起進行正式的消化，被分解成容易被小腸吸收的狀態。

■ 空腸與迴腸的構造與功能

　　成為小腸中心的空腸與迴腸的直徑約為4公分。腸壁由3層所構成，從內側依序為黏膜、肌層、漿膜。肌層可分成縱肌層與環肌層這2層。透過此肌肉的作用，可以進行蠕動運動、分節運動、擺動運動這3種運動，進一步地分解在胃部與十二指腸中被消化的食物，吸收養分，並且將消化物送往前方。

■ 消化、吸收的原理

　　人體所攝取的飲料與食物，會在空腸與迴腸內被分解成最小的分子，或是能夠吸收的程度後，其養分才會被吸收。在腸道內壁，黏膜會到處隆起，形成「環狀褶」。再加上在黏膜中，名為絨毛的細微突起會將表面覆蓋。在將絨毛覆蓋住的「小腸上皮細胞」中，到處分布著會分泌黏液的「杯狀細胞」，再加上，名為「微絨毛」的極細微突起會擴大細胞的表面積。

　　透過這種構造，腸道能夠很有效率地進行消化與吸收。也被稱為「營養吸收細胞」的小腸上皮細胞在結束約1週的壽命後，就會在腸道內剝落。位於會分泌各種酵素的「腸腺」中的幹細胞則要負責供應新的小腸上皮細胞。在黏膜上皮的下方，有細動脈、細靜脈、淋巴管，而且到處都有名為淋巴小結的淋巴組織。淋巴小結除了負責腸道的免疫功能以外，還能夠吸收脂質（參閱P.257培氏斑塊）。

小腸管壁與絨毛

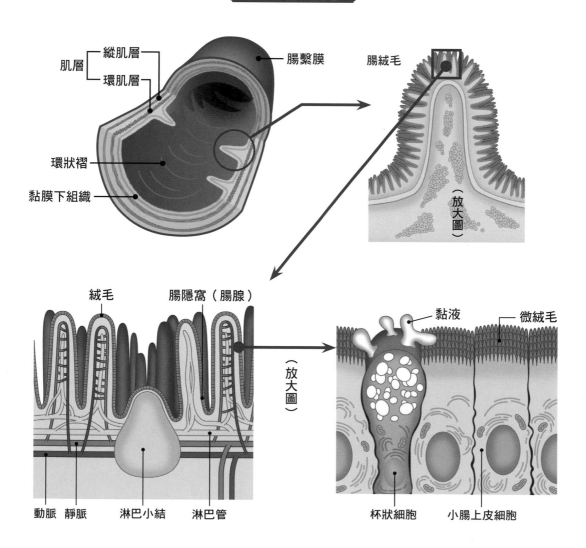

大腸的構造與功能

■ 大腸的構造與功能

　　大腸與迴腸（小腸）的迴盲部相連，在腹腔內繞一週後，就會抵達肛門。大腸可以分成3個部位，各自具備不同的特徵與作用。

　　位於右下腹部的「盲腸」是大腸的開端部分，距離與迴腸相連的迴盲口5～6公分的地方，就是盡頭。迴盲口內有「迴盲瓣」，能夠防止內容物逆流。名為「闌尾」的細長淋巴組織集合體會附著在盲腸頭端上，俗稱的「盲腸炎」就是闌尾發炎所造成的。

　　結腸大致上可以分成「升結腸」、「橫結腸」、「降結腸」、「乙狀結腸」這4個部位。結腸會從迴盲口往上移動，大致上會繞腹部一週，然後連接位於下腹部中央的直腸。在結腸內，各結腸會吸收在小腸內經過消化與吸收的內容物殘渣的水分，然後將其送到直腸。

大腸的構造

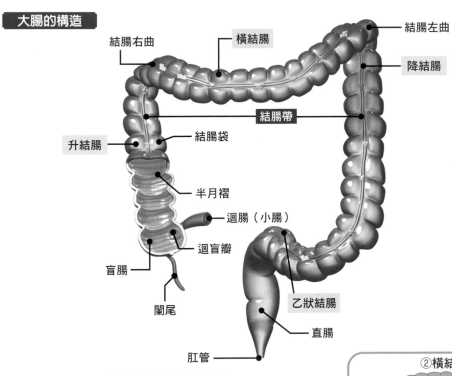

結腸的功能與分區

升結腸	從小腸送過來的消化物的水分會被吸收，形成半流動狀。
橫結腸	水分進一步地被吸收，形成粥狀。
降結腸	水分繼續被吸收，直到形成半粥狀。
乙狀結腸	形成固體糞便，送往直腸。

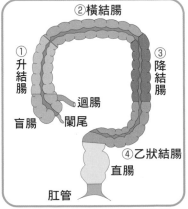

◆ 結腸帶的任務

在結腸的腸壁上，有3條「結腸帶」。結腸帶是縱肌隆起所形成的帶狀隆起。在用來圍住消化道的2層肌肉當中，位於外側的縱肌會聚集起來，形成結腸帶。如果在結腸內看不到結腸帶的話，表示此部分就完全沒有縱肌，就算有，數量也非常少。

由於此結腸帶的肌肉會收縮，所以整個結腸會稍微縮短，帶與帶之間的多餘腸壁會在外側隆起，形成「結腸袋（haustra）」。在腸的內壁，每隔一段間隔，就會看到用來連接2條結腸帶的「半月褶」。藉由此構造，結腸袋經過一段間隔後就會被隔開來，形成由小隆起連接而成的形狀。

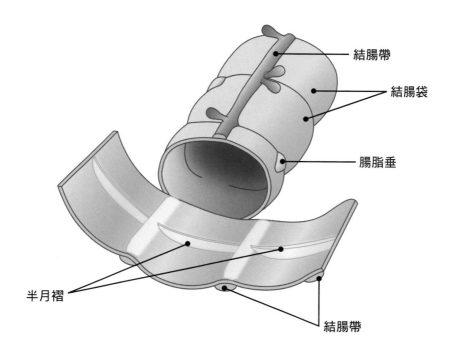

結腸帶

結腸袋

腸脂垂

半月褶

結腸帶

■ 排便與神經的關係

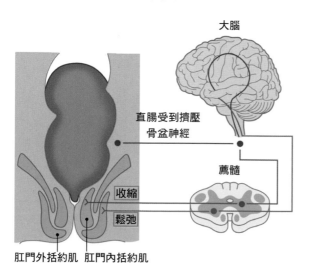

大腦

直腸受到擠壓
骨盆神經

薦髓

收縮

鬆弛

肛門外括約肌　肛門內括約肌

當糞便積存在直腸內，導致內壓上昇，訊息就會被傳送到位於薦髓的排便中樞，引發排便反射，產生便意，屬於不隨意肌的「肛門內括約肌」會打開。另一方面，直腸內的內壓上昇這項訊息也會被傳到大腦，使人產生便意。如果能夠排便的話，就會讓屬於隨意肌的「肛門外括約肌」鬆弛，然後藉由用力來提昇腹壓，擠出糞便，進行排泄。

直腸與肛門的構造與功能

直腸與肛門的構造

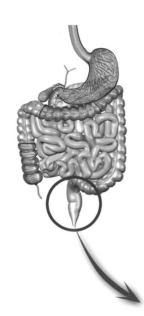

直腸與乙狀結腸相連，是大腸的一部分，也是始於口腔的消化器官的最終部分。直腸是長度約20公分的腸道，往下延伸時，會通過下腹部的中央、薦骨前方。直腸末端會形成向外打開的「肛門」。

從直腸到肛門的管道叫做肛管，長度約3公分。在肛門內，直到直腸為止都還看得到的外側縱肌會消失，環肌則很發達，並會形成肛門內括約肌。其下方有，由橫紋肌所組成的肛門外括約肌。人體會透過這2種括約肌的收縮與鬆弛來調整排便。

肛門內聚集了許多靜脈，容易發生由「痔瘡」所引起的出血。直腸被沒有痛覺的黏膜覆蓋住，在直腸內形成的「內痔」不太會使人感到疼痛，但在齒線以下的皮膚上所形成的「外痔」則容易使人感到疼痛。

直腸與肛門的剖面圖

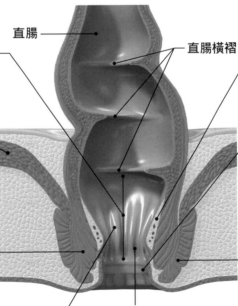

直腸

直腸橫褶

肛管
位於肛門正前方的直腸變細部分。由肛門內括約肌、肛提肌、肛門外括約肌所構成。

肛提肌
從周圍來支撐肛門，並形成骨盆膈膜。除了支撐骨盆的內臟、排泄、排尿以外，若是女性的話，此肌肉也和陰道的收縮、分娩有關。

肛門內括約肌
用來構成肛管的腸壁的肌層之一。內層的環肌層是既發達又厚實的肌肉，能用來關閉肛門。屬於不隨意肌。

靜脈叢
位於肛門的周圍，由靜脈聚集而成的靜脈叢很發達。

齒線
肛門上皮與直腸黏膜的交界，距離肛門上皮的出口約2公分。

肛門外括約肌
此肌肉的分布方式像是把肛門圍起來，具備關閉肛門的作用。屬於隨意肌。

肛門柱
位於肛緣的內腔中的鋸齒狀凸起部分。

肛門竇
位於肛緣的內腔中的鋸齒狀下凹部分。擁有會分泌黏液的肛門腺，能使糞便變得容易滑動。

◆ 直腸的位置與男女的差異

　　雖然從正面觀看的話，直腸是垂直的，但從側面觀看的話，直腸會沿著薦骨的彎曲，大幅度地往後方彎曲。其前方除了膀胱以外，若是男性則有前列腺，若是女性，則會有陰道與子宮。腸壁與其他消化道相同，是由黏膜、肌層、漿膜這3層所構成，不過肌層中的縱肌到了肛門後就會消失。上部會被腹膜覆蓋，若是男性，會連接用來包覆膀胱的腹膜，若是女性，則是會連接用來包覆子宮的腹膜。

　　另外，位於直腸與子宮之間的腹膜腔叫做「道格拉斯陷凹」。原本，道格拉斯陷凹只存在女性體內，但在男性體內，直腸與膀胱之間也有個腹膜凹陷部位，叫做直腸膀胱陷凹。為了方便起見，也有人會將其稱為道格拉斯陷凹。

男性

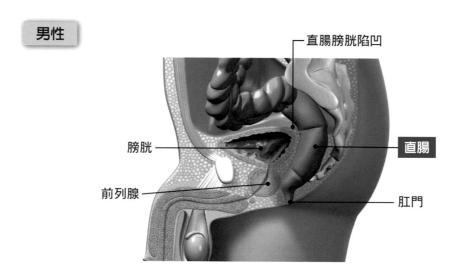

直腸膀胱陷凹

膀胱

直腸

前列腺

肛門

女性

道格拉斯陷凹
（直腸子宮陷凹）

直腸

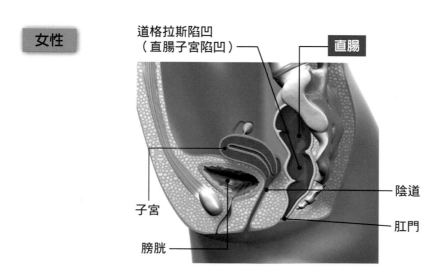

子宮

膀胱

陰道

肛門

肝臟的構造與功能

肝臟位於右上腹部，是人體內最大的器官，重量為1～1.5公斤，呈三角錐狀。表面大部分都被腹膜包覆住，由於含有大量血液，所以呈紅褐色。

肝臟具備各種作用，會對經過胃部、小腸、大腸等消化器官消化後，經由門靜脈送進來的養分進行分解、合成、解毒等。

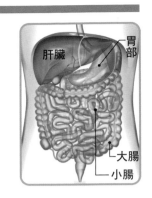

■ 在解剖學中劃分成4個葉

在解剖學中，若要對肝臟進行分區的話，正面被肝鐮狀韌帶分成較小的「左葉」與較大的「右葉」。從底部看的話，會發現右葉與左葉之間還有「尾葉」和「方葉」，總共分成4個葉。肝門就位在被這4個葉夾住的位置。

據說，從正面觀看尾葉和方葉時，會得知兩者位於右葉，但若觀察肝臟內的血管與膽管的分歧方式的話，就會發現，比起右葉，兩者與左葉的關係更加密切。

肝臟（正面）

下腔靜脈
肝鐮狀韌帶
左葉
右葉
下緣
肝圓韌帶
膽囊

肝臟（背面與底面）

膽囊
方葉
下緣
門靜脈
總膽管
肝圓韌帶
肝固有動脈
右葉
肝門
下腔靜脈
尾葉

◆ 構造

下腔靜脈會嵌入肝臟的後端中央區域，底部中央區域有個打開的「肝門」，肝動脈與膽管等會通過此處。在一般器官中，會有動脈與靜脈這2種血管出入。在肝臟內，還會有名為「門靜脈」的靜脈流入。

門靜脈會經過腸道與脾臟，將吸收了豐富養分的靜脈血運往肝臟。由於會消耗掉大部分的氧氣，所以「肝動脈」會透過主動脈，直接將動脈血運入肝臟，補充氧氣。肝臟有3條門靜脈，會從肝門進入肝臟內部，形成「肝靜脈」，然後再離開肝靜脈。

肝門除了有門靜脈通過以外，用來將養分與氧氣送到肝臟本身的「肝固有動脈」、負責把肝臟所製造的膽汁送到膽囊的「總膽管」、「淋巴管」、「神經」等也會出入此處。這些門靜脈、肝動脈（肝固有動脈）、膽管被稱為「肝三合體」，負責吸收血液，將膽汁運送出去。

■ 肝臟的功能

　　以製造「膽汁」為首，肝臟具備非常多的功能，像是醣類／蛋白質／脂質／維生素／激素的代謝、血液的儲存、有毒物質的解毒等。只要仔細觀察其功能，就會得知功能有500種以上。據說，即使採用最新技術，也無法製造出功能與肝臟相同的化學工廠。只要肝功能正常的話，即使整體的75～80%被切除，還是能夠一邊進行自我修復，一邊默默地發揮作用，半年後，就會恢復成原本大小。歸功於這種很高的再生能力，即使功能稍微下降，也不會出現明顯的症狀，肝功能的異常大多會在健康檢查中被發現。

肝臟的功能

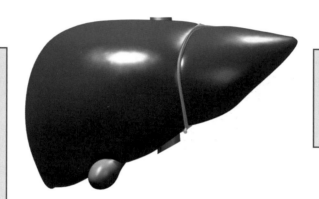

解毒作用
能夠分解混入血液中的有害物質，消除毒性。從腸道吸收後，被運送到肝臟的酒精，會在肝臟內從乙醛被分解成醋酸，最後會形成二氧化碳和水，被排出體外。

代謝作用
將來自消化器官的養分轉變成身體各器官所需的型態，以製造出能量。

製造膽汁
透過膽固醇與膽汁酸來製造膽汁，協助脂質的消化／吸收。

製造凝血因子
凝血原、纖維蛋白原等具備凝血作用的重要物質，大部分都是由肝臟所製造。

能量的儲存
被儲存起來的肝醣，會在必要時被運送到血液中。血液中的葡萄糖一旦不足（低血糖）的話，肝臟就會將事先儲存起來的肝醣轉變為葡萄糖，運送到血液中。

肝臟與血糖值的關係

　　為了讓血糖值保持正常，肝臟會扮演很重要的角色。透過進食，葡萄糖會流入血液中。肝臟會藉由吸收3分之1的葡萄糖，來避免用餐後血糖值急劇上昇，調整血液中的糖含量（血糖值）。因為暴飲暴食或運動不足而導致熱量攝取變多，造成脂肪累積在肝臟中（脂肪肝）等情況時，肝臟的糖分吸收能力就會下降，成為高血糖的原因。

■ 用來組成肝臟的肝小葉

　　肝臟是「肝小葉」這種小型硬組織的集合體。肝小葉呈六角狀，直徑約1～2公厘。在肝小葉的周圍，有從名為「肝三合體」之一的肝固有動脈中接收動脈血的「小葉間動脈」、接收來自門靜脈的靜脈血的「小葉間靜脈」、從微膽管中接收膽汁的「小葉間膽管」的分支所聚集而成的「肝纖維囊（小葉間結締組織）」。

　　用來組成肝小葉的是名為「肝細胞」的細胞。肝細胞會以位於肝小葉中央的肝靜脈分支的中央靜脈為中心，排列成放射狀，製造「肝索」。

肝小葉的構造

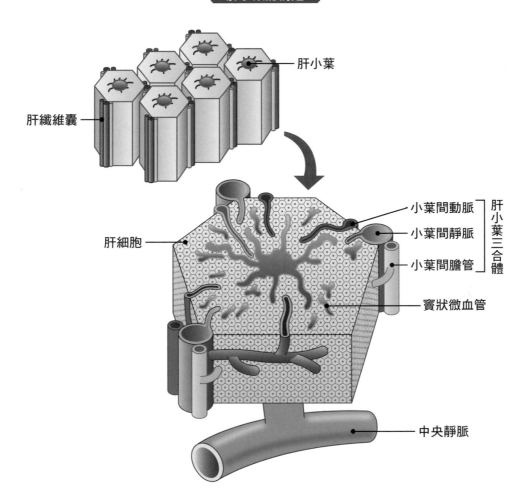

肝小葉

肝纖維囊

肝細胞

小葉間動脈
小葉間靜脈
小葉間膽管
}肝小葉三合體

竇狀微血管

中央靜脈

沉默的器官

　　肝細胞的再生能力非常強，即使一部分受損，也不易出現症狀，當身體出現黃疸等明顯的主觀症狀時，症狀大多很嚴重，所以肝臟也被稱為「沉默的器官」。

膽囊的構造與功能

　　膽囊是用來暫時存放膽汁與濃縮膽汁的器官。在肝臟製成的膽汁會通過總膽管、膽囊管，被送到膽囊中。在必要時，膽囊會排出膽汁給十二指腸。

■ 膽囊的構造

　　膽囊是西洋梨狀的小型袋狀器官，位於右上腹部的肝臟右葉下方，長度約7～10公分。肝臟製造出膽汁後，膽囊會負責將膽汁濃縮，並暫時存放。前端的圓形部分叫做「膽囊底」，中央部分叫做「膽囊體」，稍微變細的部分叫做「膽囊頸」。從膽囊頸延伸出來的「膽囊管」呈螺旋狀扭曲，且與「總肝管」相連。總肝管是由從肝臟的肝門出現的右肝管與左肝管會合而成。總肝管還會進一步地與膽囊管會合，形成「總膽管」。總膽管進入胰臟的胰頭部後，會和主胰管會合，然後在位於十二指腸壁的「十二指腸大乳頭」上形成開口。

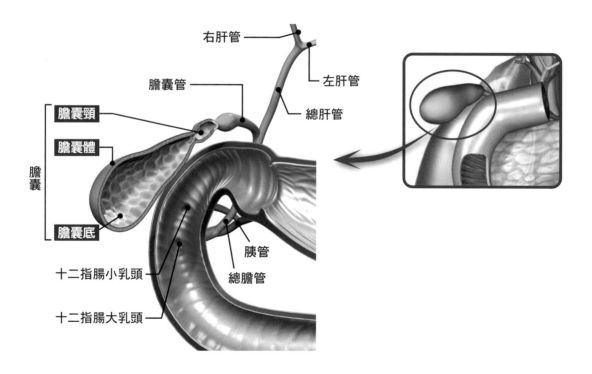

◆ 膽汁的功能

　　當食物通過十二指腸時，膽汁就會被分泌出來。1天約有600～800毫升的膽汁會被送到十二指腸。此膽汁還會再從肝臟被運送到膽囊內。膽汁的成分包含了，名為「膽紅素」的偏黃色素、膽固醇、膽汁酸鹽等。膽汁被暫時存放在膽囊內時，會被濃縮成約4～10倍。

　　藉由脂肪的乳化與分解蛋白質，脂肪會變得容易被腸道吸收。在將膽固醇排出體外時，膽汁也是必要的物質。另外，膽汁與胰液混合後，就會變得能夠活化胰液的消化酵素。

脾臟的構造與功能

　　脾臟是海綿狀的柔軟器官，大小跟拳頭差不多，位於左側的腎臟上部。負責將血液從心臟供應給脾臟的是脾動脈。透過脾動脈而被運送到脾臟的血液，會再透過脾靜脈，從脾臟被運送出去，然後經由門靜脈這條更粗的靜脈，被運送到肝臟。脾臟是深紫紅色的圓形器官，基本上是由「紅髓」和「白髓」這2種組織所構成。

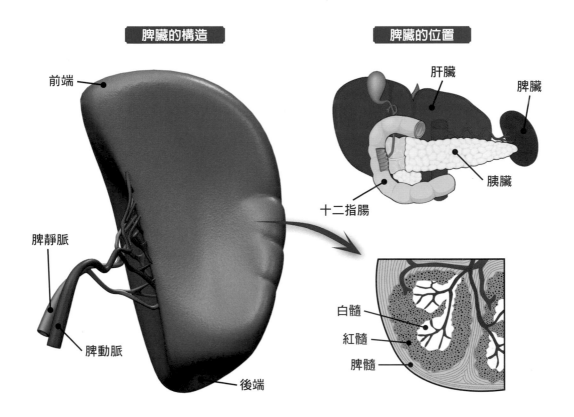

| 脾臟的構造 | 脾臟的位置 |

前端　脾靜脈　脾動脈　後端

肝臟　脾臟　胰臟　十二指腸

白髓　紅髓　脾髓

■ 脾臟的功能

◆ 紅髓

　　具備過濾器般的構造，能夠過濾老舊紅血球，去除不需要的物質。另外，紅髓會監視紅血球的狀態，當紅血球發生異常、變得老舊、出現損傷時，就會適當地將失去作用的紅血球破壞。另外，紅髓也具備儲存白血球和血小板等各種血液成分的功能。

◆ 白髓

　　免疫系統的一部分，能夠對抗病菌的感染。會製造名為淋巴球的白血球，淋巴球則會製造抗體（用來防止異物入侵的特殊蛋白質）。

呼吸系統的構造與功能

　　呼吸系統是與呼吸相關的器官的集合體。呼吸系統始於「鼻腔」，經過咽頭、喉頭、氣管、支氣管後，與肺部相連。在連接鼻腔與口腔的喉部中，有咽頭和喉頭。此處不僅能讓空氣通過，也是食物的通道，同時也是具備聲帶的發聲器官。除了呼吸以外，還擁有許多功能。從鼻腔吸入的空氣，會經由咽頭，被送往喉頭、氣管。與喉部和肺部相連的氣管會分支成左右2條支氣管，進入左右兩邊的肺部。2條支氣管在肺部內還會進一步地反覆產生分支，在肺部內擴張，逐漸變細，最後成為形狀宛如一串葡萄的肺泡，「氣體交換」會在此進行。

呼吸系統的構造

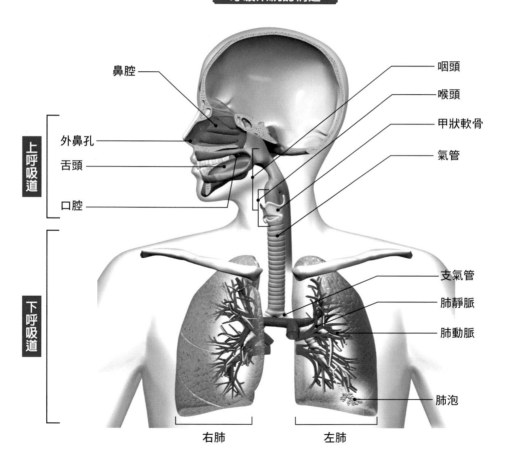

鼻腔　　　　　　　　　　　　　　咽頭
　　　　　　　　　　　　　　　　喉頭
　　　　　　　　　　　　　　　　甲狀軟骨
外鼻孔　　　　　　　　　　　　　氣管
舌頭
口腔

上呼吸道
下呼吸道

　　　　　　　　　　　　　　　　支氣管
　　　　　　　　　　　　　　　　肺靜脈
　　　　　　　　　　　　　　　　肺動脈

　　　　　　　　　　　　　　　　肺泡

右肺　　　　　　左肺

上呼吸道與下呼吸道

　　從鼻腔到喉頭的部分叫做「上呼吸道」，從氣管到肺部的終末細支氣管的部分則叫做「下呼吸道」。上呼吸道由耳鼻喉科的醫師負責，下呼吸道則由呼吸胸腔內科的醫師負責。

■ 呼吸的原理

　　對於維持生命活動來說，呼吸與消化、體溫維持等都是不可或缺的機制。肺部的呼吸主要是透過「胸廓」與「橫膈膜」等處的呼吸肌的動作來進行。為了進行代謝，人體會將氧氣視為一種能源，將其吸入體內，然後將不需要的二氧化碳排出體外。以一般成年人來說，1分鐘內會呼吸15～17次，在每1次的呼吸中，約500毫升的空氣會進出人體。由於氣體交換必須24小時不停地進行，所以平常會交由位於腦幹的呼吸中樞來掌控，但也能使其接受大腦皮質的控制，讓人依照意識來控制氣體交換。呼吸是唯一一種能在隨意運動與不隨意運動之間切換的生理功能。

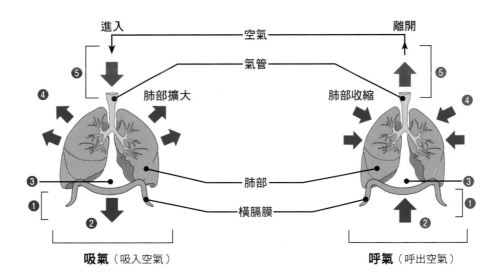

吸氣（吸入空氣）　　　　　　　　　　　　呼氣（呼出空氣）

❶橫膈膜與肋間外肌收縮。

❷胸腔底部下降，肋骨上升，胸腔因而擴大。

❸胸膜腔內的壓力下降。

❹肺部膨脹。　　❺空氣進入肺部（吸氣）。

●胸廓、橫膈膜請參閱P.296

❶橫膈膜與肋間外肌鬆弛。

❷胸腔底部上升，肋骨下降，胸腔因而收縮。

❸胸膜腔內的壓力下降。

❹肺部收縮。　　❺空氣被吐出（呼氣）。

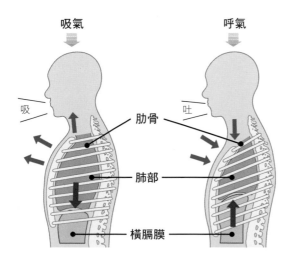

◆ 胸式呼吸與腹式呼吸

　　平常的呼吸主要是透過橫膈膜的作用來進行。只要橫膈膜下降，腹腔就會變形，腹部會變得像是往前突出一般，所以這被稱作「腹式呼吸」。另一方面，在深呼吸中，當肋間外肌收縮，胸腔擴大時，胸部就會膨脹，所以被稱為「胸式呼吸」。

鼻腔的構造與功能

■ 鼻腔的構造與功能

　　位於鼻子深處的空腔叫做「鼻腔」。呼吸器官的範圍為從鼻子到肺部，鼻腔則是呼吸器官的最初部分。透過由軟骨所構成的鼻中隔，鼻腔被分成左右兩邊。前方透過「外鼻孔（鼻孔）」來與外界接觸，在後方，空腔會再度合而為一，形成後鼻孔，並與咽頭相連。鼻腔的底部是腭部，即口腔的頂面。鼻腔頂面會隔著名為「篩板」的薄骨板來連接用來容納腦部的「顱腔」。相對於外鼻（臉部中央的突出鼻子），鼻腔也被稱為內鼻。除了受到鼻毛保護的鼻前庭以外，鼻腔內側都被黏膜所覆蓋著。

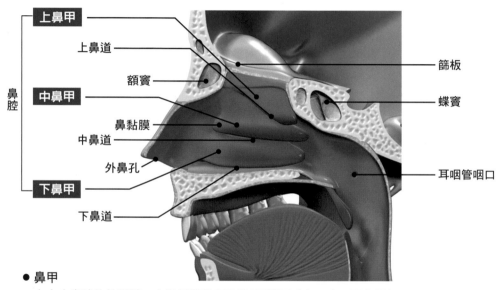

- **鼻甲**
　　在左右鼻腔的外側壁，有呈屋簷狀突出的3層鼻甲（上、中、下鼻甲）。鼻甲能夠擴大鼻腔的表面積，在空氣進入喉部前調整溫度與濕度。在其下方，分別有名為上、中、下鼻道的空氣通道。

◆ **空氣的通道**　　從鼻腔到喉頭是名為上呼吸道的空氣通道。而且，位於鼻腔最上部的嗅覺上皮，也具備能夠聞出味道的嗅覺器功能。

◆ **異物的排除**　　用來包覆鼻腔內側的鼻毛與鼻黏膜，能夠去除灰塵，且能讓空氣變得潮濕，提昇空氣溫度，避免冷空氣或乾燥空氣傷害喉部與肺部。異物一旦進入鼻腔，首先就會藉由打噴嚏來去除異物，將其與鼻水一起沖走。在咽頭、喉頭，或是氣管內，會引發咳嗽，防止異物入侵。

◆ **免疫功能**　　對於從鼻子或口腔入侵的細菌與病毒，鼻腔會透過身為淋巴球集合體的4個扁桃腺來進行防禦。這4個扁桃腺（咽頭、耳咽管、腭部、舌頭）會在咽頭周圍排列成環狀，負責喉部的免疫功能。

喉頭與氣管的構造與功能

位於食道與氣管上端的「喉頭」，也是呼吸系統與消化系統的入口。作為空氣的通道，喉頭與氣管、支氣管、肺部相連，且具備用來發出聲音的聲帶等，扮演著各種角色。

■ 咽頭與喉頭的構造與功能

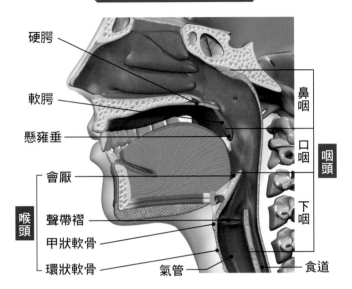

喉部的構造（剖面圖）

- 硬腭
- 軟腭
- 懸雍垂
- 會厭
- 聲帶褶
- 甲狀軟骨
- 環狀軟骨
- 氣管
- 鼻咽
- 口咽
- 下咽
- 咽頭
- 喉頭
- 食道

位於咽頭下方的喉頭，被甲狀軟骨、會厭軟骨、環狀軟骨等6個軟骨所包圍，中央部分則有聲帶。主要作用包含了，「確保呼吸道」，讓要呼吸的空氣能通過，「防止誤嚥」，當食物通過時，喉頭會被堵住，讓食物能通往食道，以及使用聲帶來發出聲音的「發聲功能」等。

另外，成年男性的甲狀軟骨的一部分會突起，並被稱為「喉結」。此部位也負責咽喉的免疫功能。

◆ 咽頭與喉頭的差異

咽頭是一般被稱作喉嚨的部分，既是空氣的通道，同時也會形成用來讓食物通過的消化道。喉頭則是「喉結」所在的器官，會形成用來讓空氣通過的呼吸道，且具備透過聲帶來發出聲音的功能。

急性咽炎與急性喉炎

兩者皆為病毒或細菌所引起的急性發炎。急性咽炎指的是，當人體的免疫力因為氣溫變化、睡眠不足、疲勞等因素而下降時，一旦感染細菌或病毒，咽頭就會紅腫，引發喉嚨痛與不適感，吞嚥食物或唾液時，會伴隨著疼痛。急性喉炎則會出現聲音沙啞／嘶啞、持續咳嗽、喉嚨痛、發燒等症狀。另外，在喉頭中，聲帶發炎很嚴重時，會被稱作「急性聲帶炎」。

■ 氣管的構造與功能

「氣管」連接喉頭，用來將空氣送到肺部。氣管是管狀的空氣通道，長度約10公分，粗細約1.5～1.7公分。C字形的「氣管軟骨」會以一定間隔排列在氣管周圍，而且能夠一邊保護氣管，靈活地應對頸部的各種動作，一邊確保呼吸道。另外，在頸部，氣管會位於最前方（腹側），氣管軟骨的背面（背側）、軟骨的中斷處則與食道相連。

氣管會在第4～5胸椎的高度形成左右分支，從此處繼續往前，就會形成「支氣管」，該分歧點叫做「氣管分岔處」，為了避免異物進入此處的前方，其內側的知覺會變得非常敏感，一旦受到刺激，就會引發強烈的咳嗽，以去除異物。

氣管的構造

喉頭
位於第4～6頸椎之間。具有用來發聲的聲帶。

氣管
從第6頸椎一直連接到第4胸椎的管道。

支氣管
氣管會在第4胸椎的高度產生分支，形成為支氣管。

食道

甲狀軟骨

環狀軟骨

甲狀腺

總頸動脈

左鎖骨下動脈

主動脈弓

左支氣管

左肺動脈

降主動脈

氣管分岔處

■ 發聲的原理

在發聲時，從肺部運送過來的空氣會讓聲帶振動，該空氣振動會從咽腔通過口腔、鼻腔，並在這之間產生共振，使振動變得更強，頻率也會被增強，形成「人的聲音」。

● 聲帶 ➡ 聲道（咽腔、口腔、鼻腔）➡ 製造出人的聲音

◆ 聲帶褶

在喉頭內部，從內壁兩側伸出的一對皺褶，會擔任發聲器官的角色。聲帶褶是富有彈性的肌肉，前方連接甲狀軟骨，後方連接杓狀軟骨。左右聲帶褶之間的空隙叫做「聲門裂」。

◆ 聲門

左右兩邊的聲帶褶、聲帶褶之間的空間、聲門裂合稱為「聲門」。進行呼吸時，聲門會保持打開狀態，發出聲音時，透過喉頭肌的作用，聲門裂會變得狹窄，藉由讓空氣穿越此處，來使聲帶褶產生振動，發出聲音。聲音的高低與大小，會隨著發聲時的聲帶振動次數與幅度而產生差異。另外，藉由讓聲音在喉頭、咽頭、口腔、鼻腔內產生共振，每個人的聲音聽起來就會不一樣。

聲帶的構造

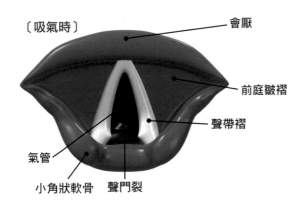

〔吸氣時〕

會厭

前庭皺褶

聲帶褶

氣管

小角狀軟骨　聲門裂

呼吸時，聲帶褶會打開，讓空氣通過。

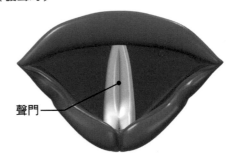

〔發聲時〕

聲門

聲帶褶會關閉，空氣撞到皺褶後，皺褶會振動，發出蜂鳴器般的聲音。振動次數愈多，聲音會變得愈高。

嘶啞

當聲帶因為聲帶發炎、腫瘤等某些問題而無法正常振動時，導致聲音沙啞的症狀叫做「嘶啞」。發聲過度、吸菸過度、飲酒過度等都會成為發病的原因。

胸腔的構造與功能

　　胸腔指的是胸部內被「胸廓」圍起來的空間，胸廓則是由胸骨、肋骨、脊椎所構成。胸腔被縱膈區分成左右兩邊，其下方為透過橫隔膜來隔開的腹腔。胸腔是用來容納與保護氣管、支氣管、肺部等呼吸系統，以及心臟、主動脈／腔靜脈等循環系統的器官。

■ 胸腔與胸膜腔的構造與功能

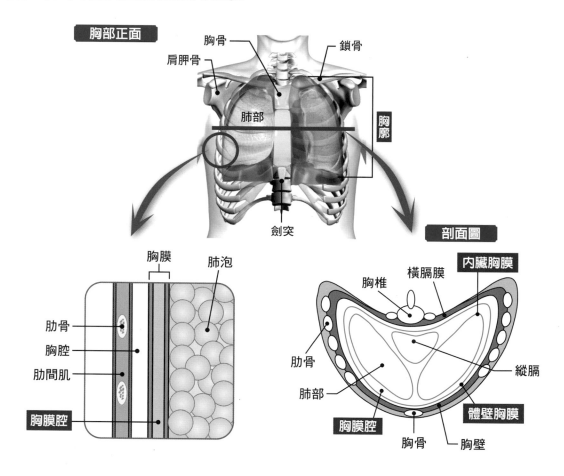

◆ 胸腔

　　肺部佔據了胸腔內的大部分空間，胸腔會將橫膈膜與肋骨的行動傳遞到肺部，也會將肺部的行動傳遞給橫膈膜與肋骨，具備讓兩者產生連結的作用。胸廓一旦擴張，就會透過胸腔來使肺部擴張，當肺部收縮時，橫膈膜也會跟著活動。由於胸腔是密閉空間，沒有空氣，即使肺部進行伸縮，胸腔本身也幾乎不會擴張。

◆ 胸膜腔

　　在肺部內，有被2層漿膜所包覆的胸膜（內臟胸膜、體壁胸膜）。這2層膜之間的空間叫做「胸膜腔」，裡面貯藏了用來防止摩擦的漿液。在呼吸時，肺部之所以會收縮、擴張，也要歸功於，肺部在胸膜腔內處於漂浮狀態，具有某種程度的空隙。

肺臟的構造與功能

　　肺臟與鼻腔相連，是呼吸器官的終點，佔據胸腔內大部分空間，位於心臟的左右兩側，宛如將心臟夾住。肺部是由，用來讓空氣出入的「氣管」，以及在呼氣與微血管之間進行「氣體交換」的肺泡所構成。

■ 肺臟的構造

　　肺臟會進行呼吸，攝取身體所需的氧氣，排出不需要的二氧化碳，在呼吸系統中，負責最重要的作用。肺臟是左右成對的器官，被由肋骨、胸骨、脊椎所構成的胸廓包圍，上方的尖銳部分叫做「肺尖」，下方的寬敞部分叫做「肺底」，與內側的心臟相連的面叫做「內側面」，與外側的肋骨相連的面則叫做「肋面」。

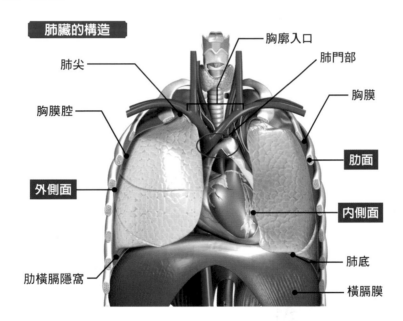

肺臟的構造

胸廓入口
肺尖
肺門部
胸膜腔
胸膜
肋面
外側面
內側面
肺底
肋橫膈隱窩
橫膈膜

◆ 肺葉與各部位的名稱

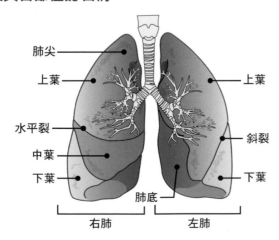

肺尖
上葉
上葉
水平裂
斜裂
中葉
下葉
下葉
肺底
右肺　左肺

　　在肺部內，會透過名為「裂」的裂縫來劃分區域。右肺被水平裂分成上葉與中葉，被斜裂分成中葉與下葉。
　　左肺被斜裂分成上葉與下葉。

氣體交換的原理

　　支氣管進入肺部後，會反覆地產生分支，在肺部內擴張。末端的肺泡內有無數個微小的袋狀空腔，從鼻腔吸進來的空氣會進入此處。一個肺泡的大小約為0.1～0.2公厘，肺泡約佔據肺部85%的容量，能夠擴大表面積，有效率地進行氣體交換。

　　氣體交換指的是，把氧氣吸入體內，排出二氧化碳的機制，也就是所謂的「呼吸」。與肺動脈和肺靜脈相連的微血管，會以網狀的方式遍布在肺泡周圍。肺泡內的氧氣與血液中的二氧化碳會在此處交換。

■ 肺臟與細胞的氣體交換原理

◆ 外呼吸與內呼吸

　　用來進行氣體交換的呼吸可以分成，在肺泡內的空氣與血液之間進行的「外呼吸」，以及在全身的細胞與血液之間交換，或是與細胞內的氧氣和二氧化碳進行交換的「內呼吸」。

　　由於負責外呼吸的袋狀肺泡的壁非常薄，約為$0.2\,\mu m$，氧氣與二氧化碳能夠通過，所以氣體交換變得容易在肺泡與表面呈網眼狀分布的肺泡微血管之間進行。

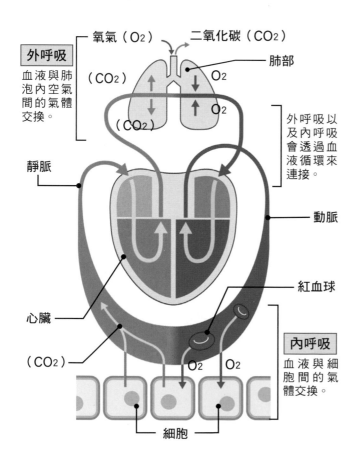

◆ 肺泡的擴散

　　氣體交換是透過「擴散」的原理來進行的。

　　擴散指的是，濃度不同的液體或氣體在接觸時，物質從高濃度區流向低濃度區的現象。

　　在「外呼吸」中，由於肺泡與血管內所含的氧氣與二氧化碳的濃度不同，所以氧氣會從肺泡往血管擴散，二氧化碳則會從血管往肺泡內擴散。

■ 肺泡的構造

　　與支氣管末梢分支相連的葡萄串狀小袋構造叫做「肺泡」。周圍被微血管、肺動脈、肺靜脈圍住。在肺部中，塞滿了3～4億個這種肺泡，從肺部被運送到肺泡的空氣會在此處進行氣體交換。

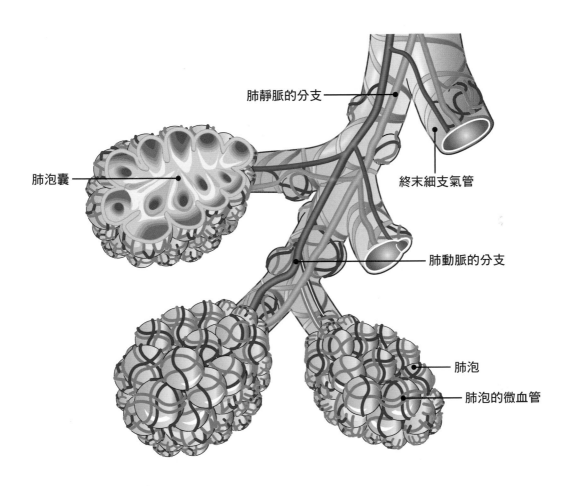

肺靜脈的分支

肺泡囊

終末細支氣管

肺動脈的分支

肺泡

肺泡的微血管

血紅素的作用

　　在氣體交換中，血紅素會發揮重要作用。血紅素的特性為，在血液中含氧量較高的地方，會與氧氣結合，在含氧量較低處，則會釋放出氧氣。對於二氧化碳，血紅素也會同樣地進行結合與釋放。透過此性質，血液中的血紅素會一邊在全身各處與二氧化碳結合，一邊回到肺部，然後在肺泡中進行氣體交換。

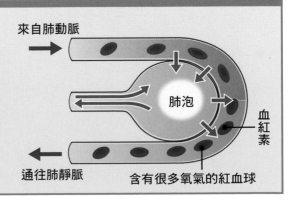

來自肺動脈

肺泡

血紅素

通往肺靜脈

含有很多氧氣的紅血球

橫膈膜的構造與功能

　　橫膈膜是一種朝上方隆起的圓頂狀肌肉，用來劃分胸腔與腹腔。橫膈膜與外肋骨肌都是主要的呼吸肌之一。在吸氣（吸入空氣）時，會發揮重要作用，尤其是腹式呼吸。腹式呼吸會透過橫膈膜的收縮來進行。

■ 呼吸肌、橫膈膜的構造

　　橫膈膜是用來區分胸腔與腹腔的肌肉，位於心臟與肺部下方、胃部與肝臟上方。胸腔內周圍的開端部分是由腰椎部、胸骨部、肋骨部這3個部分所構成，並聚集在位於中央區域的腱膜狀中心腱。在這3個部位當中，胸骨部與肋骨部的相鄰部分叫做「胸肋三角」，腰椎部與肋骨部之間的部分則叫做「腰肋三角」，由於這2個三角部位沒有肌束，在橫膈膜當中比較脆弱，而且也是為人所知的「橫膈疝氣」好發部位。在靠近椎骨的中央部分，有與胃部相連，且用來讓食道通過的「食道裂孔」、用來讓主動脈通過的「主動脈裂孔」、用來讓下腔靜脈通過的「腔靜脈孔」這3個裂孔。

橫膈膜的構造

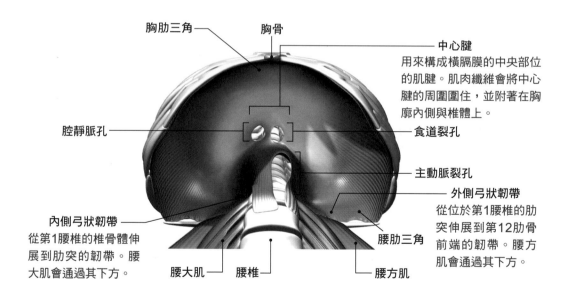

胸肋三角　　　胸骨

中心腱
用來構成橫膈膜的中央部位的肌腱。肌肉纖維會將中心腱的周圍圍住，並附著在胸廓內側與椎體上。

腔靜脈孔

食道裂孔

主動脈裂孔

外側弓狀韌帶
從位於第1腰椎的肋突伸展到第12肋骨前端的韌帶。腰方肌會通過其下方。

內側弓狀韌帶
從第1腰椎的椎骨體伸展到肋突的韌帶。腰大肌會通過其下方。

腰大肌　　腰椎

腰肋三角

腰方肌

打嗝的原因是橫膈膜的痙攣？

　　打嗝的醫學用語為「呃逆」。據說，打嗝是因為，受到橫膈膜痙攣的影響，聲帶的肌肉在收縮、關閉時，急遽呼出的氣會通過變得狹窄的聲帶，發出「咯」的聲音。不過，也有人認為主要原因是橫膈膜的痙攣。當打嗝停不住時，建議還是要諮詢專業醫師。

第 **7** 章

泌尿器官、生殖器官

泌尿系統的構造與功能

　　泌尿系統指的是，用來製造尿液，進行排泄的器官。除了「腎臟」以外，還包含了用來運送尿液的「輸尿管」、用來儲存某種程度的尿液量的「膀胱」、用來排出尿液的「尿道」。另外，基於尿液會流經的通道這項含意，泌尿器官也被稱作「尿路」。腎臟是左右成對的器官，由於右側有肝臟，所以右側腎臟的位置會比左側腎臟稍微低一點。

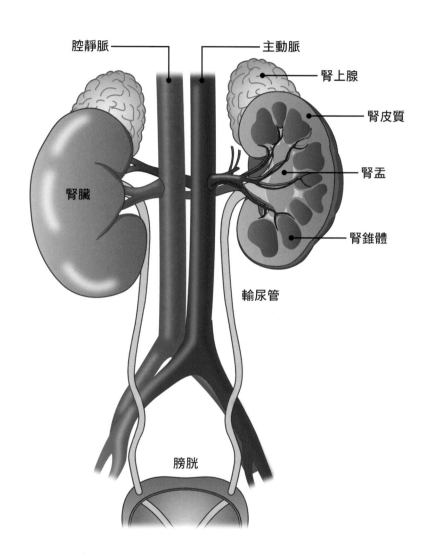

腔靜脈

主動脈

腎上腺

腎皮質

腎盂

腎臟

腎錐體

輸尿管

膀胱

■ 腎臟除了製造尿液之外的功能

　　腎臟具備①藉由製造尿液來調整水分與礦物質的量，讓體內的離子保持平衡、②分泌用來提高血壓的腎素這種酵素，以及具備血管擴張功能的前列腺素，藉此來調整血壓、③分泌能對骨髓產生作用，刺激紅血球增生的激素等各種用來維持體內恆定性的功能。因此，當腎功能低下，導致腎臟衰竭時，就會引發高血壓、貧血等各種症狀，造成全身不適。

腎臟的構造與功能

■ 腎臟的構造

　　腎臟是左右成對的腹膜後器官，位於腹膜後方。大小比拳頭略大，重量約130～150克，縱長約12公分，寬度約6公分，厚度約3公分，呈現深褐色的蠶豆種子狀。內部可以分成「腎皮質」與「腎髓質」這2個部分，腎皮質內則有腎小體與腎小管。

腎臟的內部構造

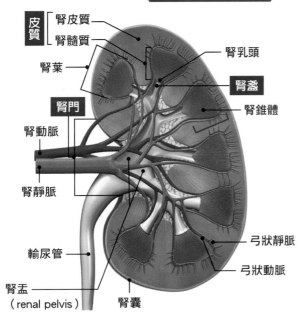

- 皮質〔腎皮質／腎髓質〕
- 腎葉
- 腎門
- 腎動脈
- 腎靜脈
- 輸尿管
- 腎盂（renal pelvis）
- 腎乳頭
- 腎盞
- 腎錐體
- 弓狀靜脈
- 弓狀動脈
- 腎囊

◆ 皮質

　　腎臟外側有堅固的被膜，表面附近的部分叫做「腎皮質」，內側的部分則叫做「腎髓質」。腎皮質內有「腎小體」與「腎小管」。腎小體能夠過濾血液，製造出用來當作尿液原料的原尿。腎小管與腎小體相連，分布成蜿蜒狀。在腎髓質內，十幾個圓錐狀的腎錐體會排列在一起，腎錐體的前端會延伸到腎竇，並被稱為腎乳頭。

◆ 腎門

　　腎臟內側緣中央部位的凹陷部分。腎動脈、腎靜脈、輸尿管等會出入此處。從腎門進入的血管會在中央區域形成分支。據說，從心臟送出的血液當中，有20～25％會流入用來將血中無用物質製成尿液的腎臟。

◆ 腎盞、腎盂

　　腎盞是呈現杯狀的組織，能夠接收從腎乳頭離開的尿液，讓尿液流向「腎盂」。在腎盂內，好幾個腎盞的根部是相連的，這些腎盞還會合而為一，扮演著「連接輸尿管的漏斗」的角色。

腎血流量

　　腎血流量指的是，在腎臟中流動的血液量。在靜養狀態下，腎臟中平均每分鐘的血流量為1～1.25公升，換算成1天的話，就是1800公升，也相當於10個汽油桶的容量。腎臟會像這樣地從大量血液中挑出體內的廢物。

■ 尿液製造系統

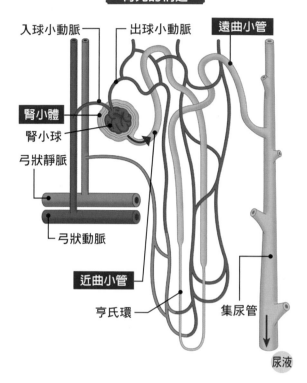

入球小動脈　出球小動脈　遠曲小管

腎小體
腎小球

弓狀靜脈

弓狀動脈

近曲小管

亨氏環　集尿管

尿液

◆ 腎元

　在腎臟中，負責尿液製造功能的是名為「腎元」的過濾裝置。腎元是由，能夠過濾血液，製造原尿的「腎小體」，以及能將原尿變成尿液的「腎小管」所構成。由於腎元會成為腎功能上與構造上的單位，所以也被稱作「腎單位」。

　在左右兩邊的腎臟中，各有約100萬個腎元。在腎元中，透過位於腎小體中的「腎小球」，1天大約能製造出150公升的原尿。

◆ 用來製造原尿的腎小體

　捲成毛球狀的微血管所組成的「腎小球」和將其包覆的「鮑氏囊」，合稱為「腎小體」。流入腎臟的血液，會在此處成為已將血球與蛋白質過濾掉的原尿，並進入「腎小管」。從腎小體離開的腎小管叫做「近曲小管」，然後成為較細的「亨氏環（Henle loop）」，往返一次後，會再次成為較粗的「遠曲小管」，攝取鈉與鉀等必要物質（再吸收），一邊把不需要的物質排出（分泌）到尿液中，一邊在集尿管匯合。透過這種再吸收與分泌，就能讓體內的離子維持某種平衡。

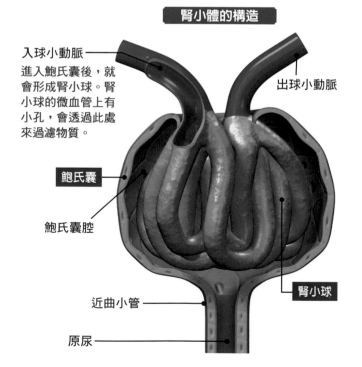

入球小動脈
進入鮑氏囊後，就會形成腎小球。腎小球的微血管上有小孔，會透過此處來過濾物質。

出球小動脈

鮑氏囊

鮑氏囊腔

近曲小管

原尿

腎小球

膀胱的構造與功能

　　「膀胱」是袋狀的器官，在排尿前，能夠暫時存放腎臟所製造的尿液。由平滑肌所組成的膀胱內壁富有伸縮性，當膀胱內部裝滿尿液時，內壁就會藉由伸展且變薄來儲存尿液。只要膀胱壁透過排尿反射進行收縮，「內尿道括約肌」就會變得鬆弛，並進行排尿。

■ 膀胱的構造

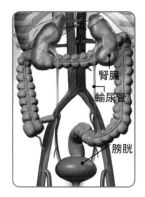

腎臟
輸尿管
膀胱

　　膀胱位於恥骨後方，若是男性的話，膀胱後方會連接直腸，若是女性的話，則會連接子宮與陰道。腎臟所製造的尿液，會通過輸尿管，在排尿前聚集、積存在此處。在膀胱內，座部的後方左右兩邊有2個與左右腎臟相連的「輸尿管開口」。下部有「內尿道口」，是通往尿道的出口。膀胱壁的外側是平滑肌的肌層，內側則被黏膜覆蓋。在內尿道口的周圍，會形成「內尿道括約肌」，用來調整尿液的排泄。在輸尿管內，中途有3個地方會變得狹窄，被稱為「生理性狹窄處」。因此，該處也以容易被結石堵塞的部位而為人所知。

膀胱的構造（冠狀面）

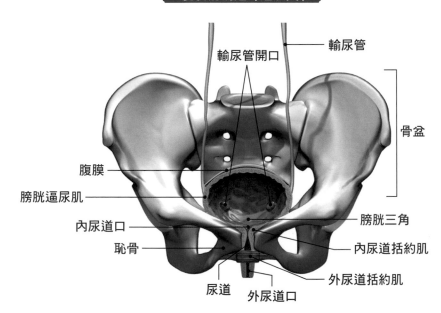

輸尿管開口
輸尿管
骨盆
腹膜
膀胱逼尿肌
內尿道口
恥骨
尿道　外尿道口
膀胱三角
內尿道括約肌
外尿道括約肌

膀胱的肌肉

　　膀胱的壁是由黏膜、平滑肌、外膜這3層所構成。膀胱收縮肌是具備儲尿與排尿這2種功能的平滑肌。膀胱的一般容量為150～300毫升，最大容量可達700～800毫升。

■ 尿道的排尿反射

　　當膀胱中的尿液累積到某種程度後，膀胱內壓就會上昇，平滑肌進行伸展的訊息會傳給排尿中樞。如此一來，就會一邊讓膀胱壁鬆弛，一邊引發會使「內尿道括約肌」收縮的反射動作，腦部會暫時抑制排尿。

　　當人體做好準備，成為可以排尿的狀態時，這項抑制就會被解除，平滑肌會收縮。如此一來，就會引發「排尿反射」，讓屬於不隨意肌的內尿道括約肌鬆弛，同時，「外尿道括約肌」也會鬆弛，接著就能進行排尿。另外，由於外尿道括約肌是隨意肌，能夠依照自己的意識來收縮、鬆弛，當人體還沒做好排尿的準備時，「膀胱逼尿肌」就會鬆弛並伸展，藉此就能儲存更多尿液。

排尿反射的原理

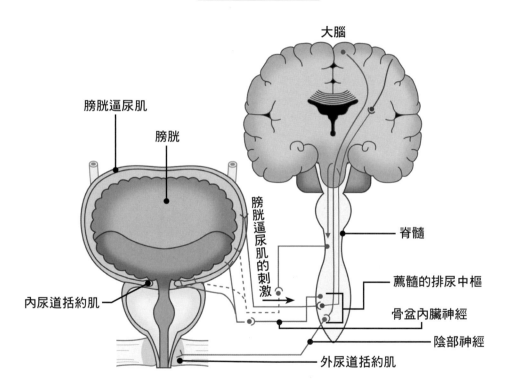

大腦

膀胱逼尿肌

膀胱

膀胱逼尿肌的刺激

脊髓

薦髓的排尿中樞

骨盆內臟神經

內尿道括約肌

陰部神經

外尿道括約肌

◆ 男性與女性的尿道差異

　　「尿道」是連接膀胱與外尿道口的管道。外尿道口是通往體外的開口部位。男性與女性的尿道長度有很大差異。由於男性的尿道會貫穿陰莖，所以長度約為16～20公分。女性的尿道很短，約為4公分，會在「陰道前庭」產生開口。由於男性的尿道較長，且會通過前列腺內部，所以在構造上，抵抗力較強，尿液不易漏出。相對地，女性的尿道短，而且筆直地往下方延伸，再加上用來支撐骨盆內器官的骨盆肌群會因為年齡增長而變得容易鬆弛，所以容易造成漏尿。因此，女性的尿失禁情況壓倒性地多。

男性生殖器的構造

　　男性的生殖器大致上可以分成「外生殖器」與「內生殖器」。外生殖器包含了，既是生殖器，也是泌尿器官的「陰莖」，以及以懸掛方式附著在陰莖上的袋狀「陰囊」。內生殖器則是由「睪丸」、「副睪」、「輸精管」、「精囊」、「前列腺」所構成，而副睪與睪丸位於陰囊內部。

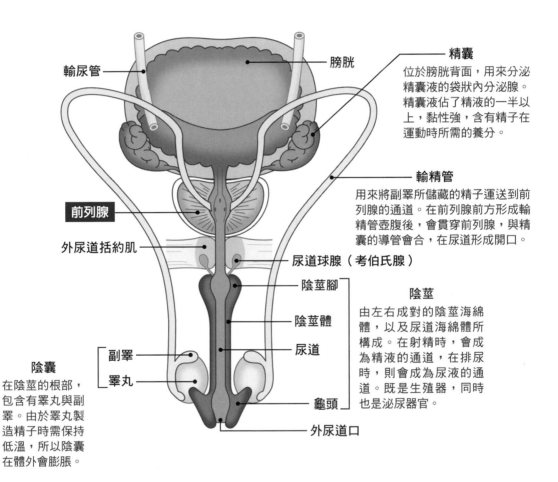

男性生殖系統（背面）

輸尿管

膀胱

精囊
位於膀胱背面，用來分泌精囊液的袋狀內分泌腺。精囊液佔了精液的一半以上，黏性強，含有精子在運動時所需的養分。

輸精管
用來將副睪所儲藏的精子運送到前列腺的通道。在前列腺前方形成輸精管壺腹部後，會貫穿前列腺，與精囊的導管會合，在尿道形成開口。

前列腺

外尿道括約肌

尿道球腺（考伯氏腺）

陰莖腳

陰莖體

尿道

陰莖
由左右成對的陰莖海綿體，以及尿道海綿體所構成。在射精時，會成為精液的通道，在排尿時，則會成為尿液的通道。既是生殖器，同時也是泌尿器官。

副睪

睪丸

陰囊
在陰莖的根部，包含有睪丸與副睪。由於睪丸製造精子時需保持低溫，所以陰囊在體外會膨脹。

龜頭

外尿道口

◆ 前列腺

　　位於膀胱的正下方，宛如將尿道包圍起來似地附著在尿道上。大小跟栗子果實差不多，會分泌佔據「精液」約20～30％的前列腺液。也具備提供「精子」養分，保護精子的作用。位於直腸與恥骨之間，由於會在膀胱出口把尿道包圍起來，所以前列腺一旦變得肥大（前列腺肥大症），尿道就會受到壓迫，引發各種與排尿相關的症狀。

■ 睪丸的構造

　　位於陰囊內的「睪丸」是呈現卵狀的器官，長度約4～5公分，被名為白膜的厚實皮膜所包覆。睪丸同時也是用來製造精子的「生殖腺」，以及用來分泌睪固酮這種男性荷爾蒙的「內分泌器官」。皮膜的內部會成為柔軟的睪丸實質，並會透過從睪丸縱隔中以放射狀的方式延伸出來的睪丸小隔，被區分成數百個「睪丸小葉」。1個小葉中會含有2～4條長度約70～80公分的「細精管（曲細精管）」，其剖面上排列著會成為精子前身（前驅物）的「精原細胞」。精原細胞會一邊反覆進行細胞分裂，一邊成長為精子，被運送到位於睪丸上方的「副睪」。

　　在細精管與細精管之間，有用來製造男性荷爾蒙的「間質細胞（萊氏細胞）」，內側著排列著會成為精子前身（前驅物）的精原細胞。精原細胞反覆進行細胞分裂後，就會進化成精細胞。結束分裂的精細胞會變得成熟，形成精子的形狀，此過程叫做「精子生成」。

睪丸的構造

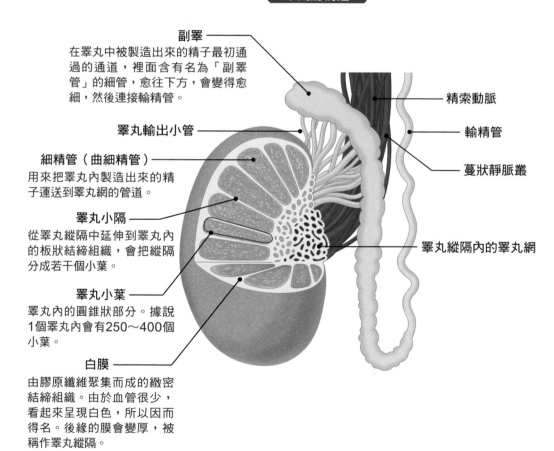

副睪
在睪丸中被製造出來的精子最初通過的通道，裡面含有名為「副睪管」的細管，愈往下方，會變得愈細，然後連接輸精管。

睪丸輸出小管

細精管（曲細精管）
用來把睪丸內製造出來的精子運送到睪丸網的管道。

睪丸小隔
從睪丸縱隔中延伸到睪丸內的板狀結締組織，會把縱隔分成若干個小葉。

睪丸小葉
睪丸內的圓錐狀部分。據說1個睪丸內會有250～400個小葉。

白膜
由膠原纖維聚集而成的緻密結締組織。由於血管很少，看起來呈現白色，所以因而得名。後緣的膜會變厚，被稱作睪丸縱隔。

精索動脈

輸精管

蔓狀靜脈叢

睪丸縱隔內的睪丸網

■ 陰莖的構造

陰莖是由1對「陰莖海綿體」與「尿道海綿體」所構成。這2種海綿體會在根部分成左右兩邊，形成「陰莖腳」。另一方面，尿道海綿體的前端會擴展成菌蓋狀，形成龜頭。

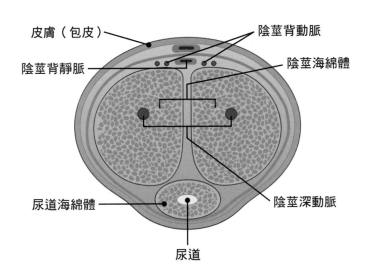

陰莖的剖面圖

皮膚（包皮）　陰莖背動脈　陰莖背靜脈　陰莖海綿體　尿道海綿體　陰莖深動脈　尿道

◆ 陰莖的勃起

陰莖透過性興奮等的刺激，就會「勃起」，變得能夠射精。勃起的原理在於，刺激傳遞到大腦皮質後，透過自律神經的反射，大量血液會從「陰莖動脈」流進陰莖海綿體，同時「陰莖靜脈」的瓣膜也會關閉，讓血液積存在該處。興奮一旦平息，動脈就會鬆弛，瓣膜也會打開，使陰莖停止勃起。

◆ 精子的製造原理

男性進入青春期後，精子就會在睪丸中被製造出來。「精原細胞」要在位於睪丸內的「細精管（曲細精管）」內花費約70天反覆進行分裂，才能形成精子。接著，精子會通過睪丸輸出小管，被送到副睪，在此處待命，直到透過射精來排出體外。精子的特徵為，頭部有塞滿基因的細胞核，尾部很長。

◆ 精子的構造

精子是一種特別的細胞，擁有很小的頭部與很長的「鞭毛」，幾乎沒有細胞質。頭部含有，用來容納基因的「細胞核」、用來包覆核的「頂體」。「中段」由粒線體聚集而成，且能供給能量，而「尾部」則由長鞭毛所構成的。頂體含有一種酵素，當精子衝向卵子時，會使用該酵素來讓卵子表面的膜融解。

精子的構造

頂體　頭部　細胞核　中段　粒線體　尾部　鞭毛

女性生殖器與受精原理

女性生殖器以子宮為中心，大部分都位於骨盆腔內。子宮會與「陰道」這個生殖器相連。由於具備懷孕功能，所以構造比男性來得複雜。

■ 女性生殖器的構造

女性生殖器與男性生殖器相同，可以分成「外生殖器」與「內生殖器」。內生殖器是由卵巢、輸卵管、子宮、陰道所構成，除了陰道以外，前後都被名為「子宮闊韌帶」的「腹膜」所包覆。

女性生殖器的構造（正中剖面圖）

輸卵管
從卵巢中被排出的卵子，在前往子宮時會通過的細管道。

子宮

膀胱

恥骨聯合

陰阜

尿道

外尿道口

大陰唇
相當於男性的陰囊的部分。

陰道
通往體外的管狀器官，連接子宮與陰道前庭。既是生殖器，也是產道。

輸卵管繖部
輸卵管漏斗的前端，從卵巢被排出的卵子，會從此處進入輸卵管。

卵巢
製造卵細胞，進行排卵，分泌女性荷爾蒙。

直腸子宮陷凹
（道格拉斯陷凹）

直腸

子宮陰道部

肛門

◆ 子宮的構造

子宮是由很厚的平滑肌壁所構成的袋狀器官，長度約7～8公分，寬度約4公分。內部有名為「子宮腔」的狹窄空間。子宮壁是由黏膜、肌層、漿膜這3層所構成。黏膜被稱為「子宮內膜」，受精卵會在子宮內膜著床，成長為胎兒。

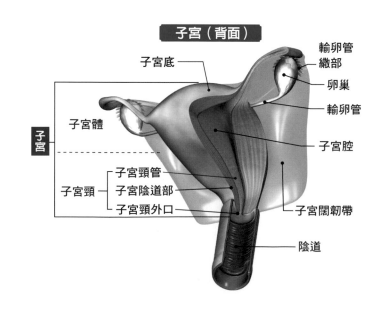

子宮（背面）

子宮底

子宮體

子宮

子宮頸管

子宮頸 子宮陰道部

子宮頸外口

輸卵管繖部

卵巢

輸卵管

子宮腔

子宮闊韌帶

陰道

■ 受精原理

「濾泡」成熟後，從卵巢中被排出的卵子，會經由輸卵管繖部進入輸卵管，在輸卵管壺腹與精子進行受精。受精後約1週，只要受精卵在子宮內膜「著床」，成功懷孕的話，子宮就會成為用來保護、培育胎兒的袋子。從受精到分娩，約需要266天。

受精卵的成長

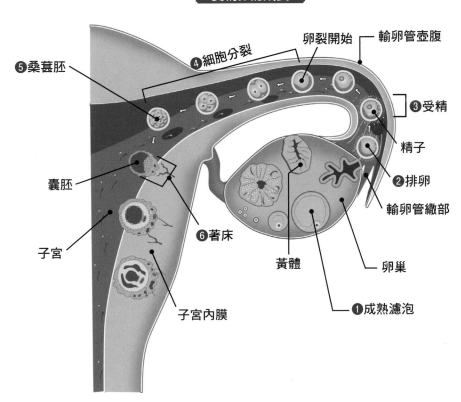

受精過程

❶　**成熟濾泡**　濾泡成熟後，形成直徑約2公分的大型濾泡，變得能夠進行排卵。

❷　**排卵**　卵細胞與周圍的濾泡細胞一起從卵巢中被排出。成熟女性在每個月經周期都會排卵一次，輪流地發生於左右卵巢。

❸　**受精**　精子從陰道進入，到達輸卵管壺腹後，會透過前端所含有的蛋白質分解酵素來溶解卵子的屏障，只有1個精子會進入。

❹　**細胞分裂**　成為受精卵後，就會開始進行細胞分裂。受精後4～6日，會形成囊胚。

❺　**桑葚胚**　受精卵進行分裂，被分成16個以上的細胞。

❻　**著床**　受精後約7日，受精卵會抵達子宮內膜。藉由著床來完成懷孕。

■ 性週期與排卵

　　當女性進入青春期，開始出現第二性徵後，腦下垂體就會分泌出「濾泡刺激素」與「黃體成長激素」，之前處於休眠狀態的原始濾泡會活化，人體會開始排卵，出現月經。以大約1個月的期間來進行週期性變化的激素與身體變化叫做「性週期」，初經一旦來了，性週期就會一直持續到停經為止。也叫做月經週期。

女性的性週期

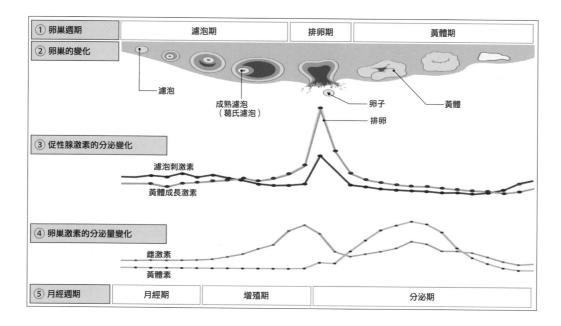

◆ 濾泡期

　　從月經出現到排卵的時期。月經一旦開始，卵巢中的濾泡就會開始成長，濾泡本身會開始分泌出濾泡激素（雌激素），使子宮內膜增生，變得肥大，做好讓受精卵著床的準備。

◆ 排卵期

　　在成熟後的濾泡中，只有一個濾泡會完全成熟，在月經週期的大約第14天，濾泡壁會破裂，排出卵子。排卵結束後，剩下的濾泡就會停止成長，並消失。

◆ 黃體期

　　濾泡會成為黃體，分泌出黃體激素（黃體素）。當受精卵沒有著床時，黃體就會萎縮，黃體激素的分泌能力會下降，使變得不需要的子宮內膜會剝落，與血液一起從陰道被排出，形成月經。

胎盤的構造

受精卵著床後，就會形成用來連接母體與胎兒的「胎盤」。胎盤會隨著胎兒的成長而發育，在迎接分娩期時，直徑為20～30公分，厚度為2～3公分，重量約為500～600克。

胎兒會透過臍帶來連接胎盤，呼吸系統、消化系統以及泌尿系統等所有功能，都會經由此胎盤來進行。

胎兒與胎盤

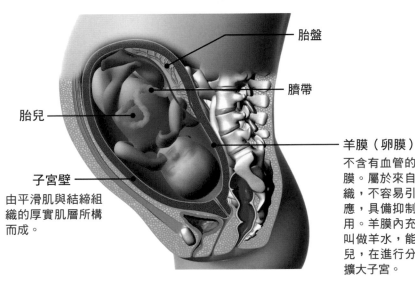

胎盤

臍帶

胎兒

羊膜（卵膜）
不含有血管的半透明薄膜。屬於來自胎兒的組織，不容易引發排斥反應，具備抑制發炎的作用。羊膜內充滿的液體叫做羊水，能夠保護胎兒，在進行分娩時，能擴大子宮。

子宮壁
由平滑肌與結締組織的厚實肌層所構而成。

◆ 胎兒的發育狀況

從受精卵著床算起，未滿8週的嬰兒叫做「胚胎」，胎齡超過八週後，長出成長所需的器官，變得能看出人類模樣的嬰兒叫做「胎兒」。

第4週

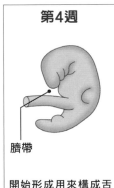

臍帶

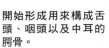

開始形成用來構成舌頭、咽頭以及中耳的腭骨。

第5週

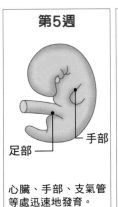

足部　　手部

心臟、手部、支氣管等處迅速地發育。

第6週

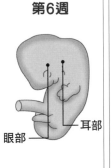

眼部　　耳部

水晶體持續形成，眼睛變得明顯。腳趾也變得很明顯。

第8週

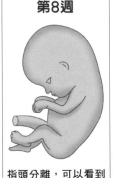

指頭分離，可以看到手腳的動作。尾部會消失。

變得接近人類的模樣

■ 胎兒與胎盤的血液循環

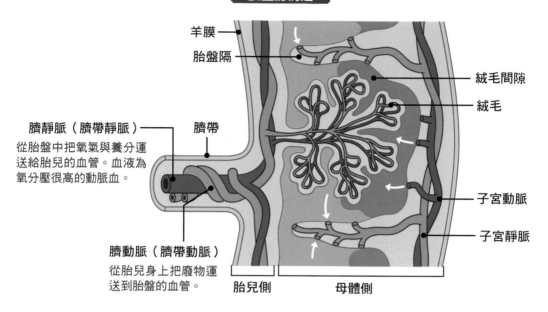

胎盤的構造

羊膜
胎盤隔
絨毛間隙
絨毛

臍靜脈（臍帶靜脈）
從胎盤中把氧氣與養分運
送給胎兒的血管。血液為
氧分壓很高的動脈血。

臍帶

子宮動脈
子宮靜脈

臍動脈（臍帶動脈）
從胎兒身上把廢物運
送到胎盤的血管。

胎兒側　　母體側

◆ 胎兒循環

　　不會進行肺呼吸的胎兒的血液循環，是透過胎盤來進行的獨特循環，也被稱為「胎兒循環」。在胎盤內，宛如細毛般的絨毛叢生，還有名為「胎盤隔」的隔膜。名為臍靜脈（臍帶靜脈）的微血管會通過絨毛中，透過母體的血液來將氧氣與養分運送給胎兒。由於胎兒還不會進行肺呼吸，肺部內幾乎沒有血液流動，所以會經由通過心臟的心房中膈的「卵圓孔」，以及從右心房流向左心房的「動脈管」這2條「迂迴路」，透過胎盤來接收含有豐富氧氣與養分的血液，再將血液送往全身。這就是透過胎盤來進行的血液循環。

◆ 肺循環

　　出生後，只要接觸到空氣，新生兒就會立刻開始進行肺呼吸。只要空氣進入肺部內，使肺部擴張，此刺激就會使動脈管關閉，血液會流向肺部，回到左心房的血液會發揮瓣膜的作用，將臍動脈與臍靜脈關閉。如此一來，就會變為擁有肺循環的血液循環。

透過羊水來練習呼吸

　　雖然胎兒會透過胎盤與臍帶來補充氧氣，但到了懷孕28週左右，胎兒就會喝下羊水，讓肺部膨脹後，再吐出，藉此來練習呼吸。胎兒來到母親體外，吸入與呼出空氣後，會哭個不停。在最初的肺呼吸中，這就是所謂的「呱呱墜地」。

女性的外陰部

位於身體表面的生殖器叫做「外陰部」，或者稱作「外生殖器」。以女性來説，從陰阜到會陰的部分，相當於外陰部。從胎兒階段開始，在男女的外陰部中，大致相同的組織會變得發達，大陰唇對應陰囊，陰蒂對應陰莖，男女的外陰部具備相同性，被視為相同的器官。

位於乳房中的乳腺能夠分泌乳汁，也被稱作女性性器官的輔助器官。

■ 女性外陰部的名稱

由陰阜、大陰唇、小陰唇、陰蒂、陰道前庭、會陰、外尿道口等所構成。外陰部會隨著各階段（幼兒期、成熟期、老年期）而產生變化。

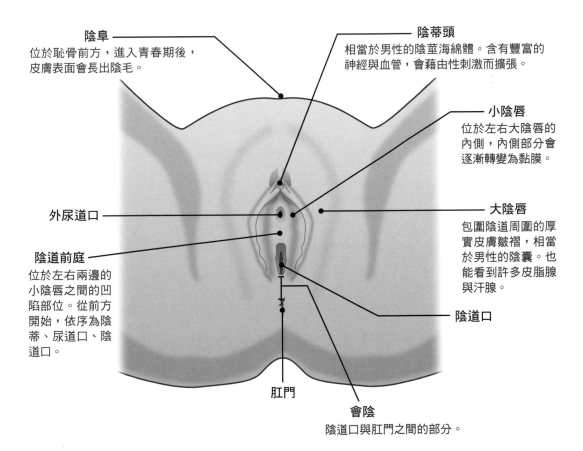

陰阜
位於恥骨前方，進入青春期後，皮膚表面會長出陰毛。

陰蒂頭
相當於男性的陰莖海綿體。含有豐富的神經與血管，會藉由性刺激而擴張。

小陰唇
位於左右大陰唇的內側，內側部分會逐漸轉變為黏膜。

大陰唇
包圍陰道周圍的厚實皮膚皺褶，相當於男性的陰囊。也能看到許多皮脂腺與汗腺。

外尿道口

陰道前庭
位於左右兩邊的小陰唇之間的凹陷部位。從前方開始，依序為陰蒂、尿道口、陰道口。

陰道口

肛門

會陰
陰道口與肛門之間的部分。

外陰部（外生殖器）的功能

● 能夠讓精子進入體內。　　　● 能夠產生性快感。

● 對抗有傳染性的微生物，保護內生殖器。

內分泌系統與激素的功能

　　激素是用來維持體內恆定性（體內平衡）的體內物質。激素會透過血液或淋巴，被運送到全身各處，對特定器官產生作用。用來製造（分泌）激素的器官叫做內分泌腺，這些器官統稱為內分泌系統，或是內分泌腺系統。

■ 全身的主要內分泌器官

　　全身的內分泌腺可以分成，獨立的一個器官，以及屬於其他器官的一部分，且擁有內分泌細胞。前者包含了「腦下垂體」、「下視丘」、「松果體」、「甲狀腺」、「副甲狀腺」、「腎上腺」等，後者則包含了胰島、卵巢、睪丸、消化道、心臟、腎臟等處的激素分泌細胞等。

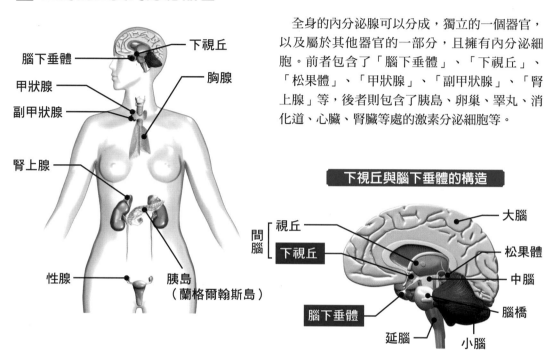

下視丘與腦下垂體的構造

■ 下視丘與腦下垂體的功能

◆ 下視丘

　　下視丘是用來掌控本能行為與情緒性行為的自律神經的中樞，同時也是能分泌十幾種激素的內分泌系統的中樞。神經核是神經細胞的集合體。下視丘可以分成13個神經核，各自發揮不同功能，像是製造激素、聯繫大腦邊緣系統和自律神經等。也能分泌「生長激素抑制激素」等用來調整激素的激素。

◆ 腦下垂體

　　腦下垂體可以分成，前半部的腦垂腺前葉（腦下垂體前葉），以及後半部的腦垂腺後葉（腦下垂體後葉）。以生長激素為首，腦下垂體前葉會分泌出促甲狀腺激素、促腎上腺皮質激素、濾泡刺激素等用來刺激其他內分泌腺的激素。另一方面，名為「腦下垂體後葉激素」的抗利尿激素與催產素並不是在下垂體製造的，而是在下視丘製造。這些激素會被運送到腦下垂體後葉存放，然後再從該處被運送到血液中。

■ 甲狀腺與副甲狀腺

甲狀腺位於喉嚨正面，呈H字形。在喉嚨內側，4個副甲狀腺會宛如芝麻顆粒般地附著在甲狀腺背面。兩者皆會分泌出用來調整血中鈣濃度的激素。另外，甲狀腺還會分泌出與代謝的維持、促進有關的甲狀腺激素。

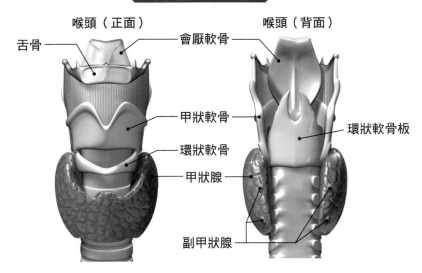

甲狀腺與副甲狀腺

喉頭（正面）　　　　　　　喉頭（背面）

舌骨　　　　　　　　　　　　　　會厭軟骨

　　　　　　　　　　　　　甲狀軟骨　　　　　　　環狀軟骨板

　　　　　　　　　　　　　環狀軟骨

　　　　　　　　　　　　　甲狀腺

　　　　　　　　　　　　　副甲狀腺

◆ 甲狀腺

名為「甲狀腺濾泡」的球狀袋會聚集起來，宛如要將位於氣管正面的甲狀軟骨圍起來。甲狀腺就是由甲狀腺濾泡所構成的器官。在濾泡中，會積存明膠狀的膠體。透過將濾泡壁圍住的濾泡上皮細胞，甲狀腺能夠合成・分泌出2種用來促進全身代謝的甲狀腺激素（甲狀腺素與三碘甲狀腺原氨酸）。

◆ 副甲狀腺

此內分泌腺位於甲狀腺背面，左右兩邊各有一對，上下2個副甲狀腺之間的距離僅有數公厘。由於附著在甲狀腺上，所以被稱為「副甲狀腺」。能分泌具備促進骨吸收、提升血中鈣濃度等作用的副甲狀腺素（parathormone），調整體內的鈣質與磷酸。

腎上腺的位置

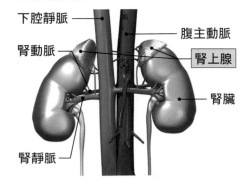

下腔靜脈

腎動脈　　　　　　　腹主動脈

　　　　　　　　　　　腎上腺

　　　　　　　　　　　腎臟

腎靜脈

■ 腎上腺的功能

腎上腺是小型的內分泌腺，與左右腎臟的上部相連，腎臟看起來像是戴了一頂帽子。由於位置的關係，所以也被稱為腎上體。內部由表層的皮質與中心部的髓質這2層所構成。兩者皆為內分泌腺，皮質會分泌類固醇激素，髓質則會分泌胺基酸衍生物激素。

胰臟的構造與功能

　　胰臟這種器官具備外分泌功能與內分泌功能。前者是指，分泌含有消化酵素（能消化醣類、蛋白質、脂質）的胰液，經由胰管，將胰液送到十二指腸。後者則是指，分泌胰島素等激素，將激素排到血液中。外分泌部佔據了大部分的體積（95％以上）。

■ 胰臟的構造與功能

　　胰臟長度約15公分，位於胃部內側與脊椎之間，看起來宛如深入十二指腸中。其組織是由，負責將胰液運送到十二指腸的外分泌部，以及負責將激素分泌到血液中的內分泌部所構成。在外分泌部，腺泡細胞會聚集起來，製造圓形的腺泡，將胰液分泌到中心部。

　　用來運送胰液的導管離開腺泡後，就會一邊反覆地進行會合，一邊逐漸地變成很粗的胰管，然後在胰頭分支成主胰管與副胰管。主胰管與來自膽囊的總膽管會合，在十二指腸形成開口。此部位叫做「十二指腸大乳頭（華特氏乳頭）」。副胰管在十二指腸形成的開口部位則是叫做「十二指腸小乳頭」。

　　胰液中含有所有用來消化三大營養素的消化酵素，像是能將醣類分解成麥芽糖的胰澱粉酶、能將麥芽糖變成葡萄糖的麥芽糖酶、能將蛋白質變成胜肽的胰蛋白酶、能將脂質分解成脂肪酸與甘油的胰脂酶等。

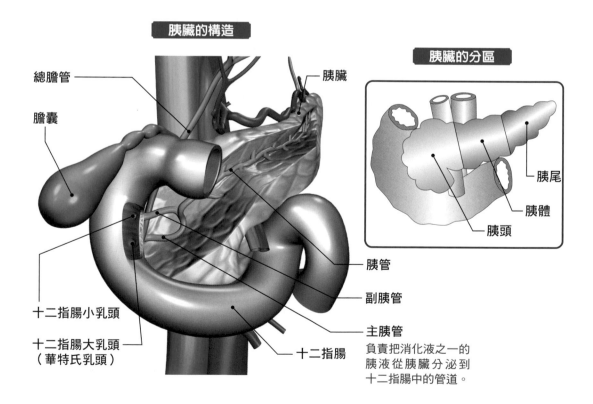

胰臟的構造

總膽管
膽囊
胰臟
十二指腸小乳頭
十二指腸大乳頭（華特氏乳頭）
十二指腸
胰管
副胰管
主胰管
負責把消化液之一的胰液從胰臟分泌到十二指腸中的管道。

胰臟的分區

胰尾
胰體
胰頭

■ 胰島的構造與功能

　　胰臟的另一項功能就是，將「胰島素」與「昇糖素」等激素分泌到血液中的內分泌作用。用來分泌這些激素的內分泌部，會散布在外分泌組織之中，由於看起來像島嶼，所以採用發現者的名字，將其命名為「蘭格爾翰斯島（胰島）」。

　　在胰臟中，雖然內分泌部所佔的比例僅約5%，但據說胰島的數量有100萬個以上，能分泌出胰島素這種唯一能夠降低血糖值的激素，具備非常重要的作用。

　　在胰島內，依照所分泌的激素種類，可以分成 α 細胞、 β 細胞、 δ 細胞這3種細胞。

胰島的構造

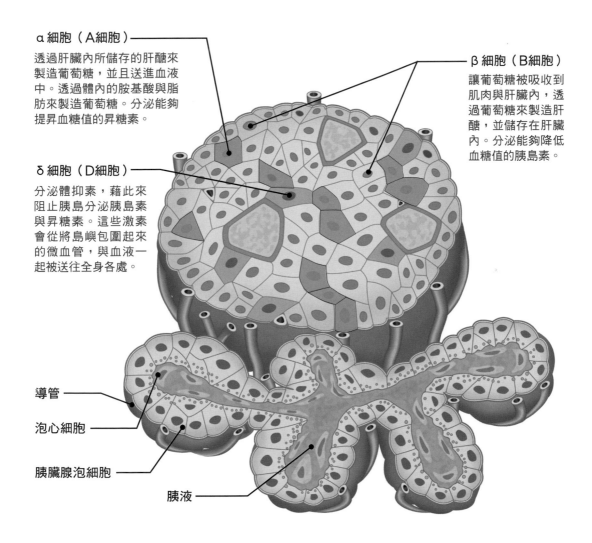

α 細胞（A細胞）
透過肝臟內所儲存的肝醣來製造葡萄糖，並且送進血液中。透過體內的胺基酸與脂肪來製造葡萄糖。分泌能夠提昇血糖值的昇糖素。

δ 細胞（D細胞）
分泌體抑素，藉此來阻止胰島分泌胰島素與昇糖素。這些激素會從將島嶼包圍起來的微血管，與血液一起被送往全身各處。

β 細胞（B細胞）
讓葡萄糖被吸收到肌肉與肝臟內，透過葡萄糖來製造肝醣，並儲存在肝臟內。分泌能夠降低血糖值的胰島素。

導管
泡心細胞
胰臟腺泡細胞
胰液

乳房的功能與乳腺

　　女性的隆起乳房是由很發達的皮下組織所構成。由於分娩後要餵嬰兒吃乳汁（母乳），所以在乳房內，用來製造乳汁的「乳腺」很發達。乳房內的淋巴結也很發達，據說罹患乳癌時，癌細胞會很容易轉移到腋淋巴結。

■ 乳房的構造與乳腺

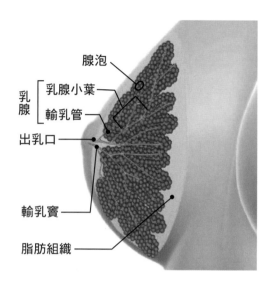

腺泡
乳腺
乳腺小葉
輸乳管
出乳口
輸乳竇
脂肪組織

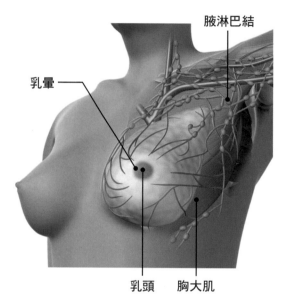

腋淋巴結
乳暈
乳頭　胸大肌

　　女性的乳房是透過胸大肌來支撐的，附著在胸大肌表面的胸肌筋膜上的皮下脂肪很發達，會隆起。乳房中央有色素很深的「乳暈」與突起的「乳頭」。隆起部分幾乎都是脂肪，「乳腺」會聚集在乳頭周圍，呈放射狀擴散。

　　乳腺是由「乳腺小葉」與「輸乳管」所構成。乳腺小葉是由許多個用來製造乳汁（母乳）的腺泡聚集而成。輸乳管負責運送乳汁。成年女性擁有15～20個乳腺小葉，以及與其相連的輸乳管，輸乳管會在位於乳頭的出乳口形成開口。乳腺會受到激素很大影響，一旦懷孕，乳汁就會被製造出來，並會經由輸乳管，被運送到乳頭。在乳頭附近的輸乳管中，有名為「輸乳竇」的隆起部位，能夠暫時存放排乳前的乳汁。

淋巴結與乳癌

　　在乳房內，許多淋巴管呈網狀分布，而且有很多淋巴管會進入位於腋下的「腋淋巴結」。此淋巴結是罹患乳癌時最容易轉移的部位。雖然是少數（大約1%），但是以60～70多歲為主的男性也會罹患乳癌。

第 8 章

感覺器官

皮膚的構造

　　皮膚會包覆身體表面，保護身體表面不受外界的各種刺激影響。皮膚是由「表皮」、「真皮」、「皮下組織」所構成，據說成年人的皮膚表面積約為1.6平方公尺，相當於一張榻榻米的大小。皮膚不僅能保護身體不受來自外界的刺激、細菌、病毒等影響，還擁有能夠察覺「觸覺、溫覺、冷覺、壓覺、痛覺」這5種皮膚感覺（表面感覺）的受體，而且也具備調節體溫等作用。

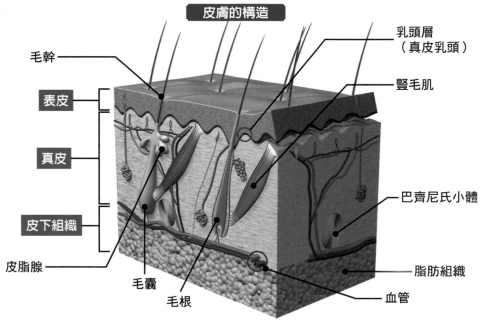

皮膚的構造

- 毛幹
- 表皮
- 真皮
- 皮下組織
- 皮脂腺
- 毛囊
- 毛根
- 乳頭層（真皮乳頭）
- 豎毛肌
- 巴齊尼氏小體
- 脂肪組織
- 血管

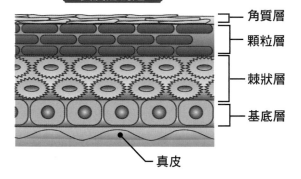

表皮的構造

- 角質層
- 顆粒層
- 棘狀層
- 基底層
- 真皮

◆ 表皮

　　用來包覆皮膚表面的薄膜，厚度約為0.2公厘，構造分成4層，由下往上依序為「基底層」、「棘狀層」、「顆粒層」、「角質層」。新的皮膚在基底層被製造出來之後，會逐漸被往上推向表層，形成扁平的「複層扁平上皮」，大約45天後，就會形成皮垢，從角質層上剝落，反覆地進行新陳代謝。

◆ 真皮

　　由膠原纖維等「纖維性結締組織」所構成。在真皮與表皮的交界部分，會形成到處鑽入表皮內，且名為「乳頭層」的凹凸部分。血管與神經密集分布，用來排汗的「汗腺」、用來製造皮脂的「皮脂腺」、用來製造體毛的「毛囊」也位於此處。

◆ 皮下組織

　　由結合程度較不緊密的「疏鬆結締組織」所構成，含有許多會形成皮下脂肪的脂肪細胞。

皮膚的主要功能

■ 皮膚的主要功能

防止水分流失

防止身體水分的流失與滲透。

感覺功能

能感受到溫度與痛覺等，發揮作為感覺器官的功能。

調整體溫的功能

透過流汗來調整體溫。

排出功能

以排汗的方式，從體內排出水分與一部分廢物。

防護功能

保護身體不受微生物與物理性刺激等來自外部的影響。

儲存功能

將脂肪儲存在皮下，用於保溫與減緩來自外部的刺激。

保護功能

透過黑色素來抵抗紫外線。

◆ 皮膚感覺的受體

接收到刺激後，最快回應的細胞特定部位叫做「受體（接受器、感受器）」。在以感覺的形式來接收刺激時，必須透過這種受體來讓神經受到刺激。皮膚感覺的受體分布在表皮與真皮。刺激會導致皮膚上出現變形，並引發壓覺或振動覺。負責檢測出這類訊息的就是「皮膚感覺接受器」，也被稱作力學感受器。

與溫覺、冷覺相關的受體叫做「熱覺接受器」，能夠察覺皮膚的溫度變化。一般的皮膚溫度為 $30 \sim 36°C$，觸碰到超出此溫度範圍的輻射熱、溫暖的物體、冰涼的物體時，就會產生反應。

用來使人產生痛覺的受體叫做「痛覺受體」，屬於一種警報器，對人類來說，會想要迴避這種感覺，不過，若沒有痛覺的話，連人類的生命都會變得很危險。

黑色素的作用

當皮膚內的黑色素很多時，皮膚看起來就會比較黑。黑色素的作用為，吸收紫外線，保護細胞。皮膚之所以會曬黑，就是這種暫時保護細胞的反應造成的。不過，當這種反應過度出現時，就可能會使皮膚出現曬斑。

◆ 痛覺的產生原理

　　在皮膚的受體當中，分布數量最多的就是與痛覺相關的受體。可能會傷害組織的刺激叫做「有害刺激」，與痛覺相關的受體則叫做「痛覺受體」。

　　當皮膚的痛覺受體因為受傷、燒燙傷、摔撞傷等原因而受到刺激時，交感神經就會興奮，引發肌肉與血管的收縮。結果，組織會出現缺氧與受損情況，並產生名為「致痛物質」的物質，使人感覺疼痛，然後刺激神經，把痛覺傳送到腦部。這叫做「傷害感受性疼痛」，特徵在於，大多會感到非常疼痛。這種疼痛是為了將危險傳送給人體的疼痛，大多數的情況都是急性的，不久後，痛覺就會消失。

　　像這樣地，痛覺可以說是一種警報器，藉由讓人體產生警戒，來發揮本能，做好對抗各種危險的準備，以保護生命。

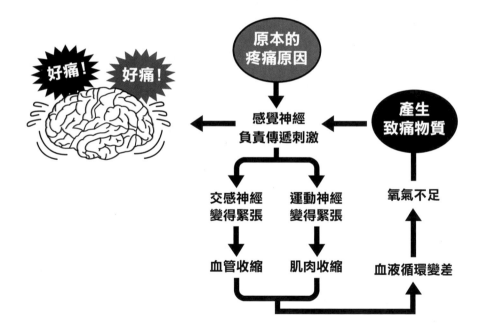

痛覺一旦慢性化，就會引發痛覺的惡性循環

好痛！　好痛！

原本的疼痛原因

感覺神經
負責傳遞刺激

產生致痛物質

交感神經變得緊張　　運動神經變得緊張　　氧氣不足

血管收縮　　肌肉收縮　　血液循環變差

發癢與疼痛的關係

　　專家認為，不只是痛覺，「搔癢感」的傳遞路徑也是相同的，而且搔癢感被視為「感覺神經所感受到的微弱疼痛」。不過，由於組織胺會對痛覺產生反應，而且辣椒素這種痛覺刺激物也是發癢的原因，所以兩者不能說是完全相同，發癢與疼痛之間似乎有著複雜的關係。

■ 流汗的原理

皮膚也具備藉由將熱排出體外來保持固定體溫的功能。在皮膚內，會透過血管乳頭中的微血管來將熱排出體外。體溫一旦上昇，汗腺就會分泌汗水。當體溫上昇時，腦部的下視丘會接收到此訊息，然後下達命令，讓汗腺流汗。汗腺可以分成「外分泌汗腺」與「頂漿汗腺」這2種，各自的汗水性質與排汗機制都不同。

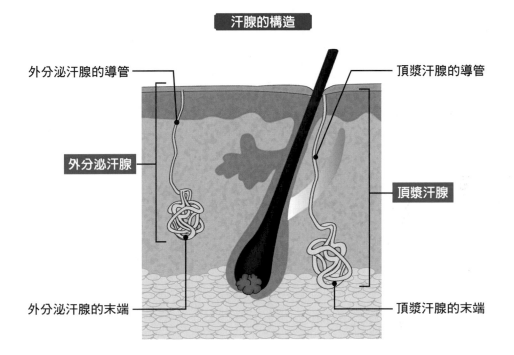

汗腺的構造

外分泌汗腺的導管

頂漿汗腺的導管

外分泌汗腺

頂漿汗腺

外分泌汗腺的末端

頂漿汗腺的末端

◆ 外分泌汗腺

分布於全身的淺層皮膚，會透過蒸發熱來降低身體表面的溫度，更有效率地進行排熱。由於此汗腺是直徑約0.4公厘的小型組織，所以也被稱作「小汗腺」。平均一天會分泌1.5～2公升的汗，並藉此來調節體溫。在分泌出來的汗當中，有99%是水分，雖然含有少許鹽分，但無色無氣味。

◆ 頂漿汗腺

位於腋下、陰部、乳頭等特定部位的汗腺，約為外分泌汗腺的10倍大，也被稱為「大汗腺」。位於比外分泌汗腺更深的地方，會在毛根中形成開口。特徵為，分泌量較少，含有脂肪、蛋白質、鐵質、尿素、氨、色素等，呈乳白色，帶有一點黏性。

毛髮與指甲的構造

　　毛髮與指甲都是表皮細胞經過角質化後而形成的物質,由蛋白質之一的角蛋白所構成。在「毛基質」或「指甲母質」中,每天都會反覆地進行細胞分裂,藉由將角質化的細胞往前推,毛髮或指甲就會持續變長。

■ 毛的構造（毛髮）

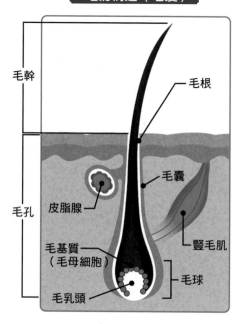

毛的構造（毛髮）

標示:毛幹、毛根、毛囊、豎毛肌、毛孔、皮脂腺、毛基質（毛母細胞）、毛乳頭、毛球

　　從毛的表皮往外突出的部分叫做「毛幹」,位於皮膚內的部分叫做「毛根」,毛根前端的圓形部分叫做「毛球」,將周圍部分圍住的組織叫做「毛囊」。

　　毛球位於皮膚底下的皮下組織中,在毛球前端的內凹部分,「毛母細胞」會反覆進行細胞分裂,製造毛髮。此部分叫做「毛基質」,在毛基質中被製造出來的細胞,會經常將角質化的細胞往前推,藉此,毛髮就會逐漸伸長。伸長到某個程度後,毛基質內的細胞就會停止分裂,毛根會脫離毛乳頭,並往上昇,最後則會脫落。

　　用來分泌皮脂的「皮脂腺」,會如同穗子般地附著在毛囊上部。皮脂不僅能使皮膚與毛髮的表面變得柔順有光澤,產生保濕作用,還能使皮脂表面變成酸性,產生保護作用,對抗細菌等。另外,體毛的顏色是由毛母細胞中的「黑色素」來決定的。

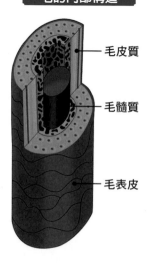

毛的內部構造

標示:毛皮質、毛髓質、毛表皮

● 毛皮質

　　毛髮的中間層,用來決定毛髮的顏色,含有黑色素,能用來保護皮膚,對抗紫外線。也叫做皮質層（cortex）,毛髮之所以會縱向裂開,原因在於,此處的組織是縱向連接的。

● 毛髓質

　　毛髮的中心部分。會出現空洞化的情況,具備出色的保濕性,也能保持體溫。

● 毛表皮

　　蛋白質角質化後,會形成如同魚鱗般的堅硬透明組織。4~8片毛表皮會像竹筍皮那樣地重疊在一起。是毛髮最外側的部分,也被稱作角質層（cuticle）。

■ 指甲的作用

　　位於手腳指尖的指甲與毛髮一樣，也是由表皮的角質變化而成的皮膚附屬器官。指甲不僅能保護指尖，在進行需要很細心的工作時，也是必要的重要器官。舉例來說，指尖的骨頭只到指甲中間，在沒有骨頭的部分，指甲會支撐指尖內側所承受的力量，而且能夠抓住小東西。腳趾甲的重要作用為，穩定地支撐身體，在走路時讓身體保持平衡。

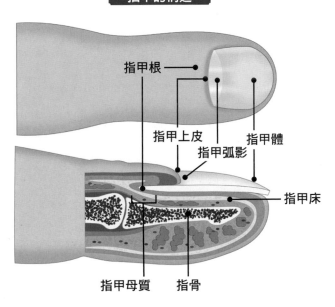

指甲的構造

指甲根　指甲上皮　指甲弧影　指甲體　指甲床　指甲母質　指骨

● **指甲體（指甲板）**　表面的指甲主體。皮膚角質化後，會形成板狀。

● **指甲根**　埋在皮膚內的根部。

● **指甲上皮**　表皮的角質覆蓋在指甲上的部分，也被稱作甘皮。

● **指甲弧影**　新指甲的部分，在根部呈現白色半月狀。含有許多水分，所以通過指甲下方皮膚的血液顏色透不過來，看起來呈白色。

● **指甲母質**　在指甲生發層，會一邊進行細胞分裂，一邊讓表皮細胞增生。

指甲的顏色

　　一般來說，由於指甲底下的末梢血管會透過來，所以指甲整體會呈現淡粉紅色。不過，由於養分傳遞不易、身體不適等因素會導致指甲顏色產生變化，所以我們可以透過指甲的顏色與形狀來得知自身的健康狀態。指甲是由蛋白質之一的角蛋白所構成，且含有水分。水分含量會受到環境影響，當環境乾燥而導致水分變少時，指甲就會變得又硬又脆。

眼睛的構造

　　眼睛（眼球）是一種能透過光線來察覺到物體的顏色、形狀、距離、動作等訊息的感覺器官。據說，在用來獲取各種訊息的感覺器官當中，眼睛負責最重要的任務，透過眼睛所得到的視覺訊息，約占了人類從外界所察覺到的訊息的80%。

眼球的構造

睫狀突
睫狀體
角膜
眼前房
水晶體
虹膜
眼後房
鞏膜
脈絡膜
玻璃體
中央窩（黃斑）
視神經
視網膜

◆ 角膜

　　用來包覆眼球壁外層正面的透明膜。會讓光線通過，照進眼球，並與「水晶體」一起發揮調整焦距的作用。由於包覆著黑眼珠的部分，所以日本人的角膜看起來會呈現黑色。

◆ 水晶體

　　與角膜一起發揮凸透鏡作用的水晶體，會透過名為懸韌帶的纖維來連接睫狀體。藉由「睫狀肌」的力量來改變厚度，調整遠近。

◆ 虹膜

　　位於「角膜」後方，能夠調整進入眼球內的光線量。其中央有名為「瞳孔」的開孔。虹膜內有黑色素，能夠決定眼睛的顏色。當光線量較多時，虹膜會透過將瞳孔縮小等方式來調整光線量。

◆ 玻璃體

　　位於「水晶體」後方的空間，佔據了眼球的大部分。是一種含有膠原蛋白的凝膠狀組織，99%都是水分。據說，除了能夠吸收來自外部的壓力與刺激，保護眼球，還能提供氧氣與養分給幾乎沒有血管的眼球與其周圍，並將廢物運出。

◆ 睫狀體

　　睫狀體是用來包圍水晶體的組織，會透過細小的「睫狀肌」來連接水晶體，並會藉由傳遞該睫狀肌的作用來改變水晶體的厚度，調整看遠處與看近處時的焦距。

◆ 視網膜的構造

視網膜是位於眼球壁最內側的薄膜，分布在整個眼底部分，厚度為0.1～0.4公釐。視網膜可以分成10層，內側的9層為「神經層視網膜」，外側的1層則是「視網膜色素上皮」，在各層中，有以「視細胞」為首的5種神經細胞。作用為，察覺到從角膜或水晶體被傳送過來的光線，將其轉變為訊號後，再傳送到腦部。

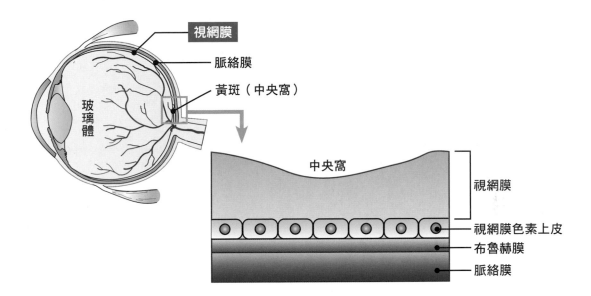

● 視網膜色素上皮

是一種很重要的細胞，能夠協助用來感應光線的視細胞。會接收來自外側脈絡膜的養分，控制視細胞的代謝活動。含有黑色素，會和脈絡膜的血管互相重疊，看起來呈現紅褐色。

◆ 用來支撐眼球的肌肉

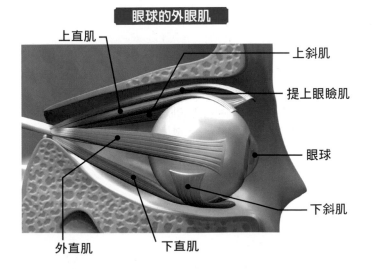

在眼球外部，上側、下側、內側、外側都各有一條直肌，上下則各有一條斜肌，加起來共有6條骨骼肌會附著在鞏膜上，用來支撐眼球運動。這些肌肉叫做「外眼肌」。透過這些肌肉，眼球能夠上下左右地轉動，跟上物體的動作。

■ 視覺的形成原理Ⅰ

　　我們在觀看物體時，會將物體的反射光當成訊息來接收，並將其化為影像。負責此功能的眼睛的構造，經常被比喻為精密的相機。

　　首先，光線通過負責濾鏡功能的角膜，進入眼睛內後，眼睛會透過位於負責鏡頭功能的水晶體前方的虹膜來調整光線量。光線通過水晶體時，會產生折射，然後將位於眼球深處的視網膜當成底片，相連的倒立影像會被送到大腦處理，此時物體才會被當成正確的影像來理解。

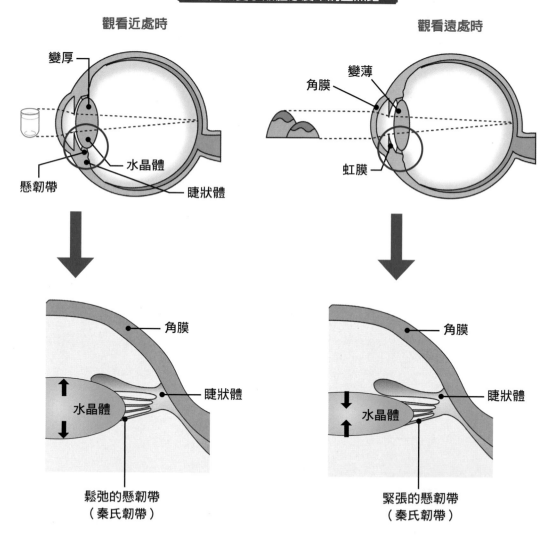

藉由改變水晶體厚度來調整焦距

觀看近處時　　　　　　　　　　　　　　　　觀看遠處時

睫狀肌收縮，睫狀體突起，懸韌帶（秦氏韌帶）變得鬆弛，水晶體厚度增加，藉此來調整近物的焦距。

睫狀肌鬆弛，懸韌帶變得緊張，水晶體被用力拉住而變薄，藉此來調整遠處物體的焦距。

■ 視覺的形成原理Ⅱ

◆ 視網膜的構造

　　視網膜內有用來感應光線的視細胞，以及用來傳遞興奮的神經細胞層。透過視細胞，可以將視覺影像轉換成神經訊號。

　　視細胞會透過從細胞體中伸出來的突起（外節）來感應光線。視細胞可以分成圓柱狀的「視桿細胞」與圓錐狀的「視錐細胞」這2種。視桿細胞的感光度較高，即使是微弱的光線，也感應得到。視桿細胞分布於整個視網膜內，不過「中央窩（黃斑）」幾乎沒有視桿細胞。

　　另一方面，視錐細胞則集中在中央窩，作用為，在明亮處感應顏色。

　　透過視細胞所獲得的資訊，會經由雙極細胞或無軸突細胞等，傳送給「神經節細胞」，從此處出現的軸突會形成「視神經」。

視網膜的構造

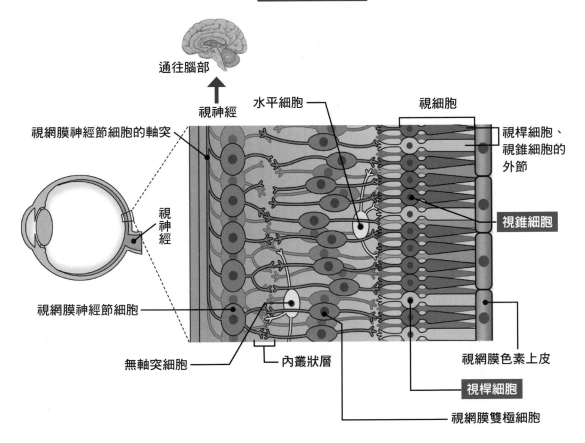

◆ 光線刺激從視網膜傳遞到腦部內的路徑

　　視神經是腦神經之一，不經由脊髓，直接連接腦部。視神經會將在視網膜內經過轉換的訊息變換為神經訊號，傳送到中樞。從眼球中出現的左右視神經，會在顱骨內通過「視神經交叉」，到達名為「外側膝狀體」的中繼點，接下來會形成名為「視放射」的神經纖維，到達位於大腦後部的枕葉的視覺中樞。傳送到腦部的訊息，上下左右是顛倒的，經過修正後，看起來才會變成正確的方向。

光線刺激傳遞到腦部內的路徑

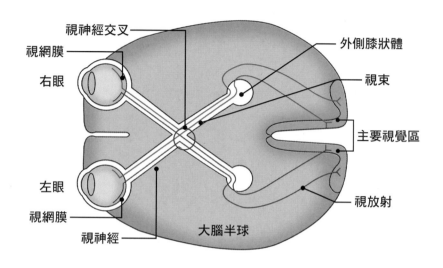

◆ 大腦的視覺路徑

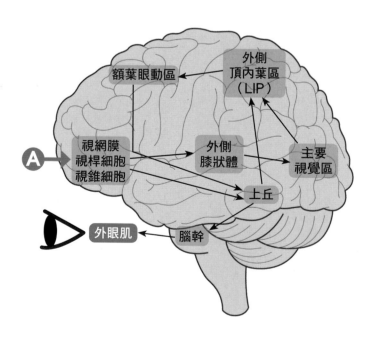

　　在觀看目標物的發光點A時，A會刺激視網膜的視桿細胞與視錐細胞。從視網膜出發的神經纖維，會通過視神經，依序被傳送到外側膝狀體、主要視覺區，被當成視覺訊息來進行處理。訊息從主要視覺區被傳送到頂葉聯合區的外側頂內葉區（LIP），以及屬於前額葉皮質（或是前運動區）的「額葉眼動區」後，會在位於中腦頂蓋的「上丘」形成眼球運動的指令訊息，然後藉由從腦幹對「外眼肌」下達指令，來讓眼睛能夠朝向目標的位置。

■ 視神經交叉（視交叉）

　　從視網膜出發的神經，會在腦部內左右交叉，傳到另一側的腦部。這叫做「視神經交叉」或「視交叉」。以人類來說，會形成「一半的神經到達另一側，剩下的一半則到達同側」的半交叉狀態。在左邊的視野內，會分別映照出左右視網膜的右半部，在右側的視野內，則會映照出左半部。

　　觀看物體時，從眼球中出現的視神經，有一半會在途中交叉，左側的訊息會集中在右側大腦半球的視覺區，右側的訊息則集中在另一邊的視覺區。這是因為，由於左右眼的位置不同，所以成像的形狀會有些微差異，腦部在將其合而為一時，會利用此功能，來讓人感受到縱深感與立體感。此功能叫做「雙眼視覺功能」。

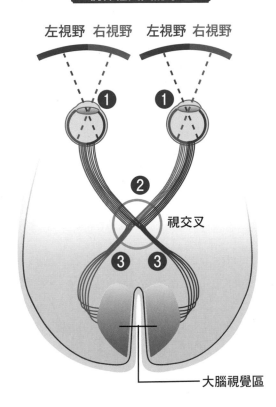

視神經交叉的原理

❶ 在傳遞右眼與左眼的視覺訊息時，右半部的視野會被投影到雙眼視網膜的左半部，相反地，左半部的視野則會被投影到右半部，然後再將訊息傳遞到視神經。

❷ 視神經會在眼球深處的下垂體上方的部分形成交叉。這叫做「視交叉」。

❸ 交叉時，來自右眼球右半部的神經束會依然往右，來自左半部的神經束則會形成交叉，通往左側。同樣地，來自左眼球右半部的神經束會往右，來自左半部的神經束則會往左。

耳朵的構造與功能

　　耳朵是掌管聽覺與平衡感的重要感覺器官，可以分成「外耳」、「中耳」、「內耳」。從外耳可以朝內通往中耳、內耳。愈往深處，構造會變得愈複雜。在顳骨內，被「耳蝸」與3個「半規管」等部位以複雜形狀包住的內耳，被稱作「骨性迷路」。

■ 耳朵的構造

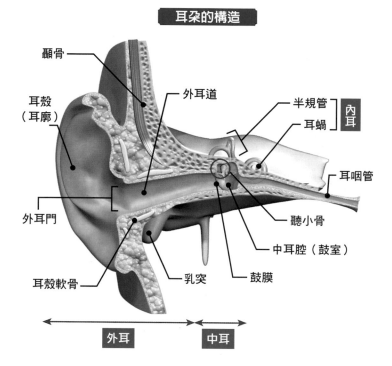

耳朵的構造

顳骨 — 外耳道 — 半規管 — 耳蝸（內耳）— 耳咽管
耳殼（耳廓）— 聽小骨 — 中耳腔（鼓室）
外耳門 — 乳突 — 鼓膜
耳殼軟骨

外耳　中耳

◆ 外耳

　　由在臉部兩側突出的「耳殼」，以及從外耳門延伸到鼓膜的「外耳道」所構成。能夠經由外耳道，將從空氣中傳遞過來的聲音振動傳給「鼓膜」。位於外耳道盡頭的鼓膜，是斜向傾斜的3層薄膜，直徑8～9公厘，厚度約0.1公厘，能夠將聲音傳給聽小骨。

◆ 中耳

　　由「鼓室」、「聽小骨」、「耳咽管」所構成。鼓室是位於鼓膜背面的空間。藉由鼓膜與聽小骨的連鎖反應，從外耳道進入的聲音會被增強（調整），並傳送到內耳的淋巴液中。耳咽管能夠防止鼓膜因為氣壓的急遽變化而受到壓迫或破裂。藉由將平常關閉的耳咽管打開，就能調整鼓室內外的氣壓。

◆ 內耳

　　由「耳蝸」、「半規管」、「前庭」所構成，位於耳朵最深處，與神經相連。耳蝸掌管聽覺，半規管與前庭掌管平衡感。用來聽取聲音的耳蝸內充滿了淋巴液，從中耳傳送過來的振動，會在此處變成液體的波浪。淋巴液上有用來感應波浪的毛細胞（3萬～4萬個），能讓波浪轉變為電子訊號，將該訊號從聽神經傳送到大腦。

◆ 聽小骨的構造與功能

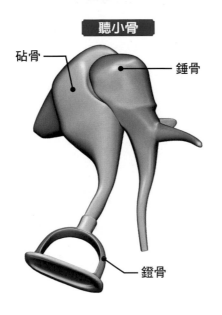

聽小骨

砧骨　　　　　錘骨

鐙骨

位於中耳的聽小骨是由「錘骨」、「砧骨」、「鐙骨」這3塊骨頭所構成。這些骨頭互相連接，位於最外側的錘骨附著在鼓膜背面，位於內側的鐙骨會透過其底部來堵塞住前庭窗。鐙骨的大小約3公厘，是人體內最小的骨頭。當聲音從外部通過外耳，傳到鼓膜時，聽小骨能夠增強聲音的振動，將聲音傳到內耳。

◆ 膜性迷路

膜性迷路的構造

三半規管
前半規管
後半規管
外半規管

橢圓囊　　耳石器官
球狀囊

耳蝸

半規管壺腹

前庭

耳蝸管

骨性迷路
用來構成內耳的骨質空腔。在內側裝著形狀幾乎相同的是膜性迷路。

　　用來構成內耳，且形狀很複雜的空腔叫做「骨性迷路」，其內側裝著形狀幾乎相同的「膜性迷路」。膜性迷路是由耳蝸、前庭、三半規管所構成。骨性迷路與膜性迷路之間的空隙充滿了名為「外淋巴液」的淋巴液，膜性迷路內側則充滿了名為「內淋巴液」的淋巴液。
　　耳蝸由螺旋狀導管所構成。被傳送到耳蝸內的聲音振動，會透過淋巴液來進行傳遞，聲音振動被轉換成電子訊號後，會經由耳蝸神經，被傳送到腦部。
　　除了發揮作為聽覺器官的作用以外，前庭與三半規管則能夠察覺身體的平衡狀態，發揮作為平衡器官的作用。

聽覺的產生原理

包含聲音的大小、高低、音色差異在內，所有的聲音都是透過空氣的振動來傳遞的。從外耳經由中耳到達耳蝸的空氣振動，會在此處形成電子訊號。藉由將電子訊號傳送到大腦的聽覺區，就能使人聽到聲音。

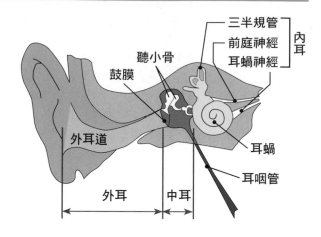

■ 從外耳道到聽小骨（將聲音轉換為空氣振動）

◆ 從外耳道到鼓膜

來自外部的聲音，首先會聚集在「耳殼」，然後經由「外耳道」傳到「鼓膜」。外耳道不僅是通往鼓膜的通道，在裡面還能使聲音產生共振，增強音量。另外，在耳殼內，透過位於表面的凹凸部分，也能讓聲音產生共振，增強音量。

◆ 從鼓膜到聽小骨

從外耳進入的聲音，會使「鼓膜」振動。鼓膜會朝著外耳道，往下傾斜約30度。這是為了有效率地感應從高音到低音的各種音域。鼓膜會將傳送過來的振動，傳送到位於內部的「聽小骨」。

◆ 從聽小骨到內耳

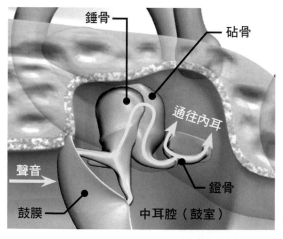

鼓室的構造

位於鼓膜內側的中耳主要部分

在聽小骨內，「錘骨」會和鼓膜一起振動，將振動傳到「砧骨」，然後再從砧骨，經由「鐙骨」，將振動傳向內耳。有肌肉附著在錘骨與鐙骨上，遇到較大的聲音時，肌肉會反射性地收縮，抑制聲音的傳導，以保護內耳。據說，當振動進一步地被增強，並傳送到內耳的耳蝸時，強度是從耳殼進入時的20倍以上。

■ 耳蝸的構造（將空氣振動轉換為液體振動）

　　如同其名，「耳蝸」呈現蝸牛殼般的形狀，內部有裝了淋巴液的「耳蝸管」。雖然耳蝸是容積不到0.5毫升的小型感覺器官，但也是被稱為聽覺中樞的重要器官。從鐙骨底部傳到耳蝸「前庭階」的聲音振動，會沿著耳蝸的螺旋構造往上移動，在位於頂點的耳蝸頂，沿著「鼓階」往下移動。只要聲音的振動進行傳導，此淋巴液就會搖晃，形成液體振動。

　　如此一來，透過空氣振動來傳遞的聲音，從此處開始就會轉變為液體振動。專家認為，依照部位不同，耳蝸能感應到的頻率是不同的，在耳蝸管入口附近會感應到高頻率，在前端部分則會感應到低頻率。

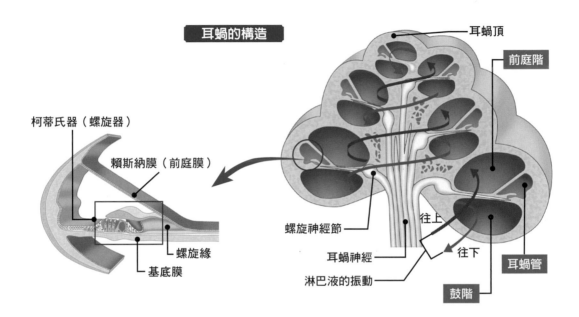

耳蝸的構造

- 耳蝸頂
- 前庭階
- 柯蒂氏器（螺旋器）
- 賴斯納膜（前庭膜）
- 螺旋緣
- 基底膜
- 螺旋神經節
- 往上
- 耳蝸神經
- 往下
- 耳蝸管
- 淋巴液的振動
- 鼓階

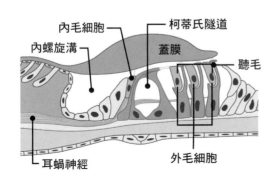

柯蒂氏器的細微構造

- 內毛細胞
- 柯蒂氏隧道
- 內螺旋溝
- 蓋膜
- 聽毛
- 外毛細胞
- 耳蝸神經

◆ 柯蒂氏器（螺旋器）的細微構造（將液體振動轉換為電子訊號，傳送到大腦）

　　淋巴液一旦產生振動，位於相同導管內的「基底板」就會搖晃。基底板上有個名為「柯蒂氏器」的感覺器官。振動會傳到位於柯蒂氏器上的毛細胞。在毛細胞中，細胞頂部有名為「聽毛」的毛，當聲音的振動傳到耳蝸時，此毛就會感應到振動，將機械性的振動轉換為電子訊號，並傳送到耳蝸神經。最後，大腦聽覺皮質會分析此電子訊號，此時振動才會被當成聲音來理解。

平衡感的原理

■ 平衡器官（半規管、耳石器官）的構造

　　除了用來聽聲音的聽覺以外，耳朵還有另外一項重要的功能，那就是用來調整身體平衡與姿勢的「平衡感」。負責掌管此功能的器官是，與耳蝸一起構成內耳的「半規管（三半規管）」與「耳石器官」，且被稱作「平衡器官」，由於位於內耳的前庭，所以也被稱作「前庭器官」。平衡感分成2種，1種用來感應旋轉運動，另1種則用來感應傾斜。三半規管能夠感應旋轉運動。透過耳石器官的橢圓囊與球狀囊這2種袋狀構造，能夠感應到頭部的傾斜與直線運動的變化。另外，內耳中有一個名為「骨性迷路」的空間，具備複雜的構造。由於平衡器官位於骨性迷路中，所以也被稱作「前庭迷路」。

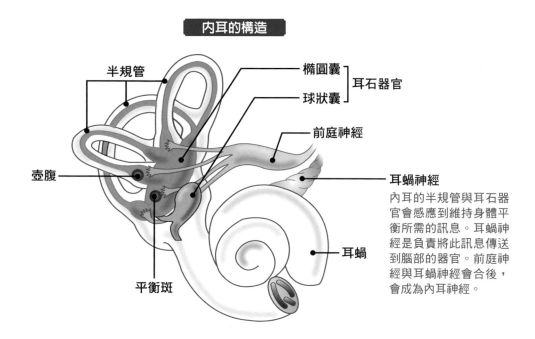

內耳的構造

半規管
橢圓囊 ┐
球狀囊 ┘ 耳石器官
壺腹
前庭神經
耳蝸神經
平衡斑
耳蝸

內耳的半規管與耳石器官會感應到維持身體平衡所需的訊息。耳蝸神經是負責將此訊息傳送到腦部的器官。前庭神經與耳蝸神經會合後，會成為內耳神經。

◆ 半規管（外、前、後半規管）

　　各半規管由大致上相交成直角的半圓形管所構成，能夠感應立體的旋轉運動，像是頭部轉動時的方向與速度。

　　「前半規管」與「後半規管」能夠感應垂直旋轉運動（上下、縱向的旋轉），「外半規管」則能感應水平旋轉運動（左右、橫向的旋轉）。這3個半規管統稱為三半規管。

◆ 耳石器官

　　耳石器官是用來感應身體傾斜程度與直線運動的器官。耳石器官由蛋形的「橢圓囊」與球形的「球狀囊」所構成，兩者都各有名為「平衡斑」的前庭神經終端器官。耳石器官中的「耳石」一旦剝落，進入三半規管，就會成為頭暈的原因。

■ 用來感應旋轉運動的壺腹

在3根半規管其中一邊的根部，有名為「壺腹」的隆起部位。在充滿淋巴液的壺腹內，有具備感覺細胞的「壺腹脊」，壺腹脊的表面上則有會把絨毛伸長的「頂帽」。感覺細胞所掌握到的淋巴液訊息，會形成電刺激，傳到前庭神經，然後再被傳到腦部。

壺腹的構造

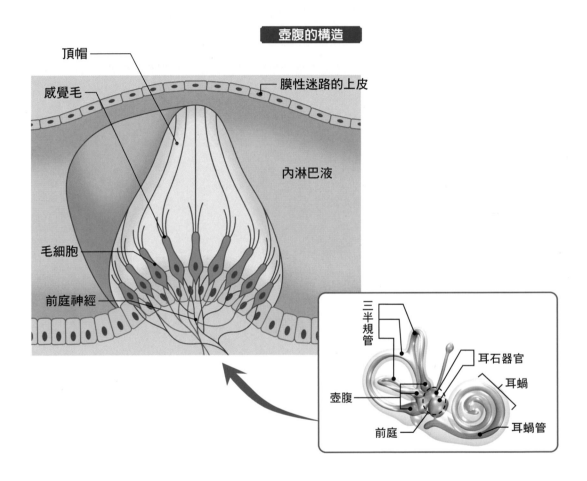

◆ 頂帽（cupula）

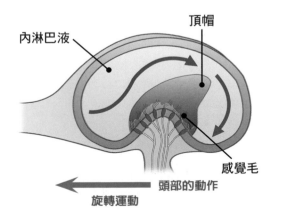

在壺腹脊上，「頂帽（cupula）」會透過明膠狀物質來包住毛細胞的感覺毛。當頭部轉動時，半規管中的淋巴液就會依照慣性而流向反方向。藉此，頂帽就會搖晃，並刺激毛細胞，旋轉運動的變化就會被感應到。旋轉運動之所以會讓人頭昏眼花，是因為即使身體停止動作，淋巴液也不會停止搖晃。

■ 用來感應平衡感的平衡斑

　　在「橢圓囊」與「球狀囊」中，都具備各自的「平衡斑」。當平衡斑傾斜時，由「耳石」聚集而成的「耳石膜」就會產生偏移，並刺激毛細胞的感覺毛。2個平衡斑會互相垂直交叉，橢圓囊負責感應垂直方向的動作，球狀囊則負責感應水平方向的動作。

平衡斑的構造（內部）

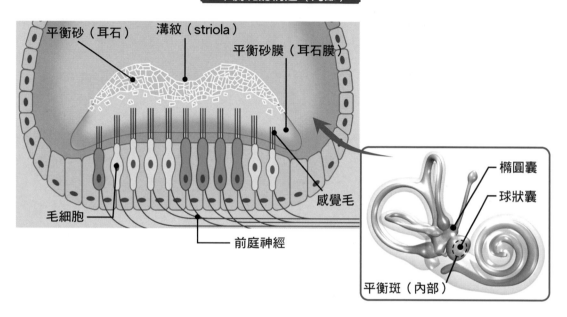

平衡砂（耳石）　溝紋（striola）　平衡砂膜（耳石膜）

橢圓囊
球狀囊
平衡斑（內部）

感覺毛
毛細胞
前庭神經

◆ 平衡斑

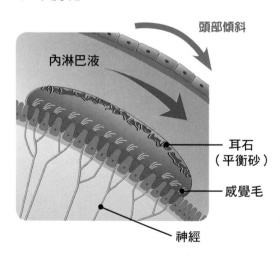

頭部傾斜

內淋巴液

耳石（平衡砂）

感覺毛

神經

　　在平衡斑的毛細胞中，由於名為「耳石」的碳酸鈣結晶會聚集起來，製造出「平衡砂膜（耳石膜）」，所以當人的頭部垂直立著時，橢圓囊的耳石會平躺，球狀囊的耳石則會垂直站立。

　　頭部一旦傾斜，2個平衡砂（耳石）就會和囊內的淋巴液一起產生偏移，對感覺毛施加力量。如此一來，毛細胞就會得知其動作。以這種方式獲得的訊息，會經由從前庭出現的前庭神經，被送往腦幹、小腦，進行訊息處理。

嗅覺與味覺的原理

　　氣味是飄散在空氣中的揮發性化學物質，也是多種分子的混合物。氣味分子會透過外鼻孔，與空氣一起被帶進體內。氣味分子會被位於鼻腔上部的「嗅覺上皮」察覺。嗅覺上皮是位於左右鼻腔頂面的小區域，大小約為1公分。嗅覺上皮內，除了有用來接收氣味分子的「嗅細胞（嗅覺受體細胞）」，還有支持細胞、基底細胞、鮑氏腺（嗅腺）。

■ 嗅覺刺激的傳導方式

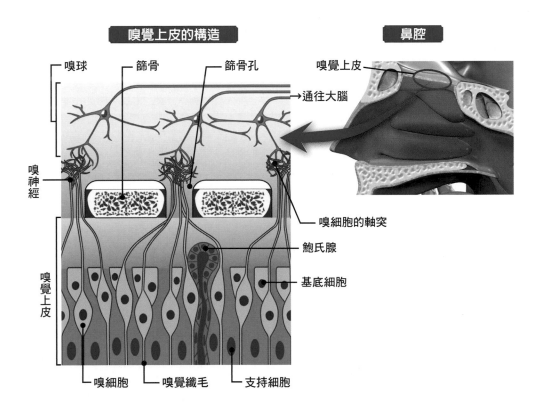

嗅覺上皮的構造　　　　　　　　　　鼻腔

嗅球　　篩骨　　篩骨孔　　　嗅覺上皮

→ 通往大腦

嗅神經　　　　　　　　　　　　　嗅細胞的軸突

　　　　　　　　　　　　　　　　鮑氏腺

嗅覺上皮　　　　　　　　　　　　基底細胞

嗅細胞　　嗅覺纖毛　　支持細胞

　　空氣中的氣味物質，會溶入用來包覆嗅覺上皮表面的黏液中，與嗅細胞的纖毛受體結合，並被感應到。從嗅細胞中出現的神經纖維會製造神經束，通過鼻腔頂部篩板的篩骨孔，成為進入顱腔的「嗅神經」，與位於大腦底面的「嗅球」進行聯繫。在嗅球內經過處理的氣味訊息，會經由嗅徑，被送到大腦邊緣系統與額葉的一部分。

嗅覺與記憶的關係

　　大腦邊緣系統是腦中的古老部分，也被稱作情緒腦。因此，在五感中，嗅覺被稱為特別原始的感覺。專家認為，嗅覺與人類本能、情感記憶有密切關聯。透過某種特定氣味來喚醒過去記憶的現象叫做「普魯斯特效應」。

■ 舌頭的構造與功能

　　舌頭能用來感應味覺，舌頭表面有名為「舌乳頭」的粗糙突起，依照形狀，可以分成4種。分別為，擁有細微角質化前端的「絲狀乳頭」、由於沒有角質化，所以血管會透出來，看起來呈紅色的「蕈狀乳頭」、在舌根與舌體之間排列成V字形，外型略大的「輪廓乳頭」、位於舌頭兩側，呈皺褶狀的「葉狀乳頭」。其中，除了絲狀乳頭以外，其他乳頭上都分布著「味蕾」，能夠感覺到甜味、鹹味、酸味、苦味、鮮味這5種味道。

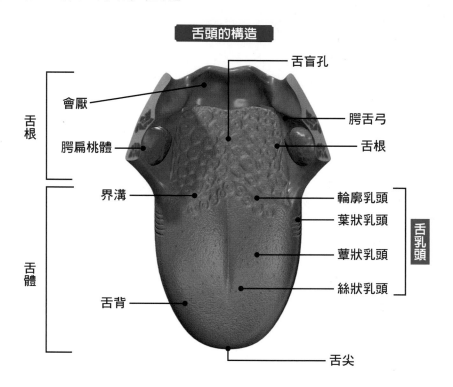

舌頭的構造

- 舌盲孔
- 會厭
- 腭扁桃體
- 舌根
- 界溝
- 舌體
- 舌背
- 腭舌弓
- 舌根
- 輪廓乳頭
- 葉狀乳頭
- 蕈狀乳頭
- 絲狀乳頭
- 舌乳頭
- 舌尖

◆ 味蕾的構造與功能

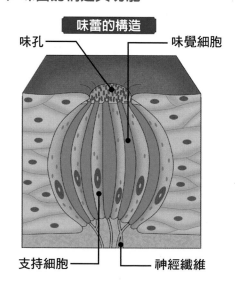

味蕾的構造

- 味孔
- 味覺細胞
- 支持細胞
- 神經纖維

　　「味蕾」是位於舌頭與軟腭等處的梭形味覺器官。1個味蕾中含有幾十個「味覺細胞」，大約經過10天，舊細胞就會不斷地被替換成新細胞。從味覺細胞前端伸出的「微纖毛」的細胞膜上，有用來感應味覺的受體。分別透過專用的味覺細胞，就能感受到甜味與鹹味等5種味道。透過味蕾而接收到的味道，會從延腦被傳送到位於大腦顳葉的味覺區，然後經過腦部的整合後，就會使人感覺到整體的味道。

【参考文献】

プロメテウス解剖学アトラス　解剖学総論 / 運動系　第 3 版	医学書院
プロメテウス解剖学アトラス　/ 頭頚部・神経解剖　第 3 版	医学書院
プロメテウス解剖学アトラス　/ 胸部・腹部・骨盤部　第 3 部	医学書院
プロメテウス解剖学アトラス　口腔・頭頚部　第 2 版	医学書院
図解解剖学辞典　第 3 版	医学書院
ヴォルフカラー人体解剖学図譜	西村書店
カラー人体解剖学　構造と機能：ミクロからマクロまで	西村書店
肉単　語源から覚える解剖学【筋肉編】	NTS
骨単　語源から覚える解剖学【骨編】	NTS
脳単　語源から覚える解剖学【脳・神経偏】	NTS
筋肉のしくみ・はたらき事典	西東社
内臓のしくみ・はたらき事典	西東社
骨のしくみ・はたらき事典	西東社
人体のしくみと病気がわかる事典	西東社
運動・からだ図解　脳・神経のしくみ	マイナビ
ぜんぶわかる人体解剖図	成美堂出版
ぜんぶわかる脳の事典	成美堂出版
ぜんぶわかる筋肉・関節の動きとしくみ事典	成美堂出版
ぜんぶわかる骨の名前としくみ事典	成美堂出版
しくみと病気がわかる体の事典	成美堂出版
これでわかる！人体解剖パーフェクト事典	ナツメ社
基礎からわかる病理学	ナツメ社
美しい人体図鑑	笠倉出版社
詳細イラストでわかりやすい人体の解剖図鑑	徳間書店
新改訂版解剖生理学をおもしろく学ぶ	サイオ出版
すべてがわかる人体解剖図	日本文芸社
知りたいことがすべてわかる筋肉のしくみとはたらき	日本文芸社
知りたいことがすべてわかる骨と関節のしくみとはたらき	日本文芸社
検査数値と病気がわかる内臓のしくみとはたらき	日本文芸社
人体の全解剖図鑑	日本文芸社
図解眠れなくなるほど面白い人体の不思議	日本文芸社
図解眠れなくなるほど面白い病理学の話	日本文芸社

スタッフ

カバー・本文デザイン	野村幸布
イラスト	青木宣人
CG 制作	3D 人体動画制作センター・佐藤眞一
執筆協力	石森康子
編集	石田昭二

監修者

有賀誠司

東海大學健康學院健康管理學系教授。
一邊從事關於「肌力訓練的方法與指導」的研究與教育活動，一邊對東海大學校內運動社團的選手進行體力訓練的指導，並培養學生擔任工作人員。到目前為止，已經對柔道、排球、跳台滑雪等項目的日本代表隊與選手進行過訓練指導，同時，在提昇與促進中高齡民眾的健康與體力方面，也會親自提供訓練建議。著作包含了『有助於運動的軀幹訓練練習菜單240』（池田書店）、『從基礎學習肌力訓練』（Baseball Magazine出版社）等。

伊藤洋右

九州醫療整形外科‧內科　復健診所院長‧醫學博士
畢業於久留米大學醫學院，曾任職於久留米大學醫學院第一外科，曾擔任伊藤胃腸科醫院院長。
以「從搖籃到墳墓」為座右銘，無論患者年齡如何，都會進行細心診療，提倡運動功能的重要性。

作者

水嶋章陽

學校法人國際學園（九州醫療體育專門學校‧九州CTB專門學校）理事長
學校法人國際學園不僅設置醫療與運動類的科系，也設置了美容‧理髮科系，一邊推行用來協助從兒童到高齡者健康的「0到100歲計畫」，一邊進行自我審視，時常引進新的教育課程，以培養出具備「真正的健康」的人才，為社會做出貢獻，創造幸福。
公益財團法人日本健康運動聯盟理事長。兼任公益社團法人全國棒球振興會理事（日本職棒OB俱樂部）、公益社團法人日本健美‧健身聯盟理事等。
著作包含了『健康運動治療專家知識檢定官方教材』（BAB JAPAN）、『透過STREX來治療腰痛‧肩膀痠痛』、『人體全解剖圖鑑』（皆為日本文藝社）等。

TITLE

最新版 人體全解剖圖鑑

STAFF

出版	三悅文化圖書事業有限公司
監修	有賀誠司　伊藤洋右
作者	水嶋章陽
譯者	李明穎
創辦人／董事長	駱東墻
CEO／行銷	陳冠偉
總編輯	郭湘齡
特約編輯	謝彥如
文字編輯	張聿雯　徐承義
美術編輯	謝彥如
國際版權	駱念德　張聿雯
排版	二次方數位設計　翁慧玲
製版	印研科技有限公司
印刷	龍岡數位文化股份有限公司
法律顧問	立勤國際法律事務所　黃沛聲律師
戶名	瑞昇文化事業股份有限公司
劃撥帳號	19598343
地址	新北市中和區景平路464巷2弄1-4號
電話	(02)2945-3191
傳真	(02)2945-3190
網址	www.rising-books.com.tw
Mail	deepblue@rising-books.com.tw
初版日期	2023年5月
定價	980元

國家圖書館出版品預行編目資料

最新版人體全解剖圖鑑 / 水嶋章陽作；
李明穎譯. -- 初版. -- 新北市：三悅文化
圖書事業有限公司, 2023.05
352　面；　25.7x18.2公分
ISBN 978-626-97058-0-1(平裝)

1.CST: 人體解剖學 2.CST: 圖錄

394.025　　　　　　　112004275